过程控制方法

及案例解读

布青雄 著

GUOCHENG KONGZHI FANGFA
JI ANLI JIEDU

化学工业出版社
·北京·

本书主要介绍一套系统的过程控制方法，以解决过程控制规划、计划、执行、评价、改进中的一些基本问题。第1～3章主要阐述全套方法的基本内容以及方法的采用理由和依据，具体内容包括：讨论过程的定义与表示、过程的基本特征和过程中断、延续、变更、结束等概念；讨论过程的三种集合、过程控制框架、过程控制点控制与评价、过程结果评价；介绍几种典型函数变量值规划的随机搜索法和函数族方法。第4章和第5章分别以生产制造过程及工程施工过程为例，演示全套方法的实际操作。为方便读者阅读，书末以附录方式汇编了部分辅助内容。

本书适合对过程控制感兴趣的读者阅读，尤其适合在生产领域和工程领域从事技术及管理工作的专业人士参考。

图书在版编目（CIP）数据

过程控制方法及案例解读/布青雄著. —北京：化学工业出版社，2020.4（2023.1重印）

ISBN 978-7-122-36165-3

Ⅰ. ①过…　Ⅱ. ①布…　Ⅲ. ①过程控制-研究　Ⅳ. ①TP273

中国版本图书馆CIP数据核字（2020）第026054号

责任编辑：彭明兰　　文字编辑：冯国庆

责任校对：杜杏然　　装帧设计：史利平

出版发行：化学工业出版社（北京市东城区青年湖南街13号　邮政编码100011）

印　　装：三河市延风印装有限公司

710mm×1000mm　1/16　印张14　字数293千字　2023年1月北京第1版第3次印刷

购书咨询：010-64518888　　售后服务：010-64518899

网　　址：http：//www.cip.com.cn

凡购买本书，如有缺损质量问题，本社销售中心负责调换。

定　　价：**94.00元**

前言

撰写此书的初衷是为介绍一套可行的、系统的、实用的思路和方法，以解决某些过程的控制问题。在撰写过程中，首先觉得，方法应该有依据，应该有一定科学性。要达到这一目的，需要从理论上进行论述和突破。为此对过程和过程控制展开了一定分析、思考和研究，这些研究结论在一定程度上为找到的方法提供了支撑依据和科学性论证。其次，在不断思索和研究中发现，许多问题不仅存在于某些过程，其实也广泛存在于更多过程。找到的方法不仅可以在一定程度上解决某些过程的控制问题，其基本思路也能普遍适用于更多过程。第三，找到的方法不仅需要有支撑依据，更重要的是能够在实践中具体应用。方法的应用需要用具体过程进行检验，具体验证案例应该是多个而非仅仅一个。基于以上原因，本书在案例的选择上选择了两个具有行业差异的案例，希望证明该方法的广泛适用性。

过程控制的基本问题是：过程结果是否很好地满足人们的愿望。要解决这个问题，首先需要知道：人们想要的结果是什么？其次，过程会怎样推进？过程会怎样变化？其三，过程应怎样推进？其四，当过程推进可能导致结果不好时，该怎么办？如何通过推进情况来判断和评价结果的好坏？如何进行改进？其五，过程结果真的满足愿望了吗？这些问题，对于有些简单过程，可能容易解决，甚至可以直接解答。但对于很多过程，每个问题都不容易。这套方法就是为解决以上问题提供思路和基本的实际操作。在解决以上问题时，这套方法提炼了几项主要的活动，包括：过程定义、三种集合的识别与变量定义、过程控制框架拟定、变量值规划、过程控制点定义与确定、控制点控制与评价，过程结果评价。

本书所述方法是一套系统方法。概括地讲就是通过过程识别、过程控制规划、规划实施（执行、跟踪、检查、评价与改进）等活动来尽可能地实现人们对过程结果的预期的全部方法的总称。主要包括：过程识别与表示方法，金字塔形控制方法、过程控制基本框架法、变量值规划随机搜索方法、变量值规划函数族方法、控制点控制法、控制点评价方法、过程结果评价方法。这套方法有几个基本特点：系统性、定量化、逻辑性、精细化、局部含糊性等。这些特点有的更多地表现为优点，有的主要表现为缺点，但每个特点都不能进行优缺点的绝对划分。比如，系统性往往伴随复杂性，定量化会导致预测和决策都可能过于刚性，同时增加数据错误带来的系列风险，逻辑性导致工作可能缺少灵活性，精细化增加人、财、物和时间的耗费，含糊性增加灵活机动性等。在这些特点中需要对逻辑性和局部含糊性做进一步说明。逻辑性特点表现在两个方面：一方面是方法所采取的活动有明确的基本顺序；另一方面是方法所进行的活动有明确的理由和依据，每项活动都不是盲目的，每项活动都因为需要解决某个（些）问题而存在。局部含糊性特点主要指过程定义及三种集合的识别与变量定义不十分明确，不仅一般过程控制不明确，即使特定过程控制也不完全明确。三种集合的识别与变量定义对整个控制系统有很大影响，这套方法中的该项工作主要依赖规划人完成，而规划人对过程识别客观与否、正确与否、认知程度如何决定了过程定义，进而在很大程度上决定了过程控制系统。若规划人识别客观正确、认知程度较深则整个控制系统可能较为健全完善，控制效果会较好；反之，规划人识别错误，控制效果不仅不好，还可能误人误事。因此局部含糊性是这套方法最显著的弱点，甚至是一种缺陷。关于方法的实用性，一方面有待实践的检验；另一方面，本书选取了生产制造和工程施工两种过程进行初步尝试，尝试情况和尝试结果表明，方法是可行、可靠、实用的，方法的有效性可以预见。

全书贯穿几个基本理念：复杂问题简单化、长期问题短期化、整体问题局部化、局部问题综合化。“多”是过程复杂性的来源，“长”是过程不确定性的根源。解决过程控制问题的基本途径就是“化多为少，化长为短”。尽可能降低过程复杂程度，尽可能减少过程的不确定性因素。在这些基本理念的指引下，全套方法建立在集合、函数、矩阵等应用的基础上。尽管书中阐述的应用内容非常局限且存在一些细节问题（比如过程定义不够清晰，变量值规划中函数族如何获得、随机搜索区间如何确定等），但从两个案例的尝试情况看，细节问题的存在并未对全套方法的实施形成明显障碍，控制系统依然可以清晰建立并有效运转。不仅如此，这套方法的实施在为科学解决过程控制问题导入大批量可用工具的同时也为集合、函数、矩阵、微积分在现实中的应用拓展了广阔的空间。

任何方法都需要不断改进和完善，尤其对于一种新方法来说更是如此。作者在分享此书的同时，也希望感兴趣的读者对书中的疏漏和不妥之处提出批评和指正。此书在撰写过程中得到许多老师、亲人、同学、朋友的支持，在此深表谢意。

著者

2019 年 12 月

目录

第1章 过程概述

第2章 过程控制

第3章 典型函数变量值规划

第4章 生产制造过程控制案例

第5章　施工过程控制案例

第1章 过程概述

过程无处不在，每个人（机构或团队）随时都在经历或参与各种过程。人们参与的过程，有的来自工作，有的来自学习，有的是生活方面的。不管过程来自哪个方面，不管以何种方式（个人、团队、机构）参与，也不管是何种过程，都要进行过程控制。要进行过程控制，首先需要认识和了解过程。从表象上看，过程由一个个具体事物所组成，从本质上讲，过程由一系列相互关联、相互作用、相互影响的变量所决定。如果人们能够掌握决定过程的变量及其变化规律，就能更好地认知过程，从而更加主动地、更为有效地实施过程控制。讨论有关过程定义、过程特征与特性、过程表示方法、过程分类、过程变化、过程中断、过程变更、过程结束等内容有助于人们分析和认知过程，这些内容是过程控制的基础。

1.1 过程的定义

关于过程，有很多种定义，不同角度有不同理解，从而形成不同的外延和内涵。本书对过程的定义是：过程是一个时间段及若干事物在该时间段内发生的各种现象。具体地说，过程指一个时间段及若干事物在这个时间段内发生相互联系、相互作用、不断变化的各种现象。现象是多（某）个事物的集合，因此，过程可概括定义为：过程就是一个特定时间区间及一个特定的事物集合。也许这样定义过程过于笼统，但过程概念的内涵远不止这些，就本书角度只需要这种简单定义。

（1）时间区间

时间区间是过程的重要部分，是过程持续性及持续程度的反映。任何过程都存在一个时间区间，哪怕区间长度只有1s甚至更短，没有这个时间区间，一切现象都不会发生，过程也就无从谈起。时间区间是过程区别于事物最明显的特征，没有时间区间，过程与事物就很难区别。

（2）事物集合

事物集合是过程从开始至结束所包含的全部事物。事物集合是除时间区间外过程的全部内容，是过程中发生的各种现象的全面反映。如果把事物集合想象成一幅画，事物集合就是这幅画的全貌。

事物集合需要从客观和主观两种角度来理解，客观事物集合是过程中的各种物质(包括人)，包括人感知的和人未感知的事物，它的存在不以人的意志为转移。客观事物集合是一个个具体物质，不是抽象事物。主观事物集合是人在过程中感知的事物及由人的意志抽象出的事物，通常，主观事物集合中的物质（不包含抽象事物）只会是客观事物集合的部分或少部分。主观事物集合融入了人的意志和想象。主观事物集合可能是具体事物，也可能是抽象事物。主观事物集合最终以某种表达方式而呈现，表达方式是多种多样的，比如，摄影、视频、录音、录像、图（形）描述、文字描述(文章描述、关键词描述、事物名称描述)、符号描述、变量描述、函数描述等。摄影、视频、录音、录像、图（形）等可记载过程中的具体物质，文字、符号、变量、函数等可能是对具体事物的描述，更有可能是对抽象事物的描述。在一般情况下，本书讨论的事物集合限定在事物名称、符号、变量、函数等描述范围，可能是各种具体事物，也可能包括各种抽象事物。主观事物集合可以进行若干种分类，在此只讨论一种分类方式——以不同表达方式分类。按表达方式不同，事物集合分为如图 1-1 所示的类型。

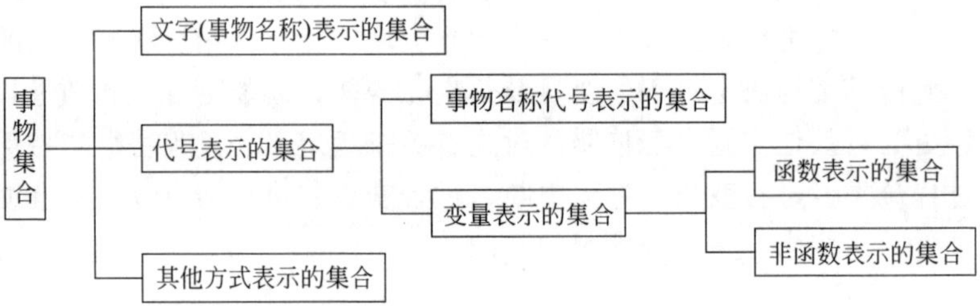

图 1-1 事物集合的类型

从文字含义及集合的定义来说，事物集与事物集合没有什么差别，但为了区别几种集合，在此约定：除了上述过程定义中的含义外，事物集合还有另一个特殊含义，即事物集合是事物集、变量集、函数集这三种集合的统称。事物集专指事物名称或事物代号表示的集合；变量集指变量表示的集合；函数集指函数表示的集合；其他方式表示的事物集合与本书内容无关，在此不展开讨论。

1.2 过程的主要特性

过程除了有事物的相互联系、相互作用、持续变化等基本特征外，还有无限划分性、事物集合元素的感知性、事物集合元素的决定性、过程结果双重关系决定性、过程存在最小事物集等主要特性。

(1) 无限划分性

由于时间的连续性，任何过程的时间区间 $[t_0, t]$ 均可任意划分为多个（乃至无穷个）更小的区间，这种划分可以无限进行下去。当然，现实中的划分不是无限的，更不是任意的，而是根据需要确定的。

（2）事物集合元素的感知性

事物集合元素一定是人们能够感知和识别的事物。从这点来说，事物集合元素的客观性取决于人们对过程的认知。认知透彻、识别正确，事物集合是过程的客观反映；未知、认知程度较低或识别错误，事物集合就不能客观地反映过程。

（3）事物集合元素的决定性

事物集合元素的决定性有两方面理解。一方面，过程包括事物集合和时间区间两部分，事物集合中的元素在很大程度上决定了过程；另一方面，从事物集合的应用来说，希望或要求事物集合列示的事物是对过程有决定性或较大影响的事物。人们想要分析的过程，事物的数目往往很多，不是简单几个，不可能（对很多过程是这样）也不必要把所有事物都罗列进事物集合，那样反而降低事物集合的应用效果。事物集合的应用价值与元素数目有关，元素数目太多或太少都不利于使用，甚至导致无用。因此，事物集合中的元素应是那些对过程有决定性或较大影响的事物。

（4）过程结果双重关系决定性

过程取决于事物集，事物集的本质是事物集元素的数量关系和结构关系，数量关系即函数。由于事物集中的元素是相互联系并不断变化（大小和位置的变化）的，这种联系和变化会导致元素（事物）相互作用，作用结果使多个元素在空间（虚拟的）上形成一定相对位置状况。结构关系就是指元素在空间（虚拟的）上形成的这种相对位置状况。简单地说，结构关系就是多个元素（事物）的结合方式和结合情况。函数只反映几个事物的大小情况，不反映事物的结合情况。事物数量值反映事物的存在情况，决定事物存在与否（当数量为 0 时表示事物不存在），数量关系会影响结构关系，但不能取代结构关系；反之，结构关系也会影响数量关系，结构关系的变化会导致事物数量的改变。结构关系因元素（事物）的变化情况、相互作用情况、存在环境和存在条件的不同而不同，函数并未反映元素（事物）的相互作用、存在环境、存在条件及变化差异。任何过程，两种关系同时存在，交错影响，不断变化。过程结果取决于这两种关系，即事物的数量关系和结构关系，过程结果由双重关系决定。

（5）过程存在最小事物集

过程的最小事物集不是空集 Φ，过程存在最小事物集｛人，时间｝，相应地，存在最小变量集 $\{p, t\}$ 和最小函数集 $\{p, t \mid f(p, t)=0\}$，t 为时间，p 为人的某种可以计量的事物（属性），比如人的数量、人的需求等，$f(p, t)=0$ 为人（可计量的某种属性）与时间的函数关系。

过程由时间区间和事物集定义，时间本属于事物集的一个元素，但由于其对过程的独特性，对时间做专门的对待和处理。当时间对过程有决定性影响时，时间自然属于事物集的一个元素，在时间对过程没有决定性影响时，时间不是事物集的主要元素，但这个元素是存在的，只不过没有列入事物集。在事物集没有其他任何元素的情况下，就只剩下一个元素——时间，此时，事物集为｛时间｝。

时间由人类定义，时间与人类共存亡。如果人类存在，时间就存在，人类不存在，时间就没有意义。如果时间存在，则意味着人类存在，如果时间不存在，则人类不存在。自人类定义了时间开始，时间是连续递增的，永不为 0（0 在这里意味着事物的消失、灭亡），可以趋于∞，时间这个事物不会先于人类消失。因此，过程存在最小事物集｛人类，时间｝。

当人和时间都是决定过程的元素时，人和时间自然是事物集元素，如果需要，时间和人可以是任何过程的事物集元素。

1.3 过程的表示

过程的表示包含两部分内容：时间区间的表示和事物集合的表示。

1.3.1 时间区间的表示

（1）一般表示

时间区间一般表示为 $[t_0, t]$ 或 $[0, t]$，t_0 或 0 表示过程开始，t 表示过程结束，$T=t-t_0$ 表示过程的持续时间。

（2）特殊表示

在需要对 $[t_0, t]$ 进行分段时，时间区间 $[t_0, t]$ 表示为 n 个区间 $[t_{i-1}, t_i]$（$i=$，1，2…n）或 $n+1$ 个时点 $[t_i]$（$i=0$，1，2…n）。t_0 表示过程开始，t_n 表示过程结束。在不至于混淆的情况下，$[t_{i-1}, t_i]$（$i=1$，2…n）或 $[t_i]$（$i=0$，1，2…n）通常只简写为 $[t_0, t_n]$。

1.3.2 事物集合的表示

事物集合有三种形式：事物集、变量集、函数集。变量集和函数集是两种特殊的事物集。

1.3.2.1 事物集形式的事物集合

（1）事物的表示

事物可以采用文字和代号等方式表示。事物的文字表示即事物名称，事物还可以采用代号表示，在此约定：大写字母 A、B、C 等表示事物，其中，P 通常用于表示人，T 通常用于表示时间。事物集中，人可能有多种情况：人类、人群、团队、个人等，当事物集中同时存在几种（人）情况时，用文字表示或 P、P_1、P_2…来区别。

（2）事物集的表示

对一个过程，需要区分以下几种事物集：

① 一般事物集；

② 决定性事物集；

③ 与变量一一对应的事物集；

④ 与函数一一对应的事物集；

⑤ 最小事物集。

与事物表示一样，事物集也采用两种表示方式：文字表示和代号表示。

① 文字表示的事物集　为更清楚说明几种事物集的区别与联系，结合一个简单过程——个人骑行锻炼进行来阐述。

一般事物集={人，自行车，道路，装备，路程，速度，时间，障碍物，天气}。

决定性事物集={人，自行车，道路}。

与变量一一对应的事物集={气温，湿度}或{路程，速度，时间，气温，湿度}。

与函数一一对应的事物集={路程，速度，时间}。

最小事物集={人，时间}。

需要说明一点，从文字含义来说，虽然变量包括函数变量和非函数变量，与变量一一对应的事物集应该是全部变量，但为了方便应用、提高效率，变量集仅指非函数变量的集合。函数集仅指函数变量的集合及其法则，本书用函数集和变量集来明确区分函数变量与非函数变量。

② 代号表示的事物集　首先，约定几种事物集代号：

a. 一般事物集——RT 或 R_t；

b. 决定性事物集——RT_d 或 $R_t(d)$；

c. 与变量一一对应的事物集——RT_v 或 $R_t(v)$；

d. 与函数一一对应的事物集——RT_f 或 $R_t(f)$；

e. 最小事物集——Γ_t。

仍以上述骑行过程为例，P、A、B、C、D、E、T、F、G 分别表示人、自行车、道路、装备、行程、速度、时间、障碍物、天气。代号表示的事物集如下。

$$R_t=\{P,A,B,C,D,E,T,F,G\}$$

$$R_t(d)=\{P,A,B\}$$

$$R_t(v)=\{G\}\text{或}R_t(v)=\{D,E,T,G\}$$

$$R_t(v)=\{G\}=\{G_1,G_2\}\quad(G_1\text{表示气温},G_2\text{表示空气湿度})$$

$$R_t(f)=\{D,E,T\}$$

$$\Gamma_t=\{P,T\}$$

最小事物集可省略元素表示，以符号 Γ_t 表示。

1.3.2.2　变量集形式的事物集合

（1）变量的表示

变量代号的选择首先应符合人们的使用习惯，有固定使用习惯的应首先考虑执行固定习惯，没有固定使用习惯或不能兼顾使用习惯的，做以下约定。

① 变量用小写字母表示。

② t 通常表示时间变量。

③ p 通常表示与人有关的变量。

④ 变量集（非函数集）变量统一用 y_k（$k=1, 2\cdots r$）表示。

⑤ 通常，函数集变量用 x_j （$j=1, 2\cdots m$）表示，当变量数目未超过三个时，函数集变量可以用 x、y、z 等表示；当变量数目超过三个时，仅用 x_j （$j=1, 2\cdots m$）表示。

以上述骑行过程为例，该例的三个变量有固定使用习惯：时间以 t 表示，速度以 v 表示，行程以 s 表示。

（2）变量集的表示

变量集用代号 R_v 表示，特别地，最小变量集用 Γ_v 表示。

两个变量的变量集表示为

$$R_v=\{y_1,y_2\}$$

三个变量的变量集表示为

$$R_v=\{y_1,y_2,y_3\}$$

r 个变量的变量集表示为

$$R_v=\{y_k\} \quad (k=1,2\cdots r)$$

以上述骑行过程为例，变量集表示为

$$R_v=\{y_1,y_2\} \quad (y_1\text{表示气温},y_2\text{表示湿度})$$

$$\Gamma_v=\{p,t\}$$

最小变量集可省略元素表示，以符号 Γ_v 表示。

通常，变量集中只列入对过程有较大影响的变量作为变量集元素，最小变量集元素 t 和 p 是否列入变量集取决于这两个变量是否对过程有较大影响，如果有，则肯定列入变量集；如果没有，则不列入变量集。

1.3.2.3 函数集形式的事物集合

（1）函数的表示

函数的表示分为两部分：变量表示和法则表示。变量表示执行前述原则和约定。法则表示：函数已知的直接用函数表达式表示；函数未知的按以下约定。

一元函数：$y=f(x)$，$x_1=f(x_2)$。

二元函数：$z=f(x, y)$，$x_1=f(x_2, x_3)$。

m 元函数：$F(x_1, x_2\cdots x_m, x_{m+1})=0$ 或 $F(x_j)=0$ （$j=1, 2\cdots m+1$）。

其中，变量 x、y、z、x_j 中有固定使用习惯的执行固定习惯。

（2）函数集的表示

函数集用代号 R_f 表示，特别地，最小函数集用 Γ_f 表示。函数关系已知的函数集直接用函数表达式表示，函数关系未知的函数集按以下表示。

一元函数集：$\{x,y|y=f(x)\}$，$\{x_1,x_2|x_1=f(x_2)\}$。

二元函数集：$\{x,y,z|z=f(x,y)\}$，$\{x_1,x_2,x_3|x_1=f(x_2,x_3)\}$。

m 元函数集：$\{x_j|F(x_1,x_2\cdots x_m,x_{m+1})=0\}$ 或 $\{x_j|F(x_j)=0,j=1,2\cdots m+1\}$。

其中，变量 x、y、z、x_j 中有固定使用习惯的执行固定习惯。

以上述骑行过程为例，该过程函数已知，函数集表示为

$$R_f=\{t,v,s|s=vt\}$$

$$\Gamma_f=\{p,t \mid f(p,t)=0\}$$

1.3.3 过程的几种表示

过程可采用前述时间区间的 2 种表示方式及事物集合的 3 种表示方式的任意组合来表示。如果时间区间采用一般方法表示，过程表示有三种方式：采用事物集的过程表示、采用变量集的过程表示、采用函数集的过程表示。

（1）采用事物集的过程表示

事物集的表示方式有两种基本方式：文字表示的事物集和代号表示的事物集。用事物文字（事物名称）表示的事物集的过程表示不作讨论，在此只讨论代号表示的事物集的过程表示。过程用过程名称、事物集和时间区间表示（以下变量集、函数集完全类同）。过程表示如下。

$$\times\times\text{过程 }P:R_t=\{A,B,C,D,E,F\cdots\};[t_0,t]$$

式中 A，B，C，D，E，F——事物 1、事物 2、事物 3、事物 4、事物 5、事物 6 等。

以前述骑行过程为例，骑行过程表示如下。

$$\times\times\text{骑行过程}:R_t=\{P,A,B,C,D,E,T,F,G\};[t_0,t]$$

式中 P，A，B，C，D，E，T，F，G——人、自行车、道路、装备、行程、速度、时间、障碍物、天气。

（2）采用变量集的过程表示

采用变量集的过程表示如下。

$$\times\times\text{过程}:R_v=\{y_k\},k=1,2\cdots m;[t_0,t]$$

式中 y_k（$k=1，2\cdots r$）——变量 1、变量 2……变量 r。

以前述骑行过程为例，骑行过程表示如下。

$$\text{骑行过程 }P:R_v=\{y_1,y_2\};[t_0,t]$$

式中 y_1，y_2——气温和湿度。

（3）采用函数集的过程表示

采用函数集的过程表示如下。

$$\text{过程 }P:R_f=\{x_j \mid F(x_1,x_2\cdots x_m,x_{m+1})=0\};[t_0,t]$$

式中 x_1，$x_2\cdots x_m$，x_{m+1}——函数变量 1、函数变量 2……函数变量 m、函数变量 $m+1$。

以前述骑行过程为例，骑行过程表示如下。

$$\text{骑行过程 }P:R_f=\{t,v,s \mid s=vt\};[t_0,t]$$

式中 t，v，s——时间、平均速度和行程。

以上表示方法除了想说明过程可以采用多种方式表示外，还想说明一个事实：变量集基于事物集而产生，函数（集）基于变量集（广义的）而产生，这是人们认识过程的一般顺序。这个顺序也反映了人们对过程的认知程度：函数集＞变量集＞事物集，因此，对过程控制来说，函数集的价值大于变量集。

1.4 过程的分类

过程分类可以依据事物分类进行，事物怎么分类，过程就可以怎么分类。事物的分类太多，详细分类的话，工作量巨大一个人或有限几个人是无法完成这项工作的（由于涉及的知识量巨大）。因此，在此只介绍与本书内容有关的几种过程类型。

（1）按时间区间是否已知的分类

按时间区间是否已知，过程分为区间已知型过程和区间未知型过程，区间已知主要指过程的持续时间已知，有以下两种情况：

① t_0和 t 都已知；

② 虽然 t_0和 t 都未知，但 $t-t_0$已知。

t_0和 t 都已知的过程称为时间完全确定型过程。虽然 t_0和 t 都未知，但 $t-t_0$已知的过程称持续时间确定型过程。

区间未知有三种情况：

① t_0和 t 都未知；

② t_0已知，t 未知；

③ t_0未知，t 已知。

t_0和 t 都未知的过程称为时间完全不确定型过程。t_0已知、t 未知称为结束时间不确定型过程；t_0未知、t 已知称为开始时间不确定型过程。按时间是否已知的过程分类可用图 1-2 直观概括。

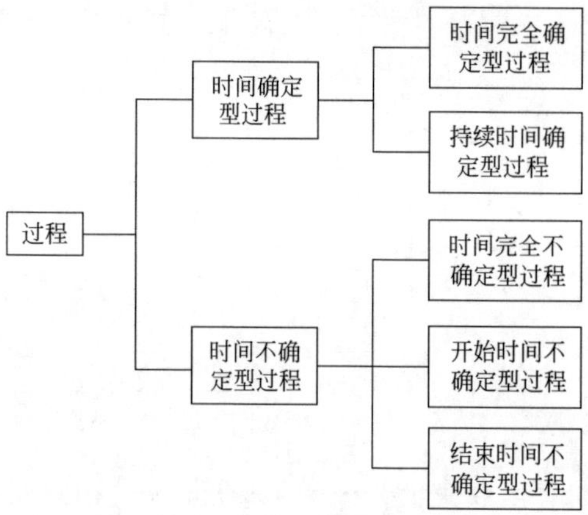

图 1-2　按时间是否已知的过程分类

这几种过程类型都可在现实中找到实例，比如，时间完全确定型过程：高考过程、既定会议过程、每年春节休假过程。持续时间确定型过程：建设期确定但开工和竣工日期未确定的工程项目建设过程、借款期限确定但借款和还款日期未确定的资金借贷过程。时间完全不确定过程：自然灾害过程、突发事件过程。结束时间不确定过程：个人生命过程、确定开工日期但不限定工期的工程建造过程。开始时间不确定型过程：出发日期未确定但返程日期确定（比如预订了返程机票）的出行过程、开工日期未确定但竣工日期确定（很多体育场馆、会展中心项目都是这样）的工程项目建设过程。

（2）按变量集元素数目分类

按变量集元素数目，过程可分为一元变量过程、二元变量过程和 m 元变量过程。一元变量过程指包含两个变量集元素的过程，也可称为两个变量过程。二元变量过程指包含三个变量集元素过程，也可称为三个变量过程。m 元变量过程指包含 $m+1$ 个变量集元素过程。以上三类统称变量集过程。

变量集过程在现实中存在许多实例，比如，植物生长过程、动物生命过程、正常人的生命过程、个人知识积累过程、个人运动锻炼过程、个人健康（体检）过程、召开一次会议、举办一次会展、教学过程、生产制造过程、新产品研发过程、项目管理过程、工程施工过程、企业经营过程、工程项目建设过程、投资过程、地区人口增长过程、地区经济发展过程、地区文化发展过程、地区文明建设过程等。这些过程有一个共同特点：可以拟定一（多）个变量集来分析过程。尽管该变量集不一定能完全客观地反映过程的全部，但至少可以从某些（个）方面更深入地认识和分析过程，从而更好地了解和掌握过程，实施有效的过程控制。

（3）按函数是否已知分类

按函数是否已知，过程分为函数已知过程和函数未知过程。与上述变量集元素分类一样，函数已知过程分为一元函数过程、二元函数过程和 m 元函数过程。一元函数过程、二元函数过程和 m 元函数过程统称函数过程。

函数过程在现实中也存在不少例子，如下所示。

① 一元函数过程　价格或交易数量确定的商品交易过程、租金或租期确定的租赁过程、行程或时间确定的个人单项运动锻炼过程（比如跑步、游泳、骑行等）、利率确定且单利计算的金融存贷过程，$y=kx$ 是这些过程的基本函数。

② 二元函数过程　长期的商品交易过程、长期的租赁过程、个人单项运动锻炼过程，$z=xy$ 是这些过程的基本函数。

③ 多元函数过程　增长过程（很多动物、植物的繁殖过程），$z=x(1+y)^t$ 是这些过程的基本函数。增长基数、增长率、增长时间都是变化的增长过程。

这里需要特别说明一下，函数未知过程与变量集过程之间的区别，函数未知过程可以用 $\{x_j|F(x_1,x_2\cdots x_m)=0\}$ 表示，但变量集过程只能用 $\{y_k\}$（$k=1$，$2\cdots r$）表示，$\{x_j|F(x_1,x_2\cdots x_m)=0\}$ 表示 x_1，$x_2\cdots x_m$ 这 m 个元素存在函数关系，只不过没能确定函数，而 $\{y_k\}$（$k=1$，$2\cdots r$）表示 y_1，$y_2\cdots y_r$ 这 r 个元素对过程有决定性或较大影响，但 y_1，$y_2\cdots y_r$ 之间是否存在函数关系并不清楚。进一步讲，$\{x_j|F(x_1,x_2\cdots x_m)=0\}$ 可以表示为 $\{x_1, x_2\cdots x_m\}$，但 $\{y_k\}$（$k=1$，$2\cdots r$）不能表示为 $\{y_k|F(y_1,y_2\cdots y_r)=0\}$。即函数集可以转化为变量集，但变量集只能用变量集表示，不能用函数集表示。

（4）按变量与时间（元素）的相互变化关系分类

按变量与时间（元素）的相互变化关系，过程分为增长型过程、衰减型过程、稳定型过程、波动型过程。以一个二元函数过程来阐述这种分类。

时间可以是任何过程的事物集元素，或者说，对于任何过程，时间元素总是存在的。设过程 P：$\{x,y,z|z=f(x,y)\}$；$[t_0,t]$，$x=x(t)$ 或 C_1，$y=y(t)$ 或 C_2，$z=z(t)$ 或 C_3，在 $[t_0, t]$ 内，$\frac{\mathrm{d}x}{\mathrm{d}t}>0$，说明事物 x 随时间在增大，$\frac{\mathrm{d}y}{\mathrm{d}t}>0$，说明事物 y 随时间在增大，$\frac{\mathrm{d}z}{\mathrm{d}t}>0$，说明事物 z 随时间在增大；反之，$\frac{\mathrm{d}x}{\mathrm{d}t}<0$、$\frac{\mathrm{d}y}{\mathrm{d}t}<0$、

$\frac{dz}{dt}<0$，分别说明事物 x、y、z 随时间在减小；$\frac{dx}{dt}=0$、$\frac{dy}{dt}=0$、$\frac{dz}{dt}=0$，分别说明事物 x、y、z 不随时间而变化。

增长型过程：$\frac{dx}{dt}\geqslant 0$、$\frac{dy}{dt}\geqslant 0$、$\frac{dz}{dt}\geqslant 0$ 且三者不同时为 0。

衰减型过程：$\frac{dx}{dt}<0$、$\frac{dy}{dt}<0$ 且 $\frac{dz}{dt}<0$。

恒定型（无变化）过程：$\frac{dx}{dt}$、$\frac{dy}{dt}$、$\frac{dz}{dt}$同时为 0。

波动型过程：以上三者之外的其他$\frac{dx}{dt}$、$\frac{dy}{dt}$、$\frac{dz}{dt}$正负情况组合。

这种分类定义方式可以推广至过程随人的某种属性 p 的相互变化关系，按过程与人的属性 p 的相互变化关系，过程分为：随 p 增长型过程、随 p 衰减型过程、随 p 波动型过程。

随 p 增长型过程：$\frac{dx}{dp}\geqslant 0$、$\frac{dy}{dp}\geqslant 0$、$\frac{dz}{dp}\geqslant 0$ 且三者不同时为 0。

随 p 衰减型过程：$\frac{dx}{dp}<0$、$\frac{dy}{dp}<0$ 且 $\frac{dz}{dp}<0$。

随 p 波动型过程：以上三者之外的其他$\frac{dx}{dp}$、$\frac{dy}{dp}$、$\frac{dz}{dp}$正负情况组合。

这种分类有几种意义。

当 t 为未知时如下所示。

① 过程增长不等同于单个事物的增长，单个事物的增长不能确定过程增长（除非过程只由该事物决定）。

② 波动型过程是过程的常态类型。

③ 增长型过程可以是无限过程。

④ 衰减型过程总会自然结束。

⑤ 波动型过程可能会自然结束，也可能不会。在 $(t_0, t]$ 内，x、y、z 任意之一都不为 0，则过程不会自然结束；在 $(t_0, t]$ 内，x、y、z 任意之一为 0 时，至少导致过程中断。

⑥ 自然结束的过程一定不是增长型过程，只可能是波动型或衰减型过程。

⑦ 时间起决定性影响的过程一定是波动型或增长型过程，而不会是衰减型过程。

⑧ 随着函数变量数目的增加，增长型、衰减型过程的可能性越来越小，而波动型过程的可能性越来越大。

当 t 为已知与 t 为未知时只在以上第③和第④两条中存在差异，其他结论完全相同。

当 t 为已知或 $t-t_0$ 为已知时如下所示。

① 增长型过程不会自然结束。

② 衰减型过程可能会自然结束，也可能不会。在 $(t_0, t]$ 内，x、y、z 任意之

一都不为0，则过程不会自然结束；在$(t_0, t]$内，x、y、z任意之一为0时，至少导致过程中断。

此种过程分类定义，对过程增长或衰减的判定过于偏于绝对而忽略相对。比如，某事物少量减少的同时另外两种事物大量增加（波动型）也应该视为过程在增长，某事物少量增加的同时另外两种事物大量减少（波动型）也应该视为过程在衰减。进一步讲，这种定义方式导致波动型过程范围太宽，而增长型和衰减型过程的范围太窄，不利于对过程增减的客观判定。这个问题只能用其他判定方式或其他定义方式来解决。在此，先按这种定义来讨论过程变化问题，这种定义从逻辑上看没有问题，但对现实客观判定有影响。

（5）按变量变化值的正负性情况分类

按变量变化值的正负性情况，过程分为膨胀型过程、萎缩型过程、稳定型过程（或无变化过程）、波动型过程。仍以一个二元函数过程来阐述这种分类。

设过程 $P:\{x,y,z \mid z=f(x,y)\};[t_0,t]$

变量全微分为

$$dz=\frac{\partial z}{\partial x}dx+\frac{\partial z}{\partial y}dy$$

膨胀型过程：$dx \geqslant 0$、$dy \geqslant 0$、$dz \geqslant 0$且三者不同时为0。

萎缩型过程：$dx<0$、$dy<0$且$dz<0$。

无变化过程：dx、dy、dz同时为0。

波动型过程：以上三者之外的其他dx、dy、dz正负情况组合。

（6）按事物集与人的关系分类

按事物集与人的关系，过程分为完全不由人决定的过程、完全由人决定的过程、人和其他事物共同决定的过程。这种分类与自然过程、人工过程、社会过程分类方式有一定联系，但存在差别。自然过程指人未参与，完全不由人决定的过程指人不仅未参与，即使想参与也无法参与。举个例子，原始森林的植物生长和火山喷发，两个过程都属于自然过程，火山喷发是完全不由人决定的过程，但原始森林的植物生长应视情况而定，原始森林的植物生长过程，人是可以参与的，如果人参与了这个过程，则原始森林的植物生长是人和植物共同决定的过程，如果人未参与，那这个过程就是完全不由人决定的过程。这个例子也能说明过程的最小事物集不是空集，反映出任意过程中人的存在。完全不由人决定的过程一定是自然过程，但自然过程不一定是完全不由人决定的过程。人工过程与完全由人决定的过程的含义基本相同，社会过程与人和其他事物共同决定的过程的含义基本相同。

1.5 过程开始

过程开始指事物集在$t=t_0$时的状态，时间轴上$t=t_0$的那个点。过程开始可能是一个瞬间，也可能是很长的一个时间段，这取决于时间计量单位的选择，如果时间单位是秒（s），过程开始就是$t=t_0$的那个瞬间；如果时间单位是小时（h），过程开始就是$t=t_0$的那个时刻；如果时间单位是年（a），过程开始就是$t=t_0$的那个时间段或时间段上的某个点。

过程开始时事物集的状态也称事物集的初始状态，对变量集$\{x，y，z\}$，初始状态表示为$\{x_0，y_0，z_0\}$。事物在过程开始时的数量可能为0，也可能不为0，可能部分为0，也可能全部为0，这需要根据过程的实际情况确定，或根据需要设定。

1.6 过程变化

变化是过程的一个基本特征。人们围绕过程展开的一切活动就是为了认知过程、掌握过程的变化规律进而实施过程控制。不同过程变化规律不同，同一过程在不同时期变化情况不同。真正认知和掌握过程不是一件简单容易的事，需要长期摸（探）索，不断实践、不断思考、不断总结。在对过程进行摸（探）索的道路上，人们付出了艰苦的努力，积累了大量的、丰富的过程知识和经验。尽管如此，迄今为止，仍有不少过程对人类来说是未知的，本书讨论的过程通常指积累了一定经验、有较好认知基础的过程。

1.6.1 单个事物的过程变化

单个事物的过程指仅有一个事物对这个过程有决定性影响的过程（并不否定还有其他元素存在）。单个事物的过程中，事物集＝单个事物，当明确一个时间区间来观察事物时，事物的变化就是过程的变化。单个事物的过程（暂时不考虑最小事物集）可表示为

$$\text{过程 } P: R_t=\{A\};[t_0,t]$$

$$\text{过程 } P: R_v=\{x\};[t_0,t]$$

$$\text{过程 } P: R_f=\{x|x=c\};[t_0,t]$$

由于过程存在最小事物集｛人，时间｝，单个事物的过程变化由两方面关系反映：一方面是该事物与时间的相互变化关系；另一方面是该事物与人的相互变化关系。单个事物的函数集有四种可能。

与时间和人都无关。

$$\text{过程 } P: R_f=\{x|x=c\};[t_0,t]$$

与时间有关与人无关。

$$\text{过程 } P: \{x|x=f(t)\};[t_0,t]$$

与人有关与时间无关。

$$\text{过程 } P: \{x|x=g(p)\};[t_0,t]$$

与人和时间都有关。

$$\text{过程 } P: \{x|x=h(t,p)\};[t_0,t]$$

（1）与时间和人都无关的过程

与时间和人都无关的单个事物过程的变化就是该事物不随任何事物而变化，即无变

化。这种事物在现实中是存在的，比如，科学家们发现并定义的各种常量：圆周率 π，自然对数的底 e，物理学中的重力加速度 g、引力常量 G、阿伏伽德罗常数 N_A、普朗克常数 h 等。与时间和人都无关的单个事物的过程其实就是各种常量的存在过程，是一个永恒且无任何变化的过程。与时间和人都无关的单个事物的过程也可称常量过程。

（2）与时间有关与人无关的过程

与时间有关与人无关的过程变化由变量 x 对时间的导数 $\frac{dx}{dt}$ 反映，$\frac{dx}{dt}$ 有两种情况：$\frac{dx}{dt}>0$ 和 $\frac{dx}{dt}<0$（常数过程已讨论）。

$\frac{dx}{dt}>0$，表明过程是增长型过程，在 $[t_0, t]$ 内，x 反映的事物是增长型事物。

$\frac{dx}{dt}<0$，表明过程是衰减型过程，在 $[t_0, t]$ 内，x 反映的事物是衰减型事物。

（3）与人有关与时间无关的过程

与人有关与时间无关的过程变化由变量 x 对 p（人的某种可计量属性）的导数 $\frac{dx}{dp}$ 反映，$\frac{dx}{dp}$ 有两种情况：$\frac{dx}{dp}>0$ 和 $\frac{dx}{dp}<0$。

$\frac{dx}{dp}>0$，表明过程随人的 p 属性的增加而增长。

$\frac{dx}{dp}<0$，表明过程随人的 p 属性的增加而衰减。

（4）与人和时间都有关的过程

与人和时间都有关的过程情况要复杂一些，过程变化取决于 x 的变化，x 的变化由 x 的全微分决定。

$$dx=\frac{\partial x}{\partial t}dt+\frac{\partial x}{\partial p}dp$$

全微分中可以确定的是：dt 总是大于 0 的，如果偏导数 $\frac{\partial x}{\partial t}>0$，时间积累会导致 x 增加；如果偏导数 $\frac{\partial x}{\partial t}<0$，时间积累会导致 x 减少。

$\frac{\partial x}{\partial p}$ 和 dp 有四种组合：①$\frac{\partial x}{\partial p}>0$，$dp>0$；②$\frac{\partial x}{\partial p}>0$，$dp<0$；③$\frac{\partial x}{\partial p}<0$，$dp>0$；④$\frac{\partial x}{\partial p}<0$，$dp<0$。

如果偏导数 $\frac{\partial x}{\partial p}>0$，过程随 p 属性的增加而增长，随 p 属性的减小而衰减；如果偏导数 $\frac{\partial x}{\partial p}<0$，过程随 p 属性的增加而衰减，随 p 属性的减小而增长。

总体来说，与人和时间都有关的过程变化取决于多方面因素，不能一概而论，需要结合多方面的情况来分析。

在讨论变量过程的变化问题之前，需要定义一个概念——关联变量。关联变量指存在数量关系的几个变量。以此对应，非关联变量指不存在数量关系的几个变量。关联变量包括函数已知的关联变量和函数未知的关联变量。按变量数目，关联变量可以分为一元关联变量、二元关联变量和 m 元关联变量。之所以定义这个概念，目的在于解决函数未知过程的过程分析，因为现实中很多过程的函数是未知的。以下 1.6.2、1.6.3、1.6.4 小节中，用函数集表述的变量均指关联变量，用变量集表述的变量可能是关联变量，也可能是非关联变量。

过程变化，主要需要了解和掌握三个方面的变化关系：变量之间的相互变化关系、过程与时间的相互变化关系、过程与人的相互变化关系。下面从三个方面来分别讨论各种变量过程的变化问题。

1.6.2 一元变量过程的变化

一元变量过程可表示为

$$过程\ P:R_f=\{x,y \mid y=f(x)\};[t_0,t]$$

$$过程\ P:R_v=\{y_1,y_2\};[t_0,t]$$

下面以函数过程为例阐述相关问题。

（1）变量之间的相互变化关系

一元函数导数$\frac{dy}{dx}$反映变量之间的相互变化关系，有两种情况。

$$\frac{dy}{dx}=c\ 或\ \frac{dy}{dx}=g(x)$$

当$\frac{dy}{dx}=c$ 时，$c\neq 0$（与常量过程区别），x 和 y 之间是线性变化关系；当$\frac{dy}{dx}=g(x)$ 时，x 和 y 之间是非线性变化关系。这两种变化关系有着本质的区别，线性变化关系在 $y=f(x)$ 确定的情况下是一个确定性问题（变化关系已经没有未知数），非线性变化在 $y=f(x)$ 确定情况下是仍然存在很大的不确定性（变化关系仍然存在未知数 x）。这是真正用函数反映现实过程的情况较为有限的主要原因。函数那么多，真正与过程对上号的没有多少，函数在过程控制中的应用因此而受到很大的限制。

解决过程与函数的对应关系，即求解过程函数，可能以下几种途径是可行、有效的。

① 不厌其烦地测量、记录、统计 x 和 y 随时间变化的变量值。

② 统计、计算 x 和 y 随时间变化的累计值。

③ 进一步分析$\frac{dy}{dx}$的变化情况，即分析 $y=f(x)$ 的二阶导数$\frac{d^2y}{dx^2}$甚至三阶导数$\frac{d^3y}{dx^3}$。

$\frac{dy}{dx}$有正负两种情况：$\frac{dy}{dx}>0$，$\frac{dy}{dx}<0$。

当$\frac{dy}{dx}>0$时，过程随x（或y）的增大而膨胀，随x（或y）的减小而萎缩。

当$\frac{dy}{dx}<0$时，过程随x和y的变化而波动。

（2）过程与时间的相互变化关系

一个变量与时间的相互变化关系有两种可能：与时间无关；与时间有关。对于一元变量$y=f(x)$，若x与时间有关，则y一定与时间有关；反之，若x与时间无关，则y一定与时间无关。

$$x=c \text{ 或 } x=g(x)$$
$$y=f(c)\text{或 } y=f[g(x)]$$
$$\frac{dx}{dt}=0 \text{ 或 } \frac{dx}{dt}=g'(t)$$
$$\frac{dy}{dt}=0 \text{ 或 } \frac{dy}{dt}=\frac{dy}{dx}g'(t)$$

若$\frac{dx}{dt}=0$，则$\frac{dy}{dt}=0$。

$\frac{dy}{dx}$有两种的情况：$\frac{dy}{dx}>0$或$\frac{dy}{dx}<0$。$\frac{dx}{dt}$有三种情况：$\frac{dx}{dt}>0$、$\frac{dx}{dt}=0$或$\frac{dx}{dt}<0$，根据$\frac{dy}{dx}$与$\frac{dx}{dt}$的不同情况的组合，可得到以下结论。

① 若$y=f(x)$是单增函数，则过程不会是波动型过程，过程要么是增长型，要么是衰减型。

② 若$y=f(x)$是单减函数，则过程只会是波动型过程。

③ 若x或y与时间无关，则过程是稳定型过程。

④ 若函数未知且变量与时间的关系未知，增长型、衰减型、稳定型、波动型的可能性分别为$\frac{1}{6}$、$\frac{1}{6}$、$\frac{1}{3}$、$\frac{1}{3}$。

（3）过程与人的相互变化关系

与时间类似，一个变量与人的相互变化关系也有两种可能：与人无关；与人有关。对于一元变量$y=f(x)$，若x与人有关，则y一定与人有关；反之，若x与人无关，则y一定与人无关。

$$x=c \text{ 或 } x=h(x)$$
$$y=f(c)\text{或 } y=f[h(x)]$$
$$\frac{dx}{dp}=0 \text{ 或 } \frac{dx}{dp}=h'(p)$$
$$\frac{dy}{dp}=0 \text{ 或 } \frac{dy}{dp}=\frac{dy}{dx}h'(t)$$

若$\frac{dx}{dp}=0$，则$\frac{dy}{dp}=0$。

$\frac{\mathrm{d}y}{\mathrm{d}x}$有两种情况：$\frac{\mathrm{d}y}{\mathrm{d}x}>0$ 或$\frac{\mathrm{d}y}{\mathrm{d}x}<0$。$\frac{\mathrm{d}x}{\mathrm{d}p}$有三种情况：$\frac{\mathrm{d}x}{\mathrm{d}p}>0$、$\frac{\mathrm{d}x}{\mathrm{d}p}=0$ 或$\frac{\mathrm{d}x}{\mathrm{d}p}<0$，根据$\frac{\mathrm{d}y}{\mathrm{d}x}$与$\frac{\mathrm{d}x}{\mathrm{d}p}$的不同情况的组合，可得到以下结论。

① 若 $y=f(x)$ 是单增函数，则过程随 p 属性的增大而增长，随 p 属性的减小而衰减。

② 若 $y=f(x)$ 是单减函数，则过程随 p 属性而波动。

③ 若 x 或 y 与人无关，则过程对人的 p 属性来说是稳定的。

④ 若函数未知且变量与 p 属性的关系未知，过程出现增长、衰减、稳定、波动的可能性分别为$\frac{1}{6}$、$\frac{1}{6}$、$\frac{1}{3}$、$\frac{1}{3}$。

1.6.3 二元变量过程的变化

二元变量过程可表示如下。

$$\text{过程 } P: R_f=\{x,y,z \mid z=f(x,y)\};[t_0,t]$$

$$\text{过程 } P: R_v=\{y_1,y_2,y_3\};[t_0,t]$$

仍以函数过程为例讨论相关问题。

(1) 变量之间的相互变化关系

二元变量 $z=f(x,y)$ 或 $F(x,y,z)=0$ 的变化可以用全微分反映。

$$\mathrm{d}z=\frac{\partial z}{\partial x}\mathrm{d}x+\frac{\partial z}{\partial y}\mathrm{d}y$$

当函数以隐函数表示时，$\frac{\partial z}{\partial x}=-\frac{F_x}{F_z}$，$\frac{\partial z}{\partial y}=-\frac{F_y}{F_z}$。

不考虑一元函数是二元函数的特殊情况，$\frac{\partial z}{\partial x}$、$\frac{\partial z}{\partial y}$均分别有三种可能的形式：①关于 x 的一个表达式；②关于 y 的一个表达式；③关于 x 和 y 的一个表达式，两个偏导数的正负性分别均有三种可能、即正、负和 0。$\mathrm{d}x$、$\mathrm{d}y$、$\mathrm{d}z$ 的正负性也分别均有三种可能，即正、负和 0。过程可能的组合情况太多，过程分析只有结合具体函数才能阐述。在函数未知时，可以总结以下结论。

① 当 $\mathrm{d}x$、$\mathrm{d}y$、$\mathrm{d}z$ 均为正时，说明过程在膨胀。

② 当 $\mathrm{d}x$、$\mathrm{d}y$、$\mathrm{d}z$ 均等于 0 时，说明过程保持稳定。

③ 当 $\mathrm{d}x$、$\mathrm{d}y$、$\mathrm{d}z$ 均为负时，说明过程在萎缩。

④ 除以上三种情况外，说明过程在波动。

下面结合前述骑行过程来分析变量之间的相互变化关系。

$$\text{骑行过程 } P: R_f=\{t,v,s \mid s=vt\};[0,t]$$

式中 t，v，s——时间、平均速度和行程。

函数 $s=vt$ 的全微分：$\mathrm{d}s=v\mathrm{d}t+t\mathrm{d}v$，$v=v_0+at$，$\mathrm{d}v=a\mathrm{d}t$，$\mathrm{d}s=v\mathrm{d}t+t\mathrm{d}v=(v_0+2at)\mathrm{d}t$。

在一次骑行过程中，平均速度大于初速度，平均加速度 $a>0$。

骑行过程：$\mathrm{d}t>0$、$\mathrm{d}v>0$ 且 $\mathrm{d}s>0$。

因此，骑行过程是一个完全膨胀型过程。

(2) 过程与时间之间的相互变化关系

二元变量 $z=f(x, y)$ 或 $F(x, y, z)=0$，$x=g(t)$，$y=h(t)$，变量 z 对时间的全导数如下。

$$\frac{\mathrm{d}z}{\mathrm{d}t}=\frac{\partial z}{\partial x}\times\frac{\mathrm{d}x}{\mathrm{d}t}+\frac{\partial z}{\partial y}\times\frac{\mathrm{d}y}{\mathrm{d}t}\text{或}\frac{\mathrm{d}z}{\mathrm{d}t}=-\frac{F_x}{F_z}\times\frac{\mathrm{d}x}{\mathrm{d}t}-\frac{F_y}{F_z}\times\frac{\mathrm{d}y}{\mathrm{d}t}$$

x 随时间的变化由 $\frac{\mathrm{d}x}{\mathrm{d}t}=g'(t)$ 反映，y 随时间的变化由 $\frac{\mathrm{d}y}{\mathrm{d}t}=h'(t)$ 反映，z 随时间的变化由 z 对时间的全导数反映。$\frac{\mathrm{d}x}{\mathrm{d}t}$、$\frac{\mathrm{d}y}{\mathrm{d}t}$、$\frac{\mathrm{d}z}{\mathrm{d}t}$的正负性均分别有三种可能：正、负和0。$\frac{\mathrm{d}x}{\mathrm{d}t}$、$\frac{\mathrm{d}y}{\mathrm{d}t}$、$\frac{\mathrm{d}z}{\mathrm{d}t}$的不同情况组合反映过程随时间的变化情况。

① $\frac{\mathrm{d}x}{\mathrm{d}t}$、$\frac{\mathrm{d}y}{\mathrm{d}t}$、$\frac{\mathrm{d}z}{\mathrm{d}t}$均为正，则过程在增长。

② $\frac{\mathrm{d}x}{\mathrm{d}t}$、$\frac{\mathrm{d}y}{\mathrm{d}t}$、$\frac{\mathrm{d}z}{\mathrm{d}t}$均为0，则过程保持稳定。

③ $\frac{\mathrm{d}x}{\mathrm{d}t}$、$\frac{\mathrm{d}y}{\mathrm{d}t}$、$\frac{\mathrm{d}z}{\mathrm{d}t}$均为负，则过程在衰减。

④ 除以上三种情况外，说明过程在波动。

下面结合前述骑行过程来分析过程随时间的相互变化关系。

$$\text{骑行过程 } P: R_f=\{t,v,s \mid s=vt\};[0,t]$$

式中 t，v，s——时间、平均速度和行程

该过程中，$v=v_0+at$，$t=t$，$\frac{\mathrm{d}v}{\mathrm{d}t}=a$，$\frac{\mathrm{d}t}{\mathrm{d}t}=1$，$\frac{\partial s}{\partial t}=v$，$\frac{\partial s}{\partial v}=t$，行程对时间的全导数如下。

$$\frac{\mathrm{d}s}{\mathrm{d}t}=\frac{\partial s}{\partial t}\times\frac{\mathrm{d}t}{\mathrm{d}t}+\frac{\partial s}{\partial v}\times\frac{\mathrm{d}v}{\mathrm{d}t}=v+at=v_0+2at$$

骑行过程平均速度大于初速度，平均加速度 $a>0$，因此，对于骑行过程总有 $\frac{\mathrm{d}t}{\mathrm{d}t}>0$、$\frac{\mathrm{d}v}{\mathrm{d}t}>0$ 且 $\frac{\mathrm{d}s}{\mathrm{d}t}>0$。

骑行过程随时间变化是一个完全增长型过程。

(3) 过程与人之间的相互变化关系

二元变量 $z=f(x, y)$ 或 $F(x, y, z)=0$，$x=u(p)$，$y=v(p)$，变量 z 对 p 的全导数如下。

$$\frac{\mathrm{d}z}{\mathrm{d}p}=\frac{\partial z}{\partial x}\times\frac{\mathrm{d}x}{\mathrm{d}p}+\frac{\partial z}{\partial y}\times\frac{\mathrm{d}y}{\mathrm{d}p}\text{或}\frac{\mathrm{d}z}{\mathrm{d}p}=-\frac{F_x}{F_z}\times\frac{\mathrm{d}x}{\mathrm{d}p}-\frac{F_y}{F_z}\times\frac{\mathrm{d}y}{\mathrm{d}p}$$

x 随 p 的变化由$\frac{\mathrm{d}x}{\mathrm{d}p}=u'(p)$ 反映，y 随 p 的变化由$\frac{\mathrm{d}y}{\mathrm{d}p}=v'(p)$ 反映，z 随 p 的变化由 z 对 p 的全导数反映。$\frac{\mathrm{d}x}{\mathrm{d}p}$、$\frac{\mathrm{d}y}{\mathrm{d}p}$、$\frac{\mathrm{d}z}{\mathrm{d}p}$的正负性均分别有三种可能：正、负和 0。$\frac{\mathrm{d}x}{\mathrm{d}p}$、$\frac{\mathrm{d}y}{\mathrm{d}p}$、$\frac{\mathrm{d}z}{\mathrm{d}p}$的不同情况组合反映过程随 p 的变化情况如下。

① $\frac{\mathrm{d}x}{\mathrm{d}p}$、$\frac{\mathrm{d}y}{\mathrm{d}p}$、$\frac{\mathrm{d}z}{\mathrm{d}p}$均为正，则过程随 p 的增大在增长。

② $\frac{\mathrm{d}x}{\mathrm{d}p}$、$\frac{\mathrm{d}y}{\mathrm{d}p}$、$\frac{\mathrm{d}z}{\mathrm{d}p}$均为 0，则过程随 p 保持稳定。

③ $\frac{\mathrm{d}x}{\mathrm{d}p}$、$\frac{\mathrm{d}y}{\mathrm{d}p}$、$\frac{\mathrm{d}z}{\mathrm{d}p}$均为负，则过程随 p 的增大在萎缩。

④ 除以上三种情况外，说明过程随 p 在波动。

下面结合前述骑行过程来分析过程与人的相互变化关系。

$$骑行过程\ P: R_f=\{t,v,s \mid s=vt\};[0,t]$$

式中　t，v，s——时间、平均速度和行程。

骑行过程与人的需求、体能、技能等有关，在此只分析人的体能与过程之间的相互变化关系。设人的体能为 p，在过程中，体能充沛（p 较大）时，会加速行驶，由于提速导致体能下降，速度会慢下来，速度降低后，体能得到恢复和储备，体能值变大，又开始提速，然后循环往复，直至过程结束。速度和体能成正比，$v=bp$（$b>0$），b 为单位体能可产生的速度，主要因过程类型而异。速度和体能均随时间而波动，设 $p=d\sin\omega t+d\left(d>0,\ 0<\omega<\frac{2\pi}{t}\right)$，$d$ 为最大体能之半，ω 为体能恢复周期。d 因人而异，ω 因过程类型而异、因人而异。求体能函数的反函数，$t=\frac{1}{\omega}\arcsin\frac{p-d}{d}$，因 $t>0$，故 $0<\arcsin\frac{p-d}{d}<\pi$。

$\frac{\mathrm{d}v}{\mathrm{d}p}=b$，$\frac{\mathrm{d}t}{\mathrm{d}p}=\frac{1}{\omega}\times\frac{1}{\sqrt{d^2-(p-d)^2}}$，显然，$\frac{\mathrm{d}v}{\mathrm{d}p}>0$，$\frac{\mathrm{d}t}{\mathrm{d}p}>0$。

骑行过程平均速度大于初速度，平均加速度 $a>0$。

$$\frac{\mathrm{d}s}{\mathrm{d}p}=\frac{\partial s}{\partial v}\times\frac{\mathrm{d}v}{\mathrm{d}p}+\frac{\partial s}{\partial t}\times\frac{\mathrm{d}t}{\mathrm{d}p}$$

$$\frac{\mathrm{d}s}{\mathrm{d}p}=\frac{b}{2\omega}\arcsin\frac{p-d}{d}+\frac{v_0}{\omega}\times\frac{1}{\sqrt{d^2-(p-d)^2}}+\frac{a}{2\omega^2}\times\frac{\arcsin\frac{p-d}{d}}{\sqrt{d^2-(p-d)^2}}$$

该等式中 a、b、d、v_0、ω 均为正数，$0<\arcsin\frac{p-d}{d}<\pi$，故$\frac{\mathrm{d}s}{\mathrm{d}p}>0$。因此可得到结论：骑行过程总有$\frac{\mathrm{d}v}{\mathrm{d}p}>0$、$\frac{\mathrm{d}t}{\mathrm{d}p}>0$ 且$\frac{\mathrm{d}s}{\mathrm{d}p}>0$，骑行过程随人的体能是一个完全增长型过程。

1.6.4 多元变量过程的变化

多元变量过程可表示如下。

$$过程\ P：R_f=\{x_j \mid F(x_1,x_2\cdots x_j\cdots x_{m-1},x_m)=0\};[t_0,t]$$

$$过程\ P：R_v=\{y_k\},k=1,2\cdots r;[t_0,t]$$

（1）变量之间的相互变化关系

多元函数 $F(x_1，x_2\cdots x_i\cdots x_n)=0$ 的全微分如下。

$$\mathrm{d}x_n=-\frac{F_{x_1}}{F_{x_n}}\mathrm{d}x_1-\frac{F_{x_2}}{F_{x_n}}\mathrm{d}x_2\cdots-\frac{F_{x_{n-1}}}{F_{x_n}}\mathrm{d}x_{n-1}$$

全微分反映变量之间的相互变化关系，可以总结以下结论。

① 当 $\mathrm{d}x_1$、$\mathrm{d}x_2\cdots\mathrm{d}x_n$ 全为正时，说明过程在膨胀。

② 当 $\mathrm{d}x_1$、$\mathrm{d}x_2\cdots\mathrm{d}x_n$ 全等于 0 时，说明过程保持稳定。

③ 当 $\mathrm{d}x_1$、$\mathrm{d}x_2\cdots\mathrm{d}x_n$ 全小于 0 时，说明过程在萎缩。

④ 除以上三种情况外，说明过程在波动。

⑤ 多元变量过程往往（几乎全部）是波动的。

（2）过程随时间的相互变化关系

多元函数 $F(x_1，x_2\cdots x_j\cdots x_m)=0$，$x_1=g_1(t)$，$x_2=g_2(t)\cdots x_{m-1}=g_{m-1}(t)$，变量 x_m 对时间的全导数如下。

$$\frac{\mathrm{d}x_m}{\mathrm{d}t}=-\frac{F_{x_1}}{F_{x_m}}\times\frac{\mathrm{d}x_1}{\mathrm{d}t}-\frac{F_{x_2}}{F_{x_m}}\times\frac{\mathrm{d}x_2}{\mathrm{d}t}\cdots-\frac{F_{x_{m-1}}}{F_{x_m}}\times\frac{\mathrm{d}x_{m-1}}{\mathrm{d}t}$$

x_1 随时间的变化由 $\frac{\mathrm{d}x_1}{\mathrm{d}t}=g'_1(t)$ 反映，x_2 随时间的变化由 $\frac{\mathrm{d}x_2}{\mathrm{d}t}=g'_2(t)$ 反映……x_{m-1} 随时间的变化由 $\frac{\mathrm{d}x_{m-1}}{\mathrm{d}t}=g'_{m-1}(t)$ 反映，x_m 随时间的变化由 x_m 对时间的全导数反映。$\frac{\mathrm{d}x_1}{\mathrm{d}t}$、$\frac{\mathrm{d}x_2}{\mathrm{d}t}\cdots\frac{\mathrm{d}x_m}{\mathrm{d}t}$ 的正负性均分别有三种可能：正、负和 0。$\frac{\mathrm{d}x_1}{\mathrm{d}t}$、$\frac{\mathrm{d}x_2}{\mathrm{d}t}\cdots\frac{\mathrm{d}x_m}{\mathrm{d}t}$ 的不同情况组合反映过程随时间的变化情况如下。

① $\frac{\mathrm{d}x_1}{\mathrm{d}t}$、$\frac{\mathrm{d}x_2}{\mathrm{d}t}\cdots\frac{\mathrm{d}x_m}{\mathrm{d}t}$ 全为正，则过程在增长。

② $\frac{\mathrm{d}x_1}{\mathrm{d}t}$、$\frac{\mathrm{d}x_2}{\mathrm{d}t}\cdots\frac{\mathrm{d}x_m}{\mathrm{d}t}$ 全为 0，则过程保持稳定。

③ $\frac{\mathrm{d}x_1}{\mathrm{d}t}$、$\frac{\mathrm{d}x_2}{\mathrm{d}t}\cdots\frac{\mathrm{d}x_m}{\mathrm{d}t}$ 全为负，则过程在衰减。

④ 除以上三种情况外，说明过程在波动。

⑤ 多元变量过程随时间的变化往往（几乎全部）是波动的。

（3）过程随人的相互变化关系

多元函数 $F(x_1, x_2 \cdots x_j \cdots x_m)=0$，$x_1=h_1(p)$，$x_2=h_2(p) \cdots x_{m-1}=h_{m-1}(p)$，变量 x_m 对 p 的全导数如下。

$$\frac{\mathrm{d}x_m}{\mathrm{d}p}=-\frac{F_{x_1}}{F_{x_m}} \times \frac{\mathrm{d}x_1}{\mathrm{d}p}-\frac{F_{x_2}}{F_{x_m}} \times \frac{\mathrm{d}x_2}{\mathrm{d}p} \cdots-\frac{F_{x_{m-1}}}{F_{x_m}} \times \frac{\mathrm{d}x_{m-1}}{\mathrm{d}p}$$

x_1 随 p 的变化由 $\frac{\mathrm{d}x_1}{\mathrm{d}p}=h'_1(t)$ 反映，x_2 随 p 的变化由 $\frac{\mathrm{d}x_2}{\mathrm{d}p}=h'_2(t)$ 反映……x_{m-1} 随 p 的变化由 $\frac{\mathrm{d}x_{m-1}}{\mathrm{d}p}=h'_{n-1}(p)$ 反映，x_m 随 p 的变化由 x_m 对 p 的全导数反映。$\frac{\mathrm{d}x_1}{\mathrm{d}p}$、$\frac{\mathrm{d}x_2}{\mathrm{d}p} \cdots \frac{\mathrm{d}x_n}{\mathrm{d}p}$ 的正负性均分别有三种可能：正、负和 0。$\frac{\mathrm{d}x_1}{\mathrm{d}p}$、$\frac{\mathrm{d}x_2}{\mathrm{d}p} \cdots \frac{\mathrm{d}x_n}{\mathrm{d}p}$ 的不同情况组合反映过程随 p 的变化情况如下。

① $\frac{\mathrm{d}x_1}{\mathrm{d}p}$、$\frac{\mathrm{d}x_2}{\mathrm{d}p} \cdots \frac{\mathrm{d}x_n}{\mathrm{d}p}$ 全为正，则过程随 p 的增大在增长。

② $\frac{\mathrm{d}x_1}{\mathrm{d}p}$、$\frac{\mathrm{d}x_2}{\mathrm{d}p} \cdots \frac{\mathrm{d}x_n}{\mathrm{d}p}$ 全为 0，则过程随 p 保持稳定。

③ $\frac{\mathrm{d}x_1}{\mathrm{d}p}$、$\frac{\mathrm{d}x_2}{\mathrm{d}p} \cdots \frac{\mathrm{d}x_n}{\mathrm{d}p}$ 全为负，则过程随 p 的增大在衰减。

④ 除以上三种情况外，说明过程在波动。

⑤ 多元变量过程随人的某种属性的变化往往（几乎全部）是波动的。

以上多元变量过程变化的分析表明，在现实中采用微积分方法来实施多元（$m \geqslant 3$）变量过程控制，分析过程变化是不太实际的。因为，采用全微分或全导数来分析过程变化首先必须确定各种函数关系，这是分析的前提，而确定一个函数关系都不是简单容易的事，何况要确定那么多函数。不仅如此，即使确定了函数关系，也很难对过程的变化做出判定，因为过程可能出现的组合情况太多，不同组合就是不同过程情况。

1.7 过程中断

1.7.1 过程中断的定义

过程中断指在时间区间 $[t_0, t]$ 内，由于某种（些）原因，使过程在 (t_1, t_2)（$t_1>t_0$，$t_2<t$ 且 $t_1 \neq t_2$）内出现事物集合元素间失去相互联系、不发生相互作用和没有相互变化的现象。过程中断可以用图 1-3 和图 1-4 来直观说明。

图 1-3 是过程未中断示意，该图是把 m 个（图示为 6 个）图（变量随时间变化图）叠加在一起形成一个图。图中显示：有的变量与时间无关（x_2，x_4），有的变量是时间的函数（x_3，x_6），有的变量随机波动（x_1，x_5），无论是哪种变量，变量随时间都是连续的，在任何一个时点，变量不仅存在、有确定的数值而且数值不全为 0。

图 1-4 是过程中断示意（一），在 (t_1, t_2) 内，过程在 t_1 时点的阶段结果与 t_2

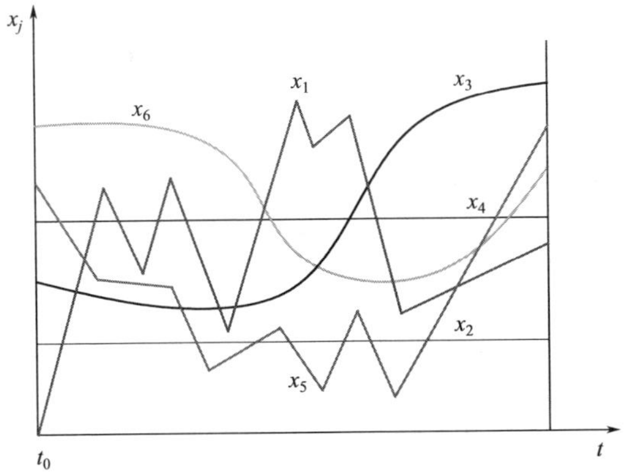

图 1-3 过程未中断示意

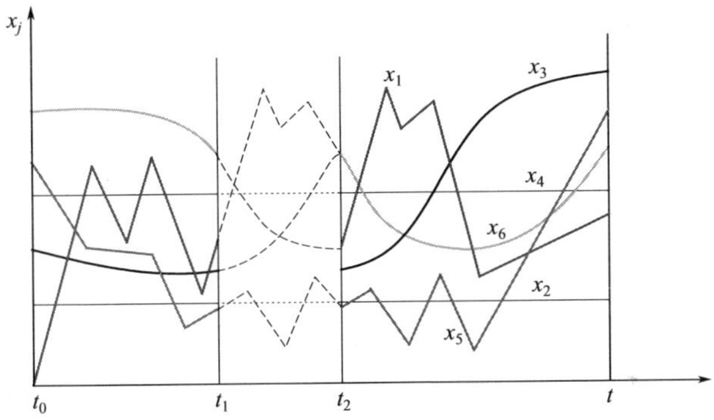

图 1-4 过程中断示意（一）

时点的阶段结果完全一样，时间推移了 t_2-t_1，但过程结果没有任何变化。导致过程无变化的原因并非是由于无效作为或无用功所致，而是一切事物（人和时间除外）在此期间都停了下来。在（t_1，t_2）内，变量的变化曲线用虚线表示，意指在该时间段内，变量的一切存在对于过程来说已经不是实质性存在。

1.7.2 过程中断期事物集合的基本特点

如果只关注过程结果，图 1-4 与图 1-5 是一回事。

过程中断期事物集合有以下基本特点。

① 在 t_1、t_2 两个时点上，全部变量值都分别对应相等。

$$x_j(t_1)=x_j(t_2);j=1,2\cdots m$$

式中 $x_j(t_1)$——变量 x_j 在 t_1 时点的变量值；

$x_j(t_2)$——变量 x_j 在 t_2 时点的变量值。

② 在 t_1、t_2 两个时点上，全部变量随时间的累计变量值都分别对应相等。

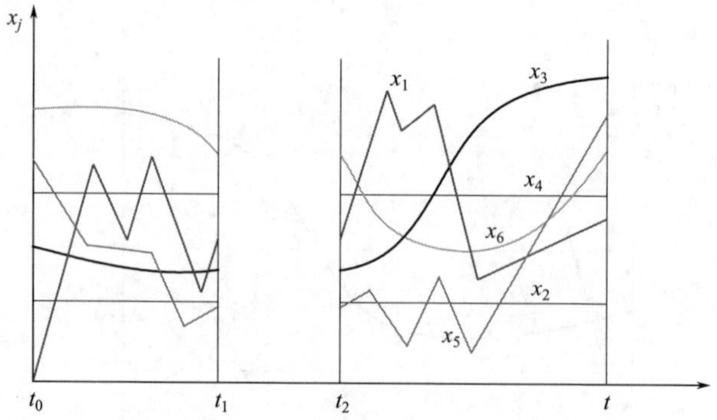

图 1-5 过程中断示意（二）

$$\sum_{t=t_0}^{t_1} x_j(t) = \sum_{t=t_0}^{t_2} x_j(t); j=1,2\cdots m$$

式中 $\sum_{t=t_0}^{t_1} x_j(t)$——变量 x_j 在 t_1 时点［t_0，t_1］内的累计变量值；

$\sum_{t=t_0}^{t_2} x_j(t)$——变量 x_j 在 t_2 时点［t_0，t_2］内的累计变量值。

③（t_1，t_2）内的任意时点 t_k，变量值都为 0。

$$x_j(t_k)=0; j=1,2\cdots m（x_j \text{不表示人和时间}）$$

基于以上讨论，可以对过程中断作如下一般定义。

过程进行至某时点 t_i（$t_i>t_0$）（在 t_i 时变量值不为 0），当 $t_i<t<t_j$（$t_j>t_i$），全部变量值变为 0，当 $t\geqslant t_j$ 时，变量值不为 0（通常，全部变量都不为 0），这种现象称为过程中断。t_i 称为中断起点，也简称中断点；t_j 称为中断结束点，也称中断延续点。

1.8 过程延续

过程延续通常指过程中断后，采取一切行为和措施使过程继续进行。即一个过程中断后的过程延续。在人们用词习惯上，过程延续还指过程自然结束后，重新开始该过程，即多个过程的过程延续。本书只讨论一个过程中断后的过程延续。

过程延续是过程中断后的最有可能的结果，是人们应对过程中断采取的一种积极的处理方式。

过程延续可能采用不变更过程或变更过程的方式来实现。过程延续存在两种基本类型：非变更性过程延续和变更性过程延续。非变更性过程延续指不对过程事物集合进行较大实质性改变而使过程继续进行。变更性过程延续指对过程事物集合进行较大实质性改变后使过程继续进行。实质性改变和非实质性改变很难给出明确定义来区分，只有结合具体过程来判定。比如：一次出行，采用骑行方式，但在骑行过程进行中，由于某种原因或某种需要，出行过程改为步行或乘车，则无论是步行还是乘车都应视为对过程做了较大实质性改变。

非变更性过程延续和变更性过程延续可以结合图 1-3、图 1-4、图 1-6 来进一步说明。图 1-4 表示非变更性过程延续，图 1-6 表示变更性过程延续。

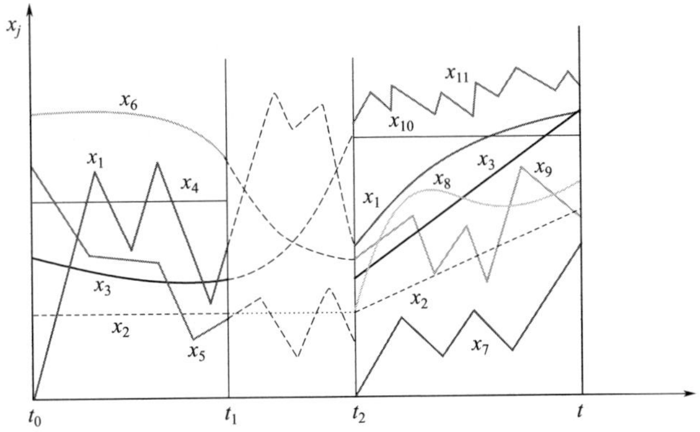

图 1-6 变更性过程延续示意

图 1-4 与图 1-3 相比，图 1-4 中多了（t_1，t_2）时间段及用虚线表示的变量曲线，其他没变（包括 t_2 至过程结束的时间）。当然，这种表示是完全理想化的，现实中，首先，若发生过程中断，则图 1-3 中从 t_2 之后的曲线就完全是一种假想曲线，而非实际曲线。其次，就 t_2 之后的曲线来说，图 1-4 与图 1-3 不可能没有差异，或多或少会存在一些差异。当这种差异不大时就视为非变更性过程延续。在这里差异不大就是指没有实质性差异，主要表现在以下几个方面。

① 变量的种类和数目改变较小。

② 变量曲线的形状基本不变，变量曲线的位置改变较小。

③ t_2 至过程结束的时间长短改变较小。

为此，可以尝试非变更性过程延续的具体判定：变量的种类和数目、变量曲线的形状和位置、t_2 至过程结束的时间长短三个方面均无较大改变则视为非变更性过程延续。

图 1-6 与图 1-4（或图 1-2）相比有很大差异，即存在实质性差异，主要表现在以下几个方面。

① 变量的种类和数目改变较多 图 1-6 中变量的种类是 x_1、x_2、x_3、x_7、x_8、x_9、x_{10}、x_{11}，共有 8 种，图 1-3 中变量的种类是 x_1、x_2、x_3、x_4、x_5、x_6，共有 6 种。

② 变量曲线的形状和位置都有较大改变 图 1-6 及图 1-4 中的变量曲线的形状和位置均有较大差异。同种变量 x_1、x_2、x_3 的变量曲线的形状和位置完全不同。

③ t_2 至过程结束的时间长短有较大改变 图 1-6 和图 1-4 中 t_2 至过程结束的时间长短有一定改变。

图 1-6 中，$\dfrac{t_1-t_0}{t-t_0}=35.4\%$，$\dfrac{t_2-t_1}{t-t_0}=23.27\%$，$\dfrac{t-t_2}{t-t_0}=41.33\%$。

图 1-4 中，$\frac{t_1-t_0}{t-t_0}=32.44\%$，$\frac{t_2-t_1}{t-t_0}=21.32\%$，$\frac{t-t_2}{t-t_0}=46.24\%$。

图 1-6 和图 1-4 的过程总时长（$t-t_0$）之比为 91.63%。

为此，可以尝试变更性过程延续的具体判定。

由于现实中的两方面原因：图 1-3 中 t_2之后的曲线为假定曲线；图 1-6 中 t_2之后的曲线存在滞后性（曲线只有在过程推进中逐步得到），如果在过程结束或即将结束时才做出判定，这对于过程控制来说没有实际意义。上述关于非变更性过程延续和变更性过程延续的判定方法存在很大的实施障碍，判定结果的准确性没有充分保障。之所以阐述这部分内容，主要目的在于更直观、更深入地认识和理解非变更性过程延续和变更性过程延续的概念以及这两种过程延续方式的客观存在。

1.9 过程变更

过程变更通常指由于某种原因或某种需要，过程事物集合发生较大实质性改变的现象。过程变更还指：对于时间确定型过程，由于某种原因或某种需要，时间区间发生较大改变的现象。

导致过程变更的原因很多，过程中断可能导致过程变更，过程不中断也可能发生过程变更。无论什么原因导致的过程变更，过程变更的判定标准应该是相同的，即过程事物集合是否发生较大实质性改变？时间区间是否发生较大改变？1.8 节所述非变更性过程延续和变更性过程延续的具体判定可以尝试作为一种过程变更的具体判定方法。

① 变量的种类和数目是否发生较大改变？

② 变量曲线的形状和位置是否发生较大改变？

③ 过程总时间长短是否发生较大改变？

如果这三个方面的任意之一有较大改变则应视为过程变更，否则不应视为过程变更。

此外，可以尝试采用以下方法来判定过程变更。

① 决定性事物集 $R_t(d)$ 是否发生改变？

② 函数集 R_f是否发生改变？

③ 变量集 R_v是否发生较大改变？

④ 过程总时间长短是否发生较大改变？

通常，决定性事物集 $R_t(d)$ 和函数集 R_f发生改变会导致过程变更，变量集 R_v和过程总时间长短发生较大改变会导致过程变更。

1.10 过程结束

过程结束通常指：①过程进行至时间区间［t_0，t_n］的末端——t_n时点且过程结果符合人们预期；②过程进行至时间区间［t_0，t_n］中某时点 t_i（$t_0<t_i<t_n$）时，

由于某种（些）原因，过程无法或不能继续进行而终止于 t_i 时点。以上定义主要针对时间区间已知型过程，也是过程结束的通常含义。为区分情况①和②，情况①称为过程结束，而情况②更适宜采用过程终止来称呼。

过程结束的类型很多，需要有一般定义，过程结束的一般定义如下。

过程进行至某时点 t_i（$t_i>t_0$），$x_j(i)=c_j$，$y_k(i)=q_k$，($j=1$，$2\cdots m$，$k=1$，$2\cdots r$)，c_j 及 q_k 中至少有一个为 0。对于任意 t_l（$t_l>t_i$），当 $t\geqslant t_l$，$x_i(l)=c_j$，$y_j(l)=q_k$，则称过程在 t_i 处结束。

式中 $x_j(i)$——第 j 个函数集变量在 t_i 时的变量值；
$y_k(i)$——第 k 个变量集变量在 t_i 时的变量值；
$x_j(l)$——第 j 个函数集变量在 t_l 时的变量值；
$y_k(l)$——第 k 个变量集变量在 t_l 时的变量值；
m——共有 m 个函数集变量；
r——共有 r 个变量集变量；
t_i——第 i 时点的时间值；
t_l——第 l 时点的时间值。

由过程结束的一般定义可引申自然结束、人为结束、正常结束、异常结束、提前结束、延期结束、提前正常结束、提前异常结束等概念的具体定义。

自然结束：过程自然进行至时点 t_i（$t_i>t_0$），当 $t>t_i$ 时，过程事物集合不再发生任何改变，则称过程自然结束。[t_0，t_i] 为过程的时间区间。

人为结束：过程进行至某时点 t_i（$t_i>t_0$），由于过程进行不符合人的需要，过程不宜或不能再继续进行，人为使过程终止于 t_i 时点。这种过程结束称为人为结束。

正常结束：过程结束时点 $t_i\approx t_n$ 且过程结果符合人们预期。

异常结束：过程结束时点 $t_i\ll t_n$ 或 $t_i\gg t_n$，或过程结果与人们预期相差很大。

提前结束：过程结束时点 $t_i<t_n$。

延期结束：过程结束时点 $t_i>t_n$。

提前正常结束：过程结束时点 $t_i<t_n$ 且过程结果符合人们预期。

提前异常结束：过程结束时点 $t_i<t_n$（往往是 $t_i\ll t_n$）且过程结果与人们预期相差很大。

第2章 过程控制

对于过程，人们总希望有一个好的或满意的过程结果，这种愿望的达成不仅需要个人（团队或机构）以积极的、主动的、科学的方式对待过程，不仅需要不断地摸（探）索、学习和总结，而且还需要采用一定的方法和手段，通过必要的、适当的系列活动，对过程进行动态的、持续的跟踪、检查、更正和改进，即对过程进行人为的影响和控制。本章主要讨论这种人为影响和控制所包括的基本活动及所采用的基本方法。

2.1 过程控制的概念

过程控制指，为使过程结果更好地符合预期，人们针对非自然过程进行的预防、跟踪、检查、检测、监测、评价、更正、改进等各项活动。过程结果即过程结束时的状况。预期指在过程开始前或过程进行中，人们对过程结果的想象和期盼。非自然过程指人参与的过程，包括由人和其他事物共同决定的过程和完全由人决定的过程。

过程控制有两个基本前提：一个是非自然过程，另一个是过程结果的预期。非自然过程的必要性一目了然。过程结果预期的必要性表现在：控制是人在过程中表现出的一种主动的、积极的行为，如果没有过程结果的预期，则人的一切行为都可能是盲目的、被动的，也就谈不上控制，这种情况，人只不过是过程的一个参与者，一个普通的过程事物集合元素罢了。此外，如果没有过程结果的预期，则意味着人们对于任何过程结果都是可以接受的，那这个过程与自然过程就没有差别，而人参与的过程总是区别于自然过程。

有的过程，预期是明确的，很多过程，预期可能并不十分明确，但无论何种情况，对于过程控制来说，预期总是存在的。有的过程，在过程开始时就有明确预期，很多过程，预期随过程的推进逐渐明确。过程结果是过程结束时事物集合的全面反映，事物集合包括具体事物和抽象事物，预期可能是对过程结束时具体事物的想象和期盼，还有可能是过程结束时对抽象事物的预估或预计。

过程是一个时间区间和一个事物集合。因此，过程控制也可定义为：人们围绕过程的时间区间和事物集合进行的预防、跟踪、检查、检测、监测、更正、改进等各种活动。过程控制包括两大部分内容：时间区间控制和事物集合控制。事物集合控制又可分为事物集控制、变量集控制和函数集控制。

2.2 过程控制框架

过程控制框架按短期简单过程、短期复杂过程、长期简单过程、长期复杂过程四种基本类型分别讨论。

2.2.1 短期简单过程的控制框架

短期简单过程指持续时间较短，事物集合构成简单的过程，其控制框架见图 2-1。

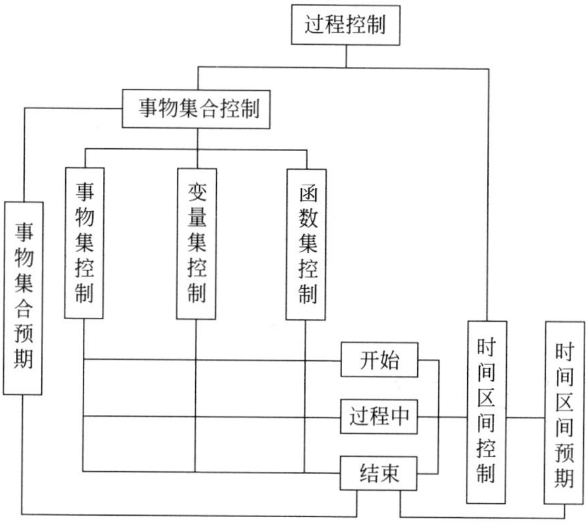

图 2-1 短期简单过程的控制框架

在图 2-1 中，过程控制包含两大部分：事物集合控制和时间区间控制。由于事物集合构成简单，不需再划分更多子集合，而直接用事物集、变量集、函数集表示。由于持续时间较短，时间区间不再划分为多个时间段，直接以开始、过程进行中、结束三个时点表示（过程进行中，图示只画出一个时点，通常为多个时点）。三个集合与三个时点分别两两相交，得到九个交点，这九个交点就是过程控制的要点，即过程控制点。由于过程结果预期在过程控制中具有特殊地位和重要作用，在图中以显要位置注明事物集合预期与时间区间预期并与过程结束相连，表明预期是过程实际结果的评判标准。

设图示过程如下。

$$
\begin{aligned}
\text{过程 } P\text{：}\quad & R_t=\{A,B,C,D,E,F\cdots\};[t_0,t_n] \\
& R_v=\{y_k\},k=1,2\cdots r \\
& R_f=\{x,y,z\mid z=f(x,y)\}
\end{aligned}
$$

式中 A，B，C，D，E，F——事物1、事物2、事物3、事物4、事物5、事物6等；

y_1，$y_2 \cdots y_r$——变量1、变量2……变量r；

x，y，z——函数变量1、函数变量2、函数变量3。

九个交点（控制点）表示为：①函数集与“开始”的交点，R_f-t_0；②函数集与“过程中”的交点，R_f-t_i；③函数集与“结束”的交点，R_f-t_n；④变量集与“开始”的交点，R_v-t_0；⑤变量集与“过程中”的交点，R_v-t_i；⑥变量集与“结束”的交点，R_v-t_n；⑦事物集与“开始”的交点，R_t-t_0；⑧事物集与“过程中”的交点，R_t-t_i；⑨事物集与“结束”的交点，R_t-t_n。

对于交点 R_f-t_0，过程开始。

$$\begin{pmatrix} x_0 \\ y_0 \\ z_0 \end{pmatrix} = \begin{pmatrix} a_0 \\ b_0 \\ c_0 \end{pmatrix}$$

这个控制点主要解决：过程开始需要的函数变量值是多少？现有条件下的函数变量值能满足过程开始吗？

对于交点 R_f-t_i，过程进行至 t_i 时点。

$$\begin{pmatrix} x_i \\ y_i \\ z_i \end{pmatrix} = \begin{pmatrix} a_i \\ b_i \\ c_i \end{pmatrix}$$

这个控制点主要解决：在 t_i 时点，函数变量值的计划值是多少？函数变量值的实际值是多少？实际值与计划值存在偏差吗？偏差程度如何？为什么会产生偏差？如何消除不利偏差？过程需要做哪些改善？如何实施过程改善？

对于交点 R_f-t_n，过程结束。

$$\begin{pmatrix} x_n \\ y_n \\ z_n \end{pmatrix} = \begin{pmatrix} a_n \\ b_n \\ c_n \end{pmatrix}, \begin{pmatrix} \sum_{t=t_0}^{t_n} x(t) \\ \sum_{t=t_0}^{t_n} y(t) \\ \sum_{t=t_0}^{t_n} z(t) \end{pmatrix} = \begin{pmatrix} \sum_{t=t_0}^{t_n} a(t) \\ \sum_{t=t_0}^{t_n} b(t) \\ \sum_{t=t_0}^{t_n} c(t) \end{pmatrix}$$

这个控制点主要解决：过程结束时的函数变量值是多少？全过程的累计函数变量值或均值是多少？实际变量值与预期相比如何？过程结果是否符合预期？对过程控制有怎样的评价？关于函数集，由过程和过程控制可以得出哪些总结？

对于交点 R_v-t_0，过程开始。

$$\begin{pmatrix} y_1(0) \\ \vdots \\ y_r(0) \end{pmatrix} = \begin{pmatrix} b_1(0) \\ \vdots \\ b_r(0) \end{pmatrix}$$

这个控制点主要解决：过程开始需要的变量值是多少？现有条件下的变量值能满

足过程开始吗？

对于交点 R_v-t_i，过程进行至 t_i 时点。

$$\begin{pmatrix} y_1(i) \\ \vdots \\ y_r(i) \end{pmatrix} = \begin{pmatrix} b_1(i) \\ \vdots \\ b_r(i) \end{pmatrix}$$

这个控制点主要解决：在 t_i 时点，变量值的计划值是多少？变量值的实际值是多少？实际值与计划值存在偏差吗？偏差程度如何？为什么会产生偏差？如何消除不利偏差？过程需要做哪些改善？如何实施过程改善？

对于交点 R_v-t_n，过程结束。

$$\begin{pmatrix} y_1(n) \\ \vdots \\ y_r(n) \end{pmatrix} = \begin{pmatrix} b_1(n) \\ \vdots \\ b_m(n) \end{pmatrix}, \begin{pmatrix} \sum_{t=t_0}^{t_n} y_1(t) \\ \vdots \\ \sum_{t=t_0}^{t_n} y_r(t) \end{pmatrix} = \begin{pmatrix} \sum_{t=t_0}^{t_n} b_1(t) \\ \vdots \\ \sum_{t=t_0}^{t_n} b_r(t) \end{pmatrix}$$

这个控制点主要解决：过程结束时的变量值是多少？全过程的累计变量值或均值是多少？实际变量值与预期相比如何？过程结果是否符合预期？对过程控制有怎样的评价？关于变量集，由过程和过程控制可以得出哪些总结？在 y_1，$y_2 \cdots y_r$ 中哪些变量之间存在函数关系？函数关系可以确定吗？如何确定这些变量的函数关系？

对于交点 R_t-t_0，过程开始。

$$R_t(0)=\{A,B,C,D\}$$

这个控制点主要解决：过程开始时的主要事物集包含哪些元素？现有的事物集元素能满足过程开始吗？

对于交点 R_t-t_i，过程进行至 t_i 时点。

$$R_t(i)=\{B,C,D,E,F,G\}$$

这个控制点主要解决：过程进行至 t_i 时点实际有哪些具体事物？这些事物对过程进行的影响怎样？是否存在因事物缺失或过剩而使过程进行受到不利影响？若存在，需要对事物集进行怎样的调整？如何实施调整？

对于交点 R_t-t_n，过程结束。

$$R_t(n)=\{B,C,D,E,F,G,H,I,J\}$$
$$R_t(0\sim n)=\{A,B,C,D,E,F\cdots\}$$

这个控制点主要解决：过程结束时的事物集是什么情况？过程结果符合预期吗？对过程控制有怎样的评价？关于事物集，由过程和过程控制可以得出哪些总结？

图 2-1 只反映短期简单过程的控制框架，而现实中，绝大多数过程是复杂过程，而且很多过程是长期过程，尽管如此，这个框架仍不失为过程控制的基本框架，这个框架是一切过程控制框架的基本构成单元，换句话说，任何长期而复杂过程的控制框架都可以分解为若干个短期简单过程的控制框架。上述短期简单过程的控制思路和基本方法可以推广至任何复杂过程的控制。短期简单过程的控制框架具有普遍的、重要

的现实意义。

2.2.2 短期复杂过程的控制框架

短期复杂过程指持续时间较短，事物集合构成复杂的过程，其控制框架见图 2-2。

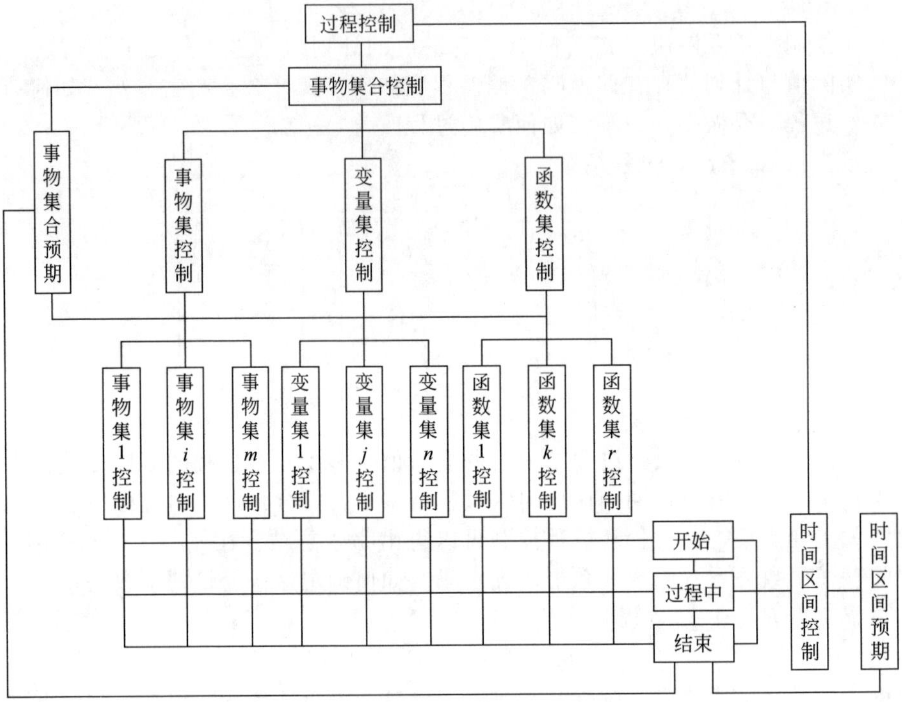

图 2-2 短期复杂过程的控制框架

在短期复杂过程的控制框架中，由于过程复杂，函数集划分为函数集 1……函数集 k……函数集 r 等 r 个函数集；变量集划分为变量集 1……变量集 j……变量集 n 等 n 个变量集；事物集划分为事物集 1……事物集 i……事物集 m 等 m 个事物集；由于持续时间较短，时间区间不再划分为多个更小的时间区间，直接以开始、过程进行中、结束三个时点表示（过程进行中，图示只画出一个时点，通常为多个时点）。r 个函数集均分别与开始、过程进行中、结束形成 r 个交点，函数集共计形成 $3r$ 个交点；n 个变量集均分别与开始、过程进行中、结束形成 n 个交点，变量集共计形成 $3n$ 个交点；m 个事物集均分别与开始、过程进行中、结束形成 m 个交点，事物集共计形成 $3m$ 个交点；事物集合总计形成 $3(r+n+m)$ 个交点，这 $3(r+n+m)$ 个交点就是过程控制要点，即过程控制点。在图中以显要位置注明事物集合预期与时间区间预期并与过程结束相连，表明预期是过程实际结果的评判标准。在图中还注明事物集合预期与事物集控制、变量集控制、函数集控制之间的联系，表明事物集合预期对事物集合分解的指导性作用。

短期复杂过程的控制主要就是针对 $3(r+n+m)$ 个控制点，采用跟踪、检查、检测、监测、更正、改进等各种措施和手段，系统全面地解决各个控制点需要解决的问题，其思路和方法完全类似短期简单过程控制，在此不再赘述。

2.2.3 长期简单过程的控制框架

长期简单过程指持续时间较长，事物集合构成简单的过程，其控制框架见图 2-3。

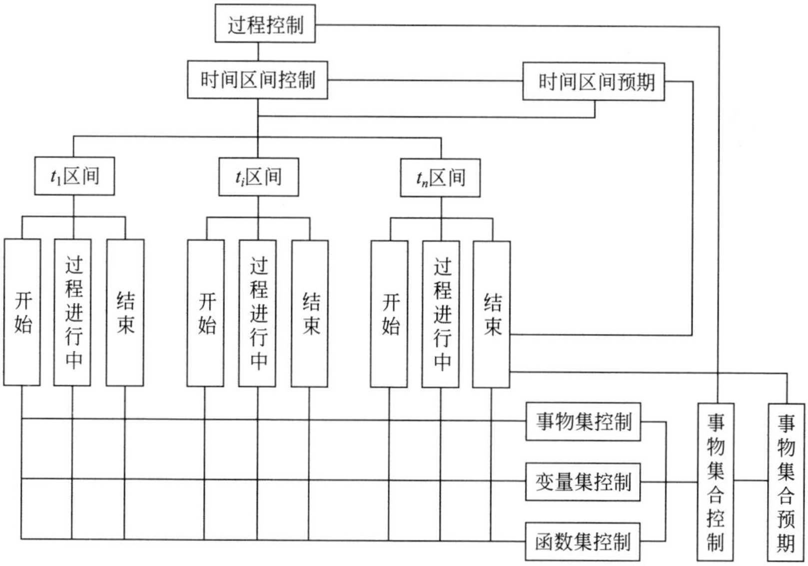

图 2-3 长期简单过程的控制框架

在图 2-3 中，时间区间划分为 n 个小区间：t_1 区间——$[t_0, t_1]$……t_k 区间——$[t_{k-1}, t_k]$……t_n 区间——$[t_{n-1}, t_n]$。每个小区间以开始、过程进行中、结束三个时点表示（过程进行中，图示只画出一个时点，通常为多个时点）。由于事物集合构成简单，不需再划分更多子集合，而直接用事物集、变量集、函数集表示。函数集与每个小区间均分别形成 3 个交点，共计形成 $3n$ 个交点；变量集与每个小区间均分别形成 3 个交点，共计形成 $3n$ 个交点；事物集与每个小区间均分别形成 3 个交点，共计形成 $3n$ 个交点；过程控制框架总计形成 $9n$ 个交点，这 $9n$ 个交点就是过程控制要点，即过程控制点。在图中以显要位置注明时间区间预期与事物集合预期并与过程结束相连，表明预期是过程实际结果的评判标准。在图中还注明时间区间预期与小区间控制之间的联系，表明时间区间预期对小区间划分的指导性作用。

长期简单过程的控制主要就是针对 $9n$ 个控制点，采用跟踪、检查、检测、监测、更正、改进等各种措施和手段，系统全面地解决各个控制点需要解决的问题，其思路和方法完全类似短期简单过程控制，在此不再赘述。

2.2.4 长期复杂过程的控制框架

长期复杂过程指持续时间较长，事物集合构成复杂的过程。此类过程在现实中较为常见，是控制难度最大、最需要采用系统方法进行控制的过程类型。对这类过程采用可行、合理的控制方法，实施系统、全面、严格的控制不仅显得十分必要，同时，系统、全面、严格的过程控制也将是确保过程结果能够满足预期的主要途径。这类过程的控制框架见图 2-4。

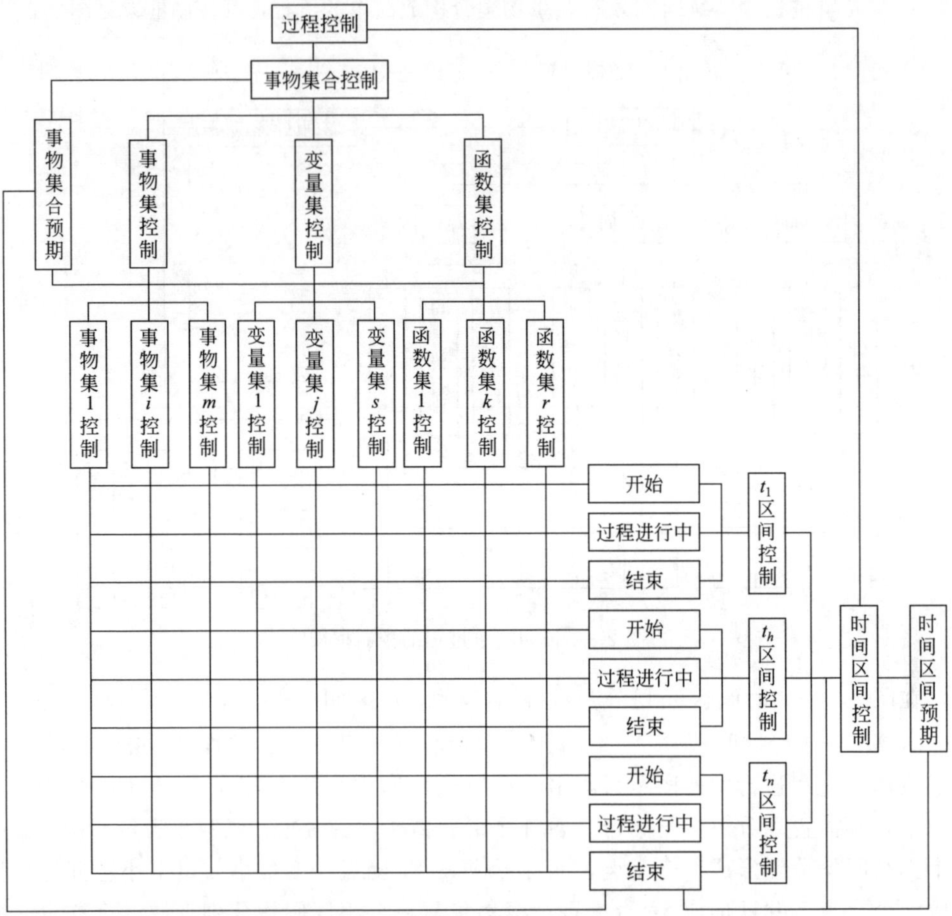

图 2-4 长期复杂过程的控制框架

在图 2-4 中，函数集划分为函数集 1……函数集 k……函数集 r（$k=1$，$2\cdots r$）等 r 个函数集；变量集划分为变量集 1……变量集 j……变量集 s（$j=1$，$2\cdots s$）等 s 个变量集；事物集划分为事物集 1……事物集 i……事物集 m（$i=1$，$2\cdots m$）等 m 个事物集。时间区间划分为 n 个小区间：t_1 区间——$[t_0, t_1]$，……t_h 区间——$[t_{h-1}, t_h]$ ……t_n 区间——$[t_{n-1}, t_n]$（$h=1$，$2\cdots n$）。每个小区间以开始、过程进行中、结束三个时点表示（过程进行中，图示只画出一个时点，通常为多个时点）。

需要特别说明，该图中的事物集合与图 2-2 中的事物集合有完全不同的含义。图 2-2 中 r 个函数集、n 个变量集、m 个事物集没有任何集合运算，而该图中 r 个函数集、s 个变量集、m 个事物集是对全过程各时间段事物集合的全部列示（进行非拆散性并集运算）。对于长期复杂过程，每个小区间对应的事物集、变量集、函数集并非全过程的所有每种集合，通常，一个小区间只分别对应个别或部分函数集、变量集、事物集。比如，在 t_h 区间——[t_{h-1}，t_h]，函数集可能是函数集 1……函数集 k……函数集 r 中的某个或某几个，变量集可能是变量集 1……变量集 j……变量集 s 中的某个或某几个，事物集可能是事物集 1……事物集 i……事物集 m 中的某个或某几个。在实际应用中，需要准确确定每个小区间内的事物集、变量集、函数集。或者说，事物集、变量集、函数集是在小区间划分确定之后，根据过程在每个小区间的实际情况来确定的。小区间与事物集、变量集、函数集之间的确切对应关系是确定过程控制点的前提。

下面以每个小区间对应一个函数集、一个变量集、一个事物集为例，阐述过程控制点及控制点数目的确定。

假定已知 n 个小区间与事物集合的确切对应关系为：t_1 区间——[t_0，t_1] 对应函数集 1、变量集 1、事物集 1……t_h 区间——[t_{h-1}，t_h] 对应函数集 k、变量集 j、事物集 i……t_n 区间——[t_{n-1}，t_n] 对应函数集 r、变量集 s、事物集 m，则长期复杂过程的控制框架中控制点分布如图 2-5 所示。

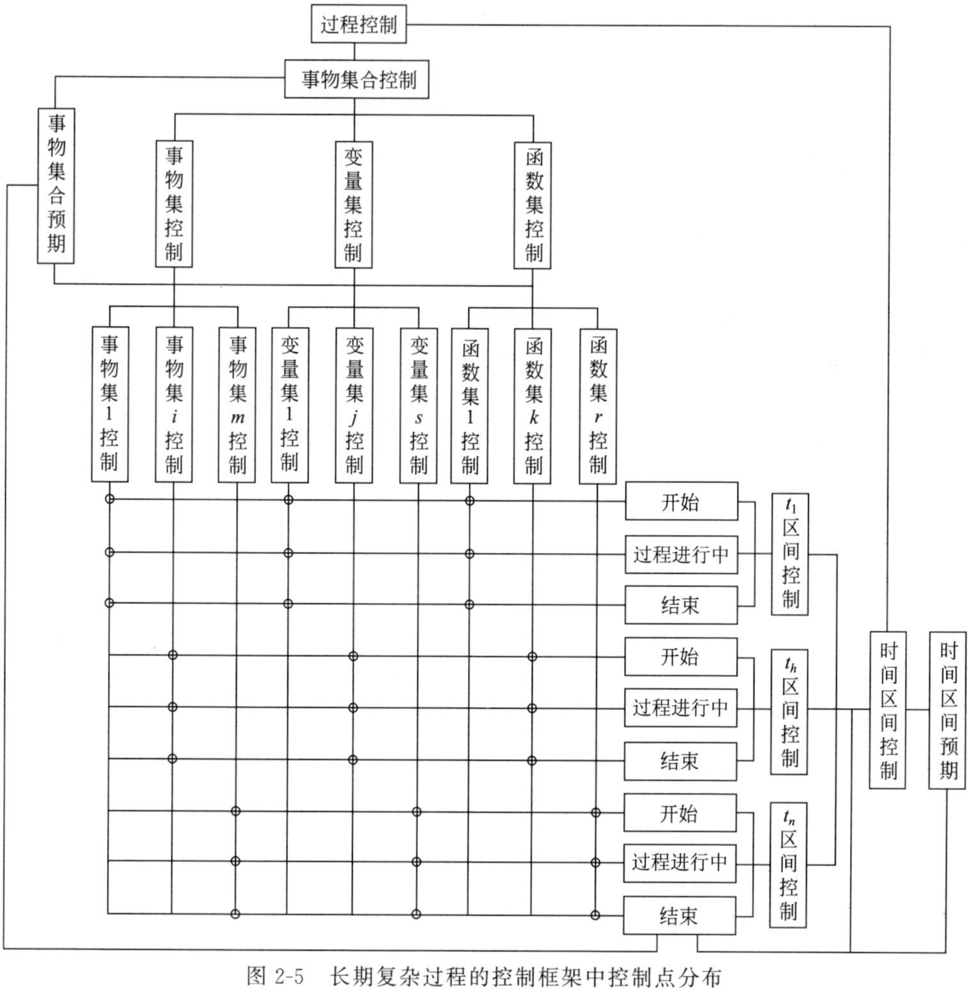

图 2-5 长期复杂过程的控制框架中控制点分布

在图 2-5 中，控制点用小圆圈表示，t_1 区间——$[t_0, t_1]$ 的开始、过程进行中、结束分别与函数集 1、变量集 1、事物集 1 形成 9 个交点，这 9 个交点就是过程在 $[t_0, t_1]$ 的控制点……t_h 区间——$[t_{h-1}, t_h]$ 的开始、过程进行中、结束分别与函数集 k、变量集 j、事物集 i 形成 9 个交点，这 9 个交点就是过程在 $[t_{k-1}, t_k]$ 的控制点……t_n 区间——$[t_{n-1}, t_n]$ 的开始、过程进行中、结束分别与函数集 r、变量集 s、事物集 m 形成 9 个交点，这 9 个交点就是过程在 $[t_{n-1}, t_n]$ 的控制点。n 个小区间共形成 $9n$ 个交点，过程总计控制点数为 $9n$。

需要特别说明的是：以上各类过程的控制点及控制点数目的确定都基于每个小区间的"过程中"只考虑了一个时点 t_i 或 t_h，这在现实中是不够的，在现实中，一个小区间往往需要设置多个时点来进行控制，因此，上述控制点数目均不是定数，控制点及控制点数目需结合具体过程具体确定。此外，在长期复杂过程中，一个小区间内存在多个函数集、多个变量集、多个事物集并非小概率事件，是极有可能发生的情况。

2.3 过程控制金字塔

在过程控制中，函数集控制、变量集控制、事物集控制是既相互联系又相互区别的三种不同层次的控制。对于一个完善、严密的过程控制体系来说，三种控制都是需要的，各自能发挥不同的作用。当然，不是所有过程都能够同时采用三种控制。能否同时采用三种控制，主要取决于人们对过程的认知程度和过程控制的实际需要。当人们对过程认知较深，能够明确提出过程函数，则过程控制具备采用函数集控制的条件，当对过程认知达到一定深度，能够识别和测量过程变量，则过程控制具备采用变量集控制的条件，若对过程认知较少，不能识别和测量过程变量，则过程控制只能停留在事物集控制层次。

过程控制犹如一座金字塔，如图 2-6 所示，金字塔顶部是函数集控制，中部是变量集控制，底部是事物集控制。金字塔形过程控制有两个方面喻义：一方面，反映人们对过程的认知总是从现象到本质、由浅入深、不断积累、不断提升的；另一方面，函数集控制具有统领过程控制全局的作用和地位，过程控制的策略和宏观控制方案在函数集控制中产生。事物集控制具有基础性、操作性作用，过程控制的各种策略和控制方案最终需要在事物集控制中落实和实施。变量集控制介于函数集控制和事物集控制之间，具有承上启下的作用。

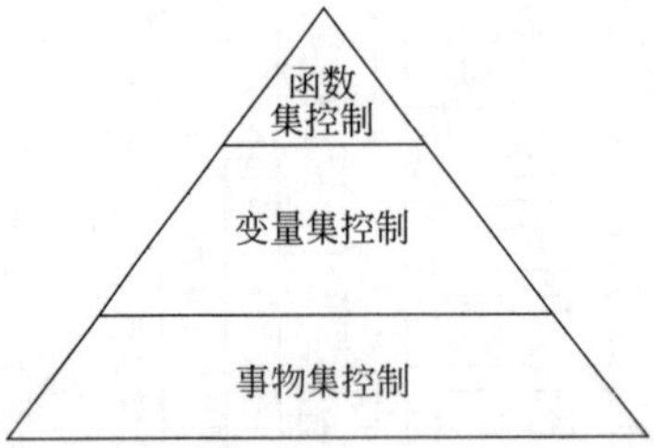

图 2-6 过程控制金字塔

2.3.1 三种控制的联系与区别

(1) 变量集基于事物集而产生，函数集基于变量集而产生

在过程实践中，由于人们不断摸（探）索、总结和积累，发现具体事物不仅可以

具体直观描述，而且可以抽象描述、计量描述，于是实现了对过程中事物的认知从具体到抽象再到计量的转变，这种转变的不断积累就产生了过程变量集。

在过程实践中，通过对众多过程变量的数值分析和研究，人们发现某些变量之间存在数量关系，这种数量关系不仅存在于某个具体过程，而且普遍存在于同类甚至类似过程中，于是就产生了过程函数集。

(2) 变量值反映事物的数量、大小、多少

过程变化及过程结果不仅与事物的种类有关，而且与事物的数量、大小、多少有关，变量值反映事物的数量、大小、多少，从这点来说，识别变量与识别事物类别相比实现了一种质的飞跃。

(3) 函数揭示变量的相互依赖、相互制约、相互变化关系

就像具体事物不是孤立存在的一样，变量也不是孤立存在的，在众多过程变量中，某些变量联系密切，存在相互依赖、相互制约、相互变化关系，函数揭示了这种关系。

(4) 通过函数集状况可以推定变量集状况

若函数变量值不满足要求，则变量集在某些（个）方面一定存在问题；反之，若函数变量值均满足要求，则变量集不存在大的问题。

若变量集中变量值存在严重问题，则通常某些（个）函数变量值不能满足要求。

(5) 通过变量集状况可以推定事物集状况

若变量集中变量值不满足要求，则事物集在某些（个）方面一定存在问题；反之，若变量集中变量值均满足要求，则事物集不存在大的问题。

若事物集存在严重问题，则通常变量集中某些（个）变量值不能满足要求。

2.3.2 三种控制的作用

(1) 函数集控制在过程控制中的作用

函数集控制在过程控制中有如下几方面主要作用。

① 统领过程控制全局。

② 通过函数变量值判定变量集状况及事物集状况。

③ 制定过程控制战略及宏观控制方案。

(2) 变量集控制在过程控制中的作用

变量集控制在过程控制中有如下几方面主要作用。

① 顶替函数不确定型过程中的函数集控制。

② 补充函数确定型过程中需要补充的变量。

③ 多元问题决策。

④ 平衡解决各种交汇问题。

⑤ 执行过程控制战略及宏观控制方案。

⑥ 通过变量值判定事物集状况。

⑦ 制定过程更正和改进实施方案。

⑧ 指挥、调度控制方案中各种具体事物。

(3) 事物集控制在过程控制中的作用

事物集控制在过程控制中有如下几方面主要作用。

① 落实并执行各种具体实施方案。

② 全面落实各控制点事物种类是否缺失或多余。

③ 针对一些关键问题、重要细部问题进行认真、彻底解决。

2.3.3 三种控制的特点

2.3.3.1 函数集控制的特点

（1）控制对象数目较少，控制高度集中

函数集控制的控制对象数目较少（比如，一元函数仅一个，二元函数仅两个），有利于控制效果的保障和控制效率的提高。

（2）针对过程最本质事物实施控制

函数变量是过程最本质的事物，函数揭示了过程最本质事物之间的联系和变化，函数集控制有利于掌握控制全局。

（3）函数集控制具有普遍的战略意义

通常，函数变量多为过程控制的直接目标，有时函数变量不是过程控制的直接目标，无论何种情况，对于过程控制，函数集控制均具有普遍的战略意义。

2.3.3.2 变量集控制的特点

（1）灵活掌握控制对象数目

采用变量集控制过程，可以根据过程控制的实际需要，灵活掌握控制对象数目。当函数集控制的控制对象数目不能满足实际需要时，可以适当增加变量，确保控制工作量保持在适度范围。

（2）有一定控制深度

变量集控制实现了对事物数量、大小、多少的掌控，虽然不能像函数变量那样，不仅掌握事物数量、大小、多少，而且掌握其相互变化规律，但这种掌控也已达到相当的深度。

（3）多元及交汇问题的平衡解决

多元及交汇问题是过程控制的难点和重点，对过程结果有决定性影响。变量集控制在发现、分析、解决多元及交汇问题等各个环节为人们提供思路和帮助。

（4）战略与战术相结合

变量集控制有一定战略意义，同时，一系列具体问题的解决（过程更正及改进）也充分体现其战术意义。

2.3.3.3 事物集控制的特点

（1）控制对象数目太多，控制分散

事物集控制的控制对象数目太多，这个特点导致一系列结果（特点）：控制不易、很难找到控制重点、控制效果难以保障、效率较低。

（2）控制标准难以确定

事物集控制很难确定统一的控制标准，若控制标准不确定会使控制陷入盲目甚至混乱的境地。

(3) 控制范围广且全面

事物集控制可以实现全范围广泛控制，这个特点有时是一个优点，通常是一个缺点。

(4) 控制方法简单直观，易于广泛使用

事物集控制无需进行数据的测量、统计、计算、分析、处理，控制方法简单直观，易于广泛使用。事物集控制主要凭借过程经验进行判断和决策。

(5) 任何过程均可采用

事物集控制没有任何采用条件，任何过程均可采用。尤其对那些认知较少的过程，事物集控制是基本的甚至是唯一的过程控制方式。

2.4 过程控制中的主要矩阵

在函数集控制和变量集控制中会涉及许多群体数据，往往多个矩阵并存。首先变量是多维的；其次，数据时点是多样的；再者，数据来源是多方面的，可能来自规划、计划、实际统计等各个环节。为便于表示及区分，需要对过程控制中的主要矩阵的表示作统一约定。

2.4.1 函数集矩阵

对于 m 元函数集过程，如下所示。

$$\text{过程 } P: R_f=\{F(x_j)=0, j=1,2\cdots m+1\};[t_0,t_n]$$

约定以下五个矩阵的表示。

(1) 变量规划值矩阵——A 矩阵

约定：变量规划值（目标值）矩阵用 A 表示，矩阵元素用 a 表示。

$$A=\begin{pmatrix} a_{10} & \cdots & a_{1i} & \cdots & a_{1n} \\ \vdots & \vdots & \vdots & \vdots & \vdots \\ a_{j0} & \cdots & a_{ji} & \cdots & a_{jn} \\ \vdots & \vdots & \vdots & \vdots & \vdots \\ a_{(m+1)0} & \cdots & a_{(m+1)i} & \cdots & a_{(m+1)n} \end{pmatrix}$$

$$x_{ji}^{*}=a_{ji} \text{ 或 } x_{ji}^{0}=a_{ji}, j=1,2\cdots m+1, i=0,1,2\cdots n$$

(2) 变量计划值矩阵——B 矩阵

约定：变量计划值矩阵用 B 表示，矩阵元素用 b 表示。

$$B=\begin{pmatrix} b_{10} & \cdots & b_{1i} & \cdots & b_{1n} \\ \vdots & \vdots & \vdots & \vdots & \vdots \\ b_{j0} & \cdots & b_{ji} & \cdots & b_{jn} \\ \vdots & \vdots & \vdots & \vdots & \vdots \\ b_{(m+1)0} & \cdots & b_{(m+1)i} & \cdots & b_{(m+1)n} \end{pmatrix}$$

$$x_{ji}^{p}=b_{ji} \text{或} x_{ji}=b_{ji}, j=1,2\cdots m+1, i=0,1,2\cdots n$$

（3）变量实际值矩阵——C 矩阵

约定：变量实际值矩阵用 C 表示，矩阵元素用 c 表示。

$$C=\begin{pmatrix} c_{10} & \cdots & c_{1i} & \cdots & c_{1n} \\ \vdots & \vdots & \vdots & \vdots & \vdots \\ c_{j0} & \cdots & c_{ji} & \cdots & c_{jn} \\ \vdots & \vdots & \vdots & \vdots & \vdots \\ c_{(m+1)0} & \cdots & c_{(m+1)i} & \cdots & c_{(m+1)n} \end{pmatrix}$$

$$x_{ji}^{a}=c_{ji}, j=1,2\cdots m+1, i=0,1,2\cdots n$$

（4）变量偏差值矩阵——D 矩阵

约定：变量偏差值矩阵用 D 表示，矩阵元素用 d 表示。

$$D=\begin{pmatrix} d_{10} & \cdots & d_{1i} & \cdots & d_{1n} \\ \vdots & \vdots & \vdots & \vdots & \vdots \\ d_{j0} & \cdots & d_{ji} & \cdots & d_{jn} \\ \vdots & \vdots & \vdots & \vdots & \vdots \\ d_{(m+1)0} & \cdots & d_{(m+1)i} & \cdots & d_{(m+1)n} \end{pmatrix}$$

$$\Delta x_{ji}=d_{ji}, j=1,2\cdots m+1, i=0,1,2\cdots n$$

$$D=C-A \text{ 或 } D=C-B$$

（5）变量相对偏差值矩阵——F 矩阵

约定：变量相对偏差值矩阵用 F 表示，矩阵元素用 f 表示。

$$F=\begin{pmatrix} f_{10} & \cdots & f_{1i} & \cdots & f_{1n} \\ \vdots & \vdots & \vdots & \vdots & \vdots \\ f_{j0} & \cdots & f_{ji} & \cdots & f_{jn} \\ \vdots & \vdots & \vdots & \vdots & \vdots \\ f_{(m+1)0} & \cdots & f_{(m+1)i} & \cdots & f_{(m+1)n} \end{pmatrix}$$

$$\Delta x_{ji}\%=f_{ji}, j=1,2\cdots m+1, i=0,1,2\cdots n$$

$$F=DA^{-1} \text{或} F=DB^{-1}$$

2.4.2 变量集矩阵

对于 r 元变量集过程，如下所示。

$$\text{过程 } P: R_v=\{y_k\}; k=1,2\cdots r+1; [t_0, t_n]$$

约定以下五个矩阵的表示。

（1）变量规划值矩阵——G 矩阵

约定：变量规划值（目标值）矩阵用 G 表示，矩阵元素用 g 表示。

$$G=\begin{pmatrix} g_{10} & \cdots & g_{1i} & \cdots & g_{1n} \\ \vdots & \vdots & \vdots & \vdots & \vdots \\ g_{k0} & \cdots & g_{ki} & \cdots & g_{kn} \\ \vdots & \vdots & \vdots & \vdots & \vdots \\ g_{(r+1)0} & \cdots & g_{(r+1)i} & \cdots & g_{(r+1)n} \end{pmatrix}$$

$$y_{ki}^{*}=g_{ki} \text{或} y_{ki}^{0}=g_{ki}, k=1,2\cdots r+1, i=0,1,2\cdots n$$

(2) 变量计划值矩阵——H 矩阵

约定：变量计划值矩阵用 H 表示，矩阵元素用 h 表示。

$$H=\begin{pmatrix} h_{10} & \cdots & h_{1i} & \cdots & h_{1n} \\ \vdots & \vdots & \vdots & \vdots & \vdots \\ h_{k0} & \cdots & h_{ki} & \cdots & h_{kn} \\ \vdots & \vdots & \vdots & \vdots & d \\ h_{(r+1)0} & \cdots & h_{(r+1)i} & \cdots & h_{(r+1)n} \end{pmatrix}$$

$$y_{ki}^{p}=h_{ki} \text{或} y_{ki}=h_{ki}, k=1,2\cdots r+1, i=0,1,2\cdots n$$

(3) 变量实际值矩阵——Q 矩阵

约定：变量实际值矩阵用 Q 表示，矩阵元素用 q 表示。

$$Q=\begin{pmatrix} q_{10} & \cdots & q_{1i} & \cdots & q_{1n} \\ \vdots & \vdots & \vdots & \vdots & \vdots \\ q_{k0} & \cdots & q_{ki} & \cdots & q_{kn} \\ \vdots & \vdots & \vdots & \vdots & \vdots \\ q_{(r+1)0} & \cdots & q_{(r+1)i} & \cdots & q_{(r+1)n} \end{pmatrix}$$

$$y_{ki}^{a}=q_{ki}, k=1,2\cdots r+1, i=0,1,2\cdots n$$

(4) 变量偏差值矩阵——U 矩阵

约定：变量偏差值矩阵用 U 表示，矩阵元素用 u 表示。

$$U=\begin{pmatrix} u_{10} & \cdots & u_{1i} & \cdots & u_{1n} \\ \vdots & \vdots & \vdots & \vdots & \vdots \\ u_{k0} & \cdots & u_{ki} & \cdots & u_{kn} \\ \vdots & \vdots & \vdots & \vdots & \vdots \\ u_{(r+1)0} & \cdots & u_{(r+1)i} & \cdots & u_{(r+1)n} \end{pmatrix}$$

$$\Delta y_{ki}=u_{ki}, k=1,2\cdots r+1, i=0,1,2\cdots n$$

$$U=Q-G \text{ 或 } U=Q-H$$

(5) 变量相对偏差值矩阵——V 矩阵

约定：变量相对偏差值矩阵用 V 表示，矩阵元素用 v 表示。

$$V=\begin{pmatrix} v_{10} & \cdots & v_{1i} & \cdots & v_{1n} \\ \vdots & \vdots & \vdots & \vdots & \vdots \\ v_{k0} & \cdots & v_{ki} & \cdots & v_{kn} \\ \vdots & \vdots & \vdots & \vdots & \vdots \\ v_{(r+1)0} & \cdots & v_{(r+1)i} & \cdots & v_{(r+1)n} \end{pmatrix}$$

$$\Delta y_{ki}\%=v_{ki},k=1,2\cdots r+1,i=0,1,2\cdots n$$

$$V=UG^{-1}\text{或}V=UH^{-1}$$

2.5 过程预期与变量值规划

过程预期是人们希望得到的过程结果。过程结果包含两大部分：事物集合结果和时间区间结果。事物集合结果以多种形式反映：过程结束时的事物集状态、过程结束时的变量集状态、过程结束时的函数集状态。由于过程的多样性，过程预期也是多样的。对于简单短期过程，过程预期可以包括事物集状态、变量集状态、函数集状态。对于复杂或长期过程，过程预期往往是一个相当复杂的构成体系。复杂事物集的状态描述不是一件容易的事，对于很多复杂过程，需要采用若干种方式、很多内容来进行描述。比如，工程项目建设过程，对过程结果（工程项目实物构成体）的事物集描述需要进行系统的规划与设计，设计图纸是工程项目事物集描述所采用的最基本、最主要的描述方式。很多人都知道，一个工程项目的设计图纸少则几十、上百张，多则成千上万张。复杂过程的事物集状态预期很难有一种普遍适用的方法来解决（如果有的话，那就是系统的设计——图形描述)，通常需要针对具体过程具体解决，对这个问题本书不再讨论。因此，在过程控制中的过程预期主要指函数集状态预期和变量集状态预期，通常不包括事物集状态预期。

过程预期是过程控制的前提，是制定控制标准的主要依据。过程结束时的函数集状态以过程结束时的函数变量值反映，过程结束时的变量集状态以过程结束时的变量值反映，过程结束时的函数变量值或变量值可以预估或预计。通常，为确保预估或预计的科学性，需要运用运筹学的方法把变量值确定作为一个规划问题来解决，即需要进行过程变量值规划。变量值规划指通过建立数学模型求解变量值的过程。变量值包括函数集变量值和变量集变量值。

关于模型，运筹学给出了一般表示。

目标评价准则

$$U=f(x_i,a_j,\xi_k)$$

约束条件

$$g(x_i,a_j,\xi_k)\geqslant 0$$

式中 x_i——可控变量；

a_j——已知参数；

ξ_k——随机因素。

这个模型适用于解决所有过程的变量值规划问题。根据过程实际情况，目标评价准则可以是最佳、适中、满意。准则可以是单一的，也可以多个的。约束条件可以没有，也可以有多个。当模型中无随机因素时，称模型为确定型模型，当模型中存在随机因素时，称模型为随机模型。当过程变量值只取离散值时，称模型为离散模型，否则，称为连续模型。

在这个模型基础上，针对规划问题，运筹学还给出了线性规划、非线性规划、整数规划、目标规划、动态规划等基本方法和模型样式，这些方法和模型无疑能成为基本工具，为人们解决许多过程变量值规划问题提供帮助。但是，就过程变量值规划问题，以上方法或多或少存在一些应用障碍或局限。比如，线性规划，模型及求解都较为完善，但应用条件限制性非常大，要求目标函数和约束条件都必须是线性函数或线性不等式，这对于现实中的过程来说有很大的局限。非线性规划缺少模型一般算法，模型求解难度较大。整数规划、目标规划均存在线性与非线性规划问题。目标规划对主观依赖较强，有明显的模糊性。以上方法还有一个共同特点：函数必须是明确的、已知的，这是能否采用这些方法解决规划问题的前提，这一要求对于现实很多函数未知过程来说只能望而止步。为此，本书尝试采用两种全新的方法——随机搜索法和函数族法解决变量值规划问题，该内容将在第 3 章中详细介绍。

2.5.1 函数集变量值规划

（1）一元函数变量值规划

对于一元函数过程，如下所示。

$$过程\ P:R_f=\{x,y\,|\,y=f(x)\};[t_0,t_n]$$

① 当 x 或 y 为过程控制目标时。

通过建立具体的数学模型，求解过程在 $t=t_0$、$t=t_i$、$t=t_n$ 时最佳（适中或满意）的 x、y 的具体数值，即确定 A 矩阵。

$$A=\begin{pmatrix} x_0^* & \cdots & x_i^* & \cdots & x_n^* \\ y_0^* & \cdots & y_i^* & \cdots & y_n^* \end{pmatrix}=\begin{pmatrix} a_{10} & \cdots & a_{1i} & \cdots & a_{1n} \\ a_{20} & \cdots & a_{2i} & \cdots & a_{2n} \end{pmatrix}$$

② 当 x 或 y 不是过程控制目标，而过程控制目标为 $\psi=g(x，y)$ 时。

通过建立具体的数学模型，求解过程在 $t=t_0$、$t=t_i$、$t=t_n$ 时最佳（适中或满意）的 ψ 值，即确定以下向量。

$$\boldsymbol{\Psi}^*=(\psi_0^* \quad \cdots \quad \psi_i^* \quad \cdots \quad \psi_n^*)=(\lambda_0 \quad \cdots \quad \lambda_i \quad \cdots \quad \lambda_n)$$

（2）二元函数变量值规划

对于二元函数过程，如下所示。

$$过程\ P:R_f=\{x,y,z\,|\,z=f(x,y)\};[t_0,t_n]$$

① 当 x、y、z 为过程控制目标时。

通过建立具体的数学模型，求解过程在 $t=t_0$、$t=t_i$、$t=t_n$ 时的最佳（适中或满意）的 x、y、z 的具体数值，即确定 A 矩阵。

$$A=\begin{pmatrix} x_0^* & \cdots & x_i^* & \cdots & x_n^* \\ y_0^* & \cdots & y_i^* & \cdots & y_n^* \\ z_0^* & \cdots & z_i^* & \cdots & z_n^* \end{pmatrix}=\begin{pmatrix} a_{10} & \cdots & a_{1i} & \cdots & a_{1n} \\ a_{20} & \cdots & a_{2i} & \cdots & a_{2n} \\ a_{30} & \cdots & a_{3i} & \cdots & a_{3n} \end{pmatrix}$$

② 当 x、y、z 不是过程控制目标，过程控制目标为 $\psi=g(x, y, z)$ 时。

通过建立具体的数学模型，求解过程在 $t=t_0$、$t=t_i$、$t=t_n$ 时最佳（适中或满意）的 ψ 值，即确定以下向量。

$$\boldsymbol{\Psi}^*=(\psi_0^* \quad \cdots \quad \psi_i^* \quad \cdots \quad \psi_n^*)=(\lambda_0 \quad \cdots \quad \lambda_i \quad \cdots \quad \lambda_n)$$

（3）m 元函数变量值规划

对于 m 元函数过程，如下所示。

$$过程\ P:R_f=\{x_j \mid F(x_j)=0, j=1,2\cdots m+1\};[t_0,t_n]$$

① 当 x_j 为过程控制目标时。

通过建立具体的数学模型，求解过程在 $t=t_0$、$t=t_i$、$t=t_n$ 时最佳（适中或满意）的 x_j 的具体数值，即确定 A 矩阵。

$$A=\begin{pmatrix} x_{10}^* & \cdots & x_{1i}^* & \cdots & x_{1n}^* \\ \vdots & \cdots & \vdots & \cdots & \vdots \\ x_{j0}^* & \cdots & x_{ji}^* & \cdots & x_{jn}^* \\ \vdots & \cdots & \vdots & \cdots & \vdots \\ x_{(m+1)0}^* & \cdots & x_{(m+1)0}^* & \cdots & x_{(m+1)0}^* \end{pmatrix}=\begin{pmatrix} a_{10} & \cdots & a_{1i} & \cdots & a_{1n} \\ \vdots & \vdots & \vdots & \vdots & \vdots \\ a_{j0} & \cdots & a_{ji} & \cdots & a_{jn} \\ \vdots & \vdots & \vdots & \vdots & \vdots \\ a_{(m+1)0} & \cdots & a_{(m+1)i} & \cdots & a_{(m+1)n} \end{pmatrix}$$

② 当 x_j（$j=1, 2\cdots m+1$）不是过程控制目标，过程控制目标为 $\psi_l=G_l(x_j)$，$l=1, 2\cdots s$ 时。

通过建立具体的数学模型，求解过程在 $t=t_0$、$t=t_i$、$t=t_n$ 时最佳（适中或满意）的 ψ_l 的具体数值，即确定以下矩阵。

$$\boldsymbol{\Psi}^*=\begin{pmatrix} \psi_{10}^* & \cdots & \psi_{1i}^* & \cdots & \psi_{1n}^* \\ \vdots & \cdots & \vdots & \cdots & \vdots \\ \psi_{l0}^* & \cdots & \psi_{li}^* & \cdots & \psi_{ln}^* \\ \vdots & \cdots & \vdots & \cdots & \vdots \\ \psi_{s0}^* & \cdots & \psi_{si}^* & \cdots & \psi_{sn}^* \end{pmatrix}=\begin{pmatrix} \lambda_{10} & \cdots & \lambda_{1i} & \cdots & \lambda_{1n} \\ \vdots\ \vdots & \vdots & \vdots & \vdots & \vdots \\ \lambda_{l0} & \cdots & \lambda_{li} & \cdots & \lambda_{ln} \\ \vdots & \vdots & \vdots & \vdots & \vdots \\ \lambda_{s0} & \cdots & \lambda_{si} & \cdots & \lambda_{sn} \end{pmatrix}$$

2.5.2 变量集过程的变量值规划

（1）一元变量过程变量值规划

对于一元变量集过程，如下所示。

$$过程\ P:R_v=\{y_1, y_2\};[t_0,t_n]$$

① 当 y_1、y_2 为过程控制目标时。

通过建立具体的数学模型，求解过程在 $t=t_0$、$t=t_i$、$t=t_n$ 时最佳（适中或满意）的 y_1、y_2的具体数值，即确定 G 矩阵。

$$G=\begin{pmatrix} y_{10}^* & \cdots & y_{1i}^* & \cdots & y_{1n}^* \\ y_{20}^* & \cdots & y_{2i}^* & \cdots & y_{2n}^* \end{pmatrix}=\begin{pmatrix} g_{10} & \cdots & g_{1i} & \cdots & g_{1n} \\ g_{20} & \cdots & g_{2i} & \cdots & g_{2n} \end{pmatrix}$$

② 当 y_1、y_2不是过程控制目标，而过程控制目标为 $\psi=f(y_1, y_2)$ 时。

通过建立具体的数学模型，求解过程在 $t=t_0$、$t=t_i$、$t=t_n$时最佳（适中或满意）的 ψ 的具体数值，即确定以下向量。

$$\boldsymbol{\Psi}^*=(\psi_0^* \quad \cdots \quad \psi_i^* \quad \cdots \quad \psi_n^*)=(\lambda_0 \quad \cdots \quad \lambda_i \quad \cdots \quad \lambda_n)$$

（2）二元变量集过程变量值规划

对于二元变量集过程，如下所示。

$$\text{过程 } P:R_v=\{y_1,y_2,y_3\};[t_0,t_n]$$

① 当 y_1、y_2、y_2为过程控制目标时。

通过建立具体的数学模型，求解过程在 $t=t_0$、$t=t_i$、$t=t_n$时最佳（适中或满意）的 y_1、y_2、y_2的具体数值，即确定 G 矩阵。

$$G=\begin{pmatrix} y_{10}^* & \cdots & y_{1i}^* & \cdots & y_{1n}^* \\ y_{20}^* & \cdots & y_{2i}^* & \cdots & y_{2n}^* \\ y_{30}^* & \cdots & y_{3i}^* & \cdots & y_{3n}^* \end{pmatrix}=\begin{pmatrix} g_{10} & \cdots & g_{1i} & \cdots & g_{1n} \\ g_{20} & \cdots & g_{2i} & \cdots & g_{2n} \\ g_{30} & \cdots & g_{3i} & \cdots & g_{3n} \end{pmatrix}$$

② 当 y_1、y_2、y_2不是过程控制目标，过程控制目标为 $\psi=f(y_1, y_2, y_3)$ 时。

通过建立具体的数学模型，求解过程在 $t=t_0$、$t=t_i$、$t=t_n$时最佳（适中或满意）的 ψ 值，即确定以下向量。

$$\boldsymbol{\Psi}^*=(\psi_0^* \quad \cdots \quad \psi_i^* \quad \cdots \quad \psi_n^*)=(\lambda_0 \quad \cdots \quad \lambda_i \quad \cdots \quad \lambda_n)$$

（3）r 元变量集过程变量值规划

对于 r 元变量集过程，如下所示。

$$\text{过程 } P:R_v=\{y_k\},k=1,2\cdots r+1;[t_0,t_n]$$

① 当 y_k（$k=1, 2\cdots r+1$）为过程控制目标时。

通过建立具体的数学模型，求解过程在 $t=t_0$、$t=t_i$、$t=t_n$时最佳（适中或满意）的 y_k的具体数值，即确定 G 矩阵。

$$G=\begin{pmatrix} y_{10}^* & \cdots & y_{1i}^* & \cdots & y_{1n}^* \\ \vdots & \cdots & \vdots & \cdots & \vdots \\ y_{k0}^* & \cdots & y_{ki}^* & \cdots & y_{kn}^* \\ \vdots & \cdots & \vdots & \cdots & \vdots \\ y_{(r+1)0}^* & \cdots & y_{(r+1)i}^* & \cdots & y_{(r+1)n}^* \end{pmatrix}=\begin{pmatrix} g_{10} & \cdots & g_{1i} & \cdots & g_{1n} \\ \vdots & \vdots & \vdots & \vdots & \vdots \\ g_{k0} & \cdots & g_{ki} & \cdots & g_{kn} \\ \vdots & \vdots & \vdots & \vdots & \vdots \\ g_{(r+1)0} & \cdots & g_{(r+1)i} & \cdots & g_{(r+1)n} \end{pmatrix}$$

② 当 y_k（$k=1, 2\cdots r+1$）不是过程控制目标，过程控制目标为 ψ_l（$l=1, 2\cdots s$），$\psi_l=f_l(x_j)$。

通过建立具体的数学模型，求解过程在 $t=t_0$、$t=t_i$、$t=t_n$时最佳（适中或满意）的 ψ_l 的具体数值，即确定以下矩阵。

$$\boldsymbol{\Psi}^*=\begin{pmatrix}\psi_{10}^* & \cdots & \psi_{1i}^* & \cdots & \psi_{1n}^*\\ \vdots & \cdots & \vdots & \cdots & \vdots\\ \psi_{l0}^* & \cdots & \psi_{li}^* & \cdots & \psi_{ln}^*\\ \vdots & \cdots & \vdots & \cdots & \vdots\\ \psi_{s0}^* & \cdots & \psi_{si}^* & \cdots & \psi_{sn}^*\end{pmatrix}=\begin{pmatrix}\lambda_{10} & \cdots & \lambda_{1i} & \cdots & \lambda_{1n}\\ \vdots & \vdots & \vdots & \vdots & \vdots\\ \lambda_{l0} & \cdots & \lambda_{li} & \cdots & \lambda_{ln}\\ \vdots & \vdots & \vdots & \vdots & \vdots\\ \lambda_{s0} & \cdots & \lambda_{si} & \cdots & \lambda_{sn}\end{pmatrix}$$

2.6 过程控制点控制

在 2.2 节中，详细讨论了过程控制框架，介绍了几类过程的控制点。针对过程控制点实施控制是变量集控制、函数集控制基本的、核心的工作，控制点的变量值满足过程目标（或计划）值要求是过程结果满足预期的充分条件（很多情况下也是必要条件）。

2.6.1 控制点的函数集控制

对于 m 元函数过程，如下所示。

$$\text{过程 } P: R_f=\{x_j \mid F(x_j)=0, j=1,2\cdots m+1\};[t_0, t_n]$$

（1）控制点函数变量计划值

① 当 x_j（$j=1$，$2\cdots m+1$）为过程控制目标时。

根据过程在 $t=t_i$（$i=0$，1，$2\cdots n$）时实际情况，结合过程变量值规划（A 矩阵），确定过程在 $t=t_i$ 时的 x_j 的计划值，即确定 B 矩阵中的第 i 列向量。

$$B=\begin{pmatrix}x_{10}^p & \cdots & x_{1i}^p & \cdots & x_{1n}^p\\ \vdots & \cdots & \vdots & \cdots & \vdots\\ x_{j0}^p & \cdots & x_{ji}^p & \cdots & x_{jn}^p\\ \vdots & \cdots & \vdots & \cdots & \vdots\\ x_{(m+1)0}^p & \cdots & x_{(m+1)i}^p & \cdots & x_{(m+1)n}^p\end{pmatrix}=\begin{pmatrix}b_{10} & \cdots & b_{1i} & \cdots & b_{1n}\\ \vdots & \vdots & \vdots & \vdots & \vdots\\ b_{j0} & \cdots & b_{ji} & \cdots & b_{jn}\\ \vdots & \vdots & \vdots & \vdots & \vdots\\ b_{(m+1)0} & \cdots & b_{(m+1)i} & \cdots & b_{(m+1)n}\end{pmatrix}$$

$$\begin{pmatrix}x_{1i}^p\\ \vdots\\ x_{ji}^p\\ \vdots\\ x_{(m+1)i}^p\end{pmatrix}=\begin{pmatrix}b_{1i}\\ \vdots\\ b_{ji}\\ \vdots\\ b_{(m+1)i}\end{pmatrix}$$

② 当 x_j（$j=1$，$2\cdots m+1$）不是过程控制目标，过程控制目标为 $\psi_l=G_l(x_j)$，$l=1$，$2\cdots s$ 时。

根据过程在 $t=t_i$（$i=0$，1，$2\cdots n$）时实际情况，结合过程变量值规划（$\boldsymbol{\Psi}^*$ 矩阵），确定过程在 $t=t_i$ 时的 ψ_l（$l=1$，$2\cdots s$）的计划值，即确定 $\boldsymbol{\Psi}^p$ 矩阵中第 i 列向量。

$$\boldsymbol{\Psi}^{p}=\begin{pmatrix}\psi^{p}_{10} & \cdots & \psi^{p}_{1i} & \cdots & \psi^{p}_{1n}\\ \vdots & \cdots & \vdots & \cdots & \vdots\\ \psi^{p}_{l0} & \cdots & \psi^{p}_{li} & \cdots & \psi^{p}_{ln}\\ \vdots & \cdots & \vdots & \cdots & \vdots\\ \psi^{p}_{s0} & \cdots & \psi^{p}_{si} & \cdots & \psi^{p}_{sn}\end{pmatrix}=\begin{pmatrix}\mu_{10} & \cdots & \mu_{1i} & \cdots & \mu_{1n}\\ \vdots & \vdots & \vdots & \vdots & \vdots\\ \mu_{l0} & \cdots & \mu_{li} & \cdots & \mu_{ln}\\ \vdots & \vdots & \vdots & \vdots & \vdots\\ \mu_{s0} & \cdots & \mu_{si} & \cdots & \mu_{sn}\end{pmatrix}$$

$$\begin{pmatrix}\psi^{p}_{1i}\\ \vdots\\ \psi^{p}_{li}\\ \vdots\\ x^{p}_{si}\end{pmatrix}=\begin{pmatrix}\mu_{1i}\\ \vdots\\ \mu_{li}\\ \vdots\\ \mu_{si}\end{pmatrix}$$

（2）控制点函数变量实际值

① 当 x_j（$j=1$，$2\cdots m+1$）为过程控制目标时。

根据过程在 $t=t_i$（$i=0$，1，$2\cdots n$）时实际情况，收集、统计过程在 $t=t_i$ 时 x_j 的实际值，即确定 C 矩阵中第 i 列向量。

$$C=\begin{pmatrix}x^{a}_{10} & \cdots & x^{a}_{1i} & \cdots & x^{a}_{1n}\\ \vdots & \cdots & \vdots & \cdots & \vdots\\ x^{a}_{j0} & \cdots & x^{a}_{ji} & \cdots & x^{a}_{jn}\\ \vdots & \cdots & \vdots & \cdots & \vdots\\ x^{a}_{(m+1)0} & \cdots & x^{a}_{(m+1)i} & \cdots & x^{a}_{(m+1)n}\end{pmatrix}=\begin{pmatrix}c_{10} & \cdots & c_{1i} & \cdots & c_{1n}\\ \vdots & \vdots & \vdots & \vdots & \vdots\\ c_{j0} & \cdots & c_{ji} & \cdots & c_{jn}\\ \vdots & \vdots & \vdots & \vdots & \vdots\\ c_{(m+1)0} & \cdots & c_{(m+1)i} & \cdots & c_{(m+1)n}\end{pmatrix}$$

$$\begin{pmatrix}x^{a}_{1i}\\ \vdots\\ x^{a}_{ji}\\ \vdots\\ x^{a}_{(m+1)i}\end{pmatrix}=\begin{pmatrix}c_{1i}\\ \vdots\\ c_{ji}\\ \vdots\\ c_{(m+1)i}\end{pmatrix}$$

② 当 x_j（$j=1$，$2\cdots m+1$）不是过程控制目标，过程控制目标为 $\psi_l=G_l(x_j)$，$l=1$，$2\cdots s$ 时。

收集、统计、计算过程在 $t=t_i$ 时 ψ_l（$l=1$，$2\cdots s$）的实际值，即确定 $\boldsymbol{\Psi}^{a}$ 矩阵中第 i 列向量。

$$\boldsymbol{\Psi}^{a}=\begin{pmatrix}\psi^{a}_{10} & \cdots & \psi^{a}_{1i} & \cdots & \psi^{a}_{1n}\\ \vdots & \cdots & \vdots & \cdots & \vdots\\ \psi^{a}_{l0} & \cdots & \psi^{a}_{li} & \cdots & \psi^{a}_{ln}\\ \vdots & \cdots & \vdots & \cdots & \vdots\\ \psi^{a}_{s0} & \cdots & \psi^{a}_{si} & \cdots & \psi^{a}_{sn}\end{pmatrix}=\begin{pmatrix}\nu_{10} & \cdots & \nu_{1i} & \cdots & \nu_{1n}\\ \vdots & \vdots & \vdots & \vdots & \vdots\\ \nu_{l0} & \cdots & \nu_{li} & \cdots & \nu_{ln}\\ \vdots & \vdots & \vdots & \vdots & \vdots\\ \nu_{s0} & \cdots & \nu_{si} & \cdots & \nu_{sn}\end{pmatrix}$$

$$\begin{pmatrix} \psi_{1i}^{a} \\ \vdots \\ \psi_{li}^{a} \\ \vdots \\ x_{si}^{a} \end{pmatrix} = \begin{pmatrix} \nu_{1i} \\ \vdots \\ \nu_{li} \\ \vdots \\ \nu_{si} \end{pmatrix}$$

(3) 控制点函数变量值偏差

① 当 x_j（$j=1, 2\cdots m+1$）为过程控制目标时。

根据过程在 $t=t_i$（$i=0, 1, 2\cdots n$）时的变量实际值与目标（计划）值情况，计算函数变量偏差，即确定 D 矩阵中第 i 列向量。

$$D=\begin{pmatrix} \Delta x_{10} & \cdots & \Delta x_{1i} & \cdots & \Delta x_{1n} \\ \vdots & \cdots & \vdots & \cdots & \vdots \\ \Delta x_{j0} & \cdots & \Delta x_{ji} & \cdots & \Delta x_{jn} \\ \vdots & \cdots & \vdots & \cdots & \vdots \\ \Delta x_{(m+1)0} & \cdots & \Delta x_{(m+1)i} & \cdots & \Delta x_{(m+1)n} \end{pmatrix} = \begin{pmatrix} d_{10} & \cdots & d_{1i} & \cdots & d_{1n} \\ \vdots & \vdots & \vdots & \vdots & \vdots \\ d_{j0} & \cdots & d_{ji} & \cdots & d_{jn} \\ \vdots & \vdots & \vdots & \vdots & \vdots \\ d_{(m+1)0} & \cdots & d_{(m+1)i} & \cdots & d_{(m+1)n} \end{pmatrix}$$

$$D=C-A \text{ 或 } D=C-B$$

$$\begin{pmatrix} \Delta x_{1i} \\ \vdots \\ \Delta x_{ji} \\ \vdots \\ \Delta x_{(m+1)i} \end{pmatrix} = \begin{pmatrix} d_{1i} \\ \vdots \\ d_{ji} \\ \vdots \\ d_{(m+1)i} \end{pmatrix} = \begin{pmatrix} c_{1i}-a_{1i} \\ \vdots \\ c_{ji}-a_{ji} \\ \vdots \\ c_{(m+1)i}-a_{(m+1)i} \end{pmatrix} \text{ 或 } \begin{pmatrix} \Delta x_{1i} \\ \vdots \\ \Delta x_{ji} \\ \vdots \\ \Delta x_{(m+1)i} \end{pmatrix} = \begin{pmatrix} d_{1i} \\ \vdots \\ d_{ji} \\ \vdots \\ d_{(m+1)i} \end{pmatrix} = \begin{pmatrix} c_{1i}-b_{1i} \\ \vdots \\ c_{ji}-b_{ji} \\ \vdots \\ c_{(m+1)i}-b_{(m+1)i} \end{pmatrix}$$

② 当 x_j（$j=1, 2\cdots m+1$）不是过程控制目标，过程控制目标为 $\psi_l=G_l(x_j)$，$l=1, 2\cdots s$ 时。

根据过程在 $t=t_i$（$i=0, 1, 2\cdots n$）时 ψ_l（$l=1, 2\cdots s$）的实际值与计划值情况，计算 ψ_l 的偏差值，即确定 $\Delta\Psi$ 矩阵中第 i 列向量。

$$\Delta\Psi=\begin{pmatrix} \Delta\psi_{10} & \cdots & \Delta\psi_{1i} & \cdots & \Delta\psi_{1n} \\ \vdots & \cdots & \vdots & \cdots & \vdots \\ \Delta\psi_{l0} & \cdots & \Delta\psi_{li} & \cdots & \Delta\psi_{ln} \\ \vdots & \cdots & \vdots & \cdots & \vdots \\ \Delta\psi_{s0} & \cdots & \Delta\psi_{si} & \cdots & \Delta\psi_{sn} \end{pmatrix} = \begin{pmatrix} \zeta_{10} & \cdots & \zeta_{1i} & \cdots & \zeta_{1n} \\ \vdots & \vdots & \vdots & \vdots & \vdots \\ \zeta_{l0} & \cdots & \zeta_{li} & \cdots & \zeta_{ln} \\ \vdots & \vdots & \vdots & \vdots & \vdots \\ \zeta_{s0} & \cdots & \zeta_{si} & \cdots & \zeta_{sn} \end{pmatrix}$$

$$\Delta\Psi=\Psi^{a}-\Psi^{*} \text{ 或 } \Delta\Psi=\Psi^{a}-\Psi^{p}$$

$$\begin{pmatrix} \Delta\psi_{1i} \\ \vdots \\ \Delta\psi_{li} \\ \vdots \\ \Delta\psi_{si} \end{pmatrix} = \begin{pmatrix} \zeta_{1i} \\ \vdots \\ \zeta_{li} \\ \vdots \\ \zeta_{si} \end{pmatrix} = \begin{pmatrix} \nu_{1i}-\lambda_{1i} \\ \vdots \\ \nu_{li}-\lambda_{li} \\ \vdots \\ \nu_{si}-\lambda_{si} \end{pmatrix} \text{ 或 } \begin{pmatrix} \Delta\psi_{1i} \\ \vdots \\ \Delta\psi_{li} \\ \vdots \\ \Delta\psi_{si} \end{pmatrix} = \begin{pmatrix} \zeta_{1i} \\ \vdots \\ \zeta_{li} \\ \vdots \\ \zeta_{si} \end{pmatrix} = \begin{pmatrix} \nu_{1i}-\mu_{1i} \\ \vdots \\ \nu_{li}-\mu_{li} \\ \vdots \\ \nu_{si}-\mu_{si} \end{pmatrix}$$

（4）控制点函数变量值相对偏差

① 当 x_j（$j=1$，$2\cdots m+1$）为过程控制目标时。

根据过程在 $t=t_i$（$i=0$，1，$2\cdots n$）时的变量实际值与目标（计划）值情况，计算函数变量相对偏差，即确定 F 矩阵中第 i 列向量。

$$F=\begin{pmatrix} \Delta x_{10}\% & \cdots & \Delta x_{1i}\% & \cdots & \Delta x_{1n}\% \\ \vdots & \cdots & \vdots & \cdots & \vdots \\ \Delta x_{j0}\% & \cdots & \Delta x_{ji}\% & \cdots & \Delta x_{jn}\% \\ \vdots & \cdots & \vdots & \cdots & \vdots \\ \Delta x_{(m+1)0}\% & \cdots & \Delta x_{(m+1)i}\% & \cdots & \Delta x_{(m+1)n}\% \end{pmatrix}$$

$$=\begin{pmatrix} f_{10} & \cdots & f_{1i} & \cdots & f_{1n} \\ \vdots & \vdots & \vdots & \vdots & \vdots \\ f_{j0} & \cdots & f_{ji} & \cdots & f_{jn} \\ \vdots & \vdots & \vdots & \vdots & \vdots \\ f_{(m+1)0} & \cdots & f_{(m+1)i} & \cdots & f_{(m+1)n} \end{pmatrix}$$

$$F=DA^{-1}\text{或}F=DB^{-1}$$

$$\begin{pmatrix} \Delta x_{1i}\% \\ \vdots \\ \Delta x_{ji}\% \\ \vdots \\ \Delta x_{(m+1)i}\% \end{pmatrix}=\begin{pmatrix} f_{1i} \\ \vdots \\ f_{ji} \\ \vdots \\ f_{(m+1)i} \end{pmatrix}=\begin{pmatrix} \dfrac{c_{1i}-a_{1i}}{a_{1i}} \\ \vdots \\ \dfrac{c_{ji}-a_{ji}}{a_{ji}} \\ \vdots \\ \dfrac{c_{(m+1)i}-a_{(m+1)i}}{a_{(m+1)i}} \end{pmatrix}$$

或

$$\begin{pmatrix} \Delta x_{1i}\% \\ \vdots \\ \Delta x_{ji}\% \\ \vdots \\ \Delta x_{(m+1)i}\% \end{pmatrix}=\begin{pmatrix} f_{1i} \\ \vdots \\ f_{ji} \\ \vdots \\ f_{(m+1)i} \end{pmatrix}=\begin{pmatrix} \dfrac{c_{1i}-b_{1i}}{b_{1i}} \\ \vdots \\ \dfrac{c_{ji}-b_{ji}}{b_{ji}} \\ \vdots \\ \dfrac{c_{(m+1)i}-b_{(m+1)i}}{b_{(m+1)i}} \end{pmatrix}$$

② 当 x_j（$j=1$，$2\cdots m+1$）不是过程控制目标，过程控制目标为 $\psi_l=G_l(x_j)$，$l=1$，$2\cdots s$ 时。

根据过程在 $t=t_i$（$i=0$，1，$2\cdots n$）时 ψ_l（$l=1$，$2\cdots s$）的实际值与目标（计划）值情况，计算 ψ_l 的相对偏差值，即确定 $\Delta\Psi\%$ 矩阵中第 i 列向量。

$$\Delta\Psi\%=\begin{pmatrix}\Delta\psi_{10}\% & \cdots & \Delta\psi_{1i}\% & \cdots & \Delta\psi_{1n}\% \\ \vdots & \cdots & \vdots & \cdots & \vdots \\ \Delta\psi_{l0}\% & \cdots & \Delta\psi_{li}\% & \cdots & \Delta\psi_{ln}\% \\ \vdots & \cdots & \vdots & \cdots & \vdots \\ \Delta\psi_{s0}\% & \cdots & \Delta\psi_{si}\% & \cdots & \Delta\psi_{sn}\%\end{pmatrix}=\begin{pmatrix}\tau_{10} & \cdots & \tau_{1i} & \cdots & \tau_{1n} \\ \vdots & \vdots & \vdots & \vdots & \vdots \\ \tau_{l0} & \cdots & \tau_{li} & \cdots & \tau_{ln} \\ \vdots & \vdots & \vdots & \vdots & \vdots \\ \tau_{s0} & \cdots & \tau_{si} & \cdots & \tau_{sn}\end{pmatrix}$$

$$\Delta\Psi\%=\Delta\Psi(\boldsymbol{\Psi}^*)^{-1}\text{或}\Delta\Psi\%=\Delta\Psi(\Psi^p)^{-1}$$

$$\begin{pmatrix}\Delta\psi_{1i}\% \\ \vdots \\ \Delta\psi_{li}\% \\ \vdots \\ \Delta\psi_{si}\%\end{pmatrix}=\begin{pmatrix}\tau_{1i} \\ \vdots \\ \tau_{li} \\ \vdots \\ \tau_{si}\end{pmatrix}=\begin{pmatrix}\dfrac{\nu_{1i}-\lambda_{1i}}{\lambda_{1i}} \\ \vdots \\ \dfrac{\nu_{li}-\lambda_{li}}{\lambda_{li}} \\ \vdots \\ \dfrac{\nu_{si}-\lambda_{si}}{\lambda_{si}}\end{pmatrix}\text{或}\begin{pmatrix}\Delta\psi_{1i}\% \\ \vdots \\ \Delta\psi_{li}\% \\ \vdots \\ \Delta\psi_{si}\%\end{pmatrix}=\begin{pmatrix}\tau_{1i} \\ \vdots \\ \tau_{li} \\ \vdots \\ \tau_{si}\end{pmatrix}=\begin{pmatrix}\dfrac{\nu_{1i}-\mu_{1i}}{\mu_{1i}} \\ \vdots \\ \dfrac{\nu_{li}-\mu_{li}}{\mu_{li}} \\ \vdots \\ \dfrac{\nu_{si}-\mu_{si}}{\mu_{si}}\end{pmatrix}$$

根据过程在 $t=t_i$（$i=0，1，2\cdots n$）时的 $\begin{pmatrix}\Delta x_{1i} \\ \vdots \\ \Delta x_{ji} \\ \vdots \\ \Delta x_{(m+1)i}\end{pmatrix}$ 或 $\begin{pmatrix}\Delta\psi_{1i} \\ \vdots \\ \Delta\psi_{li} \\ \vdots \\ \Delta\psi_{si}\end{pmatrix}$ 以及 $\begin{pmatrix}\Delta x_{1i}\% \\ \vdots \\ \Delta x_{ji}\% \\ \vdots \\ \Delta x_{(m+1)i}\%\end{pmatrix}$ 或 $\begin{pmatrix}\Delta\psi_{1i}\% \\ \vdots \\ \Delta\psi_{li}\% \\ \vdots \\ \Delta\psi_{si}\%\end{pmatrix}$ 判定过程情况，当偏差值不符合要求时，进一步分析原因，制定并实施过程改进方案。

2.6.2 控制点的变量集控制

控制点的变量集控制与函数集基本相同，两者差别仅在于变量集与函数集的差异，前者变量之间的函数关系不确定，后者变量之间存在函数关系。因此变量集控制可以完全参照 2.5.1 小节中的函数集控制，只存在相应矩阵的替换问题。

① G 矩阵替换 A 矩阵。

② H 矩阵替换 B 矩阵。

③ Q 矩阵替换 C 矩阵。

④ U 矩阵替换 D 矩阵。

⑤ V 矩阵替换 F 矩阵。

2.7 过程评价

过程评价包括过程结果评价及过程控制点评价。过程结果评价指过程结束（$t=t_n$）时的全过程总体评价，评价的基本依据是过程最终结果的实际情况和过程预期。过程控制点评价指过程在 $t=t_i$（$i=0$，1，$2\cdots n$）时的过程状态评价，评价的基本依据是过程在 $t=t_i$（$i=0$，1，$2\cdots n$）时的实际值、计划值、目标值、偏差、偏差程度等。

2.7.1 过程结果评价

过程结果预期包含时间区间预期和事物集合预期。事物集合预期包括事物集预期、变量集预期和函数集预期。因此，一个完整的过程结果评价应当包括：过程持续时间评价、过程事物集评价、过程变量集评价、过程函数集评价。关于过程事物集评价本书不作讨论（这个问题需针对具体过程类型甚至具体过程才能阐述），下面主要介绍过程函数集评价和过程变量集评价。

过程函数集评价和过程变量集评价的评价内容、评价指标及标准根据实际需要确定。通常，评价内容可以包括：①与预期相比，过程的膨胀性或缩减性；②与预期相比，过程对某些（个）指标的满足性。评价指标可能是某个（些）函数变量，也可能是函数变量之外的其他变量，可能是单个指标，也可能是多个指标。评价标准可能是绝对偏差形式，即 $\Delta\psi\geqslant a$、$\Delta\psi>a$、$\Delta\psi\leqslant a$、$\Delta\psi<a$（a 为常数），也可能是相对偏差形式，即 $\frac{\Delta\psi}{\boldsymbol{\psi}^*}\geqslant b$、$\frac{\Delta\psi}{\boldsymbol{\psi}^*}>b$、$\frac{\Delta\psi}{\boldsymbol{\psi}^*}\leqslant b$、$\frac{\Delta\psi}{\boldsymbol{\psi}^*}<b$（$b$ 为常数）等多种情况。通常，评价结论可以分为几个等级（从高到低）：理想过程、较好过程、满足预期过程、轻度不满足预期过程、中度不满足预期过程、严重不满足预期过程、极差过程。

2.7.1.1 过程函数集评价

(1) 过程膨胀性或缩减性评价

过程膨胀性或缩减性是过程控制需要掌握的控制方向，是制定控制策略的重要依据，是衡量过程控制有效性的重要方面。过程的膨胀性或缩减性评价有重要的现实意义。多数过程，人们希望过程是膨胀的，或者说过程膨胀是一种好的结果，过程控制的方向或策略是促成过程膨胀，防止过程缩减。而有的过程，人们希望过程是缩减的，或者说过程缩减是一种好的结果，过程控制的方向或策略是防止过程膨胀，促成过程缩减。下面讨论 m 元函数过程的膨胀性或缩减性评价。

对于 m 元函数集过程，如下所示。

$$过程\ P:R_f=\{x_j\,|\,F(x_j)=0,j=1,2\cdots m+1\};[t_0,t_n]$$

① 当 x_j 为过程控制目标时。

函数变量集规划数据为 A 矩阵。

$$A=\begin{pmatrix} x_{10}^{*} & \cdots & x_{1i}^{*} & \cdots & x_{1n}^{*} \\ \vdots & \cdots & \vdots & \cdots & \vdots \\ x_{j0}^{*} & \cdots & x_{ji}^{*} & \cdots & x_{jn}^{*} \\ \vdots & \cdots & \vdots & \cdots & \vdots \\ x_{(m+1)0}^{*} & \cdots & x_{(m+1)i}^{*} & \cdots & x_{(m+1)n}^{*} \end{pmatrix}=\begin{pmatrix} a_{10} & \cdots & a_{1i} & \cdots & a_{1n} \\ \vdots & \vdots & \vdots & \vdots & \vdots \\ a_{j0} & \cdots & a_{ji} & \cdots & a_{jn} \\ \vdots & \vdots & \vdots & \vdots & \vdots \\ a_{(m+1)0} & \cdots & a_{(m+1)i} & \cdots & a_{(m+1)n} \end{pmatrix}$$

$n+1$ 个时点的目标均值 $x_j^{*}=\frac{1}{n+1}\sum_{i=0}^{n}x_{ji}^{*}$，$j=1$，$2\cdots m+1$，即 $m+1$ 个函数变量的目标均值向量为

$$\boldsymbol{X}^{*}=\begin{pmatrix} x_1^{*} \\ \vdots \\ x_j^{*} \\ \vdots \\ x_{m+1}^{*} \end{pmatrix}=\begin{pmatrix} \frac{1}{n+1}\sum_{i=0}^{n}a_{1i} \\ \vdots \\ \frac{1}{n+1}\sum_{i=0}^{n}a_{ji} \\ \vdots \\ \frac{1}{n+1}\sum_{i=0}^{n}a_{(m+1)i} \end{pmatrix}$$

$m+1$ 个函数变量在 $n+1$ 个时点的实际值为 C 矩阵。

$$C=\begin{pmatrix} x_{10}^{a} & \cdots & x_{1i}^{a} & \cdots & x_{1n}^{a} \\ \vdots & \cdots & \vdots & \cdots & \vdots \\ x_{j0}^{a} & \cdots & x_{ji}^{a} & \cdots & x_{jn}^{a} \\ \vdots & \cdots & \vdots & \cdots & \vdots \\ x_{(m+1)0}^{a} & \cdots & x_{(m+1)i}^{a} & \cdots & x_{(m+1)n}^{a} \end{pmatrix}=\begin{pmatrix} c_{10} & \cdots & c_{1i} & \cdots & c_{1n} \\ \vdots & \vdots & \vdots & \vdots & \vdots \\ c_{j0} & \cdots & c_{ji} & \cdots & c_{jn} \\ \vdots & \vdots & \vdots & \vdots & \vdots \\ c_{(m+1)0} & \cdots & c_{(m+1)i} & \cdots & c_{(m+1)n} \end{pmatrix}$$

$n+1$ 个时点的函数变量的实际值均值 $x_j^{a}=\frac{1}{n+1}\sum_{i=0}^{n}x_{ji}^{a}$，$j=1$，$2\cdots m+1$，即 $m+1$ 个函数变量的实际值均值向量为

$$\boldsymbol{X}^{a}=\begin{pmatrix} x_1^{a} \\ \vdots \\ x_j^{a} \\ \vdots \\ x_{m+1}^{a} \end{pmatrix}=\begin{pmatrix} \frac{1}{n+1}\sum_{i=0}^{n}c_{1i} \\ \vdots \\ \frac{1}{n+1}\sum_{i=0}^{n}c_{ji} \\ \vdots \\ \frac{1}{n+1}\sum_{i=0}^{n}c_{(m+1)i} \end{pmatrix}$$

函数变量的偏差值向量为

$$\Delta \boldsymbol{X}=\boldsymbol{X}^{a}-\boldsymbol{X}^{*}=\begin{pmatrix}\Delta x_{1}\\ \vdots\\ \Delta x_{j}\\ \vdots\\ \Delta x_{m+1}\end{pmatrix}$$

若 $\Delta x_j>0$，$j=1$，$2\cdots m+1$，则与预期相比，过程是膨胀的。

若 $\Delta x_j<0$，$j=1$，$2\cdots m+1$，则与预期相比，过程是缩减的。

在对过程的膨胀性或缩减性做出判定之后，根据相对偏差 $\Delta x_j\%$（$j=1$，$2\cdots m+1$），可以对过程的膨胀性或缩减性做进一步评价，例如表 2-1。

表 2-1 过程膨胀性或缩减性评价（一）

变量相对偏差均值或极值	高度缩减	中度缩减	轻度缩减	轻度膨胀	中度膨胀	高度膨胀	备注
$\Delta\overline{x}\%$或$\Delta x_{\max}\%$	—	—	—	$(0,\alpha]$	$(\alpha,\beta]$	(β,∞)	$\beta>\alpha>0$
$\Delta\overline{x}\%$或$\Delta x_{\min}\%$	$(-\infty,-\varepsilon)$	$(-\varepsilon,-\gamma]$	$(-\gamma,0)$	—	—	—	$\varepsilon>\gamma>0$

第 k 个变量的相对偏差：$\Delta x_j\%=\dfrac{\Delta x_j}{x_j^{*}}\times 100\%$，$j=1$，$2\cdots m+1$。

全部变量的相对偏差均值：$\Delta\overline{x}\%=\dfrac{1}{m+1}\sum\limits_{j=1}^{m+1}\Delta x_j\%$（$\Delta x_j>0$ 或 $\Delta x_j<0$，$j=1$，$2\cdots m+1$），该计算中要么全部偏差为正数，要么全部偏差为负数。

全部变量相对偏差极大值（全为正数的情况）为

$$\Delta x_{\max}\%=\max\{\Delta x_1\% \quad \cdots \quad \Delta x_j\% \quad \cdots \quad \Delta x_{m+1}\%\}$$

全部变量相对偏差极小值（全为负数的情况）为

$$\Delta x_{\min}\%=\min\{\Delta x_1\% \quad \cdots \quad \Delta x_j\% \quad \cdots \quad \Delta x_{m+1}\%\}$$

② 当 x_j 不是过程控制目标，过程控制目标为 ψ_l（$l=1$，$2\cdots s$），$\psi_l=f_l(x_j)$ 时。

过程控制目标 ψ_l（$l=1$，$2\cdots s$）的规划数据为以下矩阵。

$$\boldsymbol{\Psi}^{*}=\begin{pmatrix}\psi_{10}^{*} & \cdots & \psi_{1i}^{*} & \cdots & \psi_{1n}^{*}\\ \vdots & \cdots & \vdots & \cdots & \vdots\\ \psi_{l0}^{*} & \cdots & \psi_{li}^{*} & \cdots & \psi_{ln}^{*}\\ \vdots & \cdots & \vdots & \cdots & \vdots\\ \psi_{s0}^{*} & \cdots & \psi_{si}^{*} & \cdots & \psi_{sn}^{*}\end{pmatrix}=\begin{pmatrix}\lambda_{10} & \cdots & \lambda_{1i} & \cdots & \lambda_{1n}\\ \vdots & \vdots & \vdots & \vdots & \vdots\\ \lambda_{l0} & \cdots & \lambda_{li} & \cdots & \lambda_{ln}\\ \vdots & \vdots & \vdots & \vdots & \vdots\\ \lambda_{s0} & \cdots & \lambda_{si} & \cdots & \lambda_{sn}\end{pmatrix}$$

$n+1$ 个时点的目标均值 $\overline{\psi}_l^{*}=\dfrac{1}{n+1}\sum\limits_{t=0}^{n}\psi_{li}^{*}$（$l=1$，$2\cdots s$），即 s 个目标均值向量为

$$\boldsymbol{\Psi}^* = \begin{pmatrix} \psi_1^* \\ \vdots \\ \psi_l^* \\ \vdots \\ \psi_s^* \end{pmatrix} = \begin{pmatrix} \frac{1}{n+1}\sum_{i=0}^{n}\lambda_{1i} \\ \vdots \\ \frac{1}{n+1}\sum_{i=0}^{n}\lambda_{li} \\ \vdots \\ \frac{1}{n+1}\sum_{i=0}^{n}\lambda_{si} \end{pmatrix}$$

过程控制目标 ψ_l（$l=1$，$2\cdots s$）的实际值为以下矩阵。

$$\boldsymbol{\Psi}^a = \begin{pmatrix} \psi_{10}^a & \cdots & \psi_{1i}^a & \cdots & \psi_{1n}^a \\ \vdots & \cdots & \vdots & \cdots & \vdots \\ \psi_{l0}^a & \cdots & \psi_{li}^a & \cdots & \psi_{ln}^a \\ \vdots & \cdots & \vdots & \cdots & \vdots \\ \psi_{s0}^a & \cdots & \psi_{si}^a & \cdots & \psi_{sn}^a \end{pmatrix} = \begin{pmatrix} \nu_{10} & \cdots & \nu_{1i} & \cdots & \nu_{1n} \\ \vdots & \vdots & \vdots & \vdots & \vdots \\ \nu_{l0} & \cdots & \nu_{li} & \cdots & \nu_{ln} \\ \vdots & \vdots & \vdots & \vdots & \vdots \\ \nu_{s0} & \cdots & \nu_{si} & \cdots & \nu_{sn} \end{pmatrix}$$

$n+1$ 个时点的目标实际值均值 $\psi_l^a=\frac{1}{n+1}\sum_{i=0}^{n}\psi_{li}^a$（$l=1$，$2\cdots s$），即 s 个目标实际值均值向量为

$$\boldsymbol{\Psi}^a = \begin{pmatrix} \psi_1^a \\ \vdots \\ \psi_l^a \\ \vdots \\ \psi_s^a \end{pmatrix} = \begin{pmatrix} \frac{1}{n+1}\sum_{i=0}^{n}\nu_{1i} \\ \vdots \\ \frac{1}{n+1}\sum_{i=0}^{n}\nu_{li} \\ \vdots \\ \frac{1}{n+1}\sum_{i=0}^{n}\nu_{si} \end{pmatrix}$$

目标偏差值向量为

$$\boldsymbol{\Delta\Psi} = \boldsymbol{\Psi}^a - \boldsymbol{\Psi}^* = \begin{pmatrix} \Delta\psi_1 \\ \vdots \\ \Delta\psi_l \\ \vdots \\ \Delta\psi_s \end{pmatrix}$$

若 $\Delta\psi_l>0$，$l=1$，$2\cdots s$，则与预期相比，过程是膨胀的。

若 $\Delta\psi_l<0$，$l=1$，$2\cdots s$，则与预期相比，过程是缩减的。

在对过程的膨胀性或缩减性做出判定之后，根据相对偏差 $\Delta\psi_l\%$（$l=1$，$2\cdots s$），可以对过程的膨胀性或缩减性做进一步评价，如表 2-2 所示。

表 2-2 过程膨胀性或缩减性评价（二）

变量相对偏差均值或极值	高度缩减	中度缩减	轻度缩减	轻度膨胀	中度膨胀	高度膨胀	备注
$\Delta\overline{\psi}\%$或$\Delta\psi_{max}\%$	—	—	—	$(0,\alpha]$	$(\alpha,\beta]$	(β,∞)	$\beta>\alpha>0$
$\Delta\overline{\psi}\%$或$\Delta\psi_{min}\%$	$(-\infty,-\varepsilon)$	$(-\varepsilon,-\gamma]$	$(-\gamma,0)$	—	—	—	$\varepsilon>\gamma>0$

第 l 个目标的相对偏差：$\Delta\psi_l\%=\dfrac{\Delta\psi_l}{\psi_l^*}\times100\%$，$l=1$，$2\cdots s$。

全部目标的相对偏差均值：$\Delta\overline{\psi}\%=\dfrac{1}{s}\sum\limits_{l=1}^{s}\Delta\psi_l\%$（$\Delta\psi_l>0$ 或 $\Delta\psi_l<0$，$l=1$，$2\cdots s$）。

全部目标相对偏差极大值为

$$\Delta\psi_{max}\%=\max\{\Delta\psi_1\% \quad \cdots \quad \Delta\psi_l\% \quad \cdots \quad \Delta\psi_s\%\}$$

全部目标相对偏差极小值为

$$\Delta\psi_{min}\%=\min\{\Delta\psi_1\% \quad \cdots \quad \Delta\psi_l\% \quad \cdots \quad \Delta\psi_s\%\}$$

（2）过程对某个（些）指标的满足性评价

很多时候，直接用函数变量值很难对过程做出总体评价，往往需要设定指标来评价。对于 m 元函数过程，如下所示。

$$过程\ P:R_f=\{x_j\,|\,F(x_j)=0,j=1,2\cdots m+1\};[t_0,t_n]$$

设 $\psi(\psi_l)$ 为过程的评价指标，$\psi=G(x_j)$，$j=1$，$2\cdots m+1$；$\psi_l=G_l(x_j)$，$l=1$，$2\cdots s$。假定评价标准为：$\psi(\psi_l)$ 越大，过程结果越好。

① 单个指标 ψ　ψ 的预期值为 ψ^*，实际值为 ψ^a，ψ 的偏差为

$$\Delta\psi=\psi^a-\psi^*$$

当 $\Delta\psi\geqslant0$ 时，过程符合预期。

当 $\Delta\psi<0$ 时，过程不符合预期。

根据指标相对偏差 $\Delta\psi\%$，可以对过程做进一步评价。例如表 2-3，指标相对偏差为

$$\Delta\psi\%=\frac{\Delta\psi}{\psi^*}$$

表 2-3 过程对某个指标的满足性评价

指标相对偏差	理想过程	较好过程	满足预期过程	轻度不满足预期过程	中度不满足预期过程	严重不满足预期过程	极差过程
$\Delta\psi\%$	(β,∞)	$(\alpha,\beta]$	$[0,\alpha]$	$(-\gamma,0)$	$(-\varepsilon,-\gamma]$	$(-\eta,-\varepsilon]$	$(-\infty,-\eta)$

注：$\beta>\alpha>0$；$\eta>\varepsilon>\gamma>0$。

② 多个指标 ψ_l（$l=1$，$2\cdots s$）　对于多个指标的情况，可以直接设定 s 个指标的评价权重进行总体综合评价，也可以分别针对每一个 ψ_l 进行单个指标评价（有几个指标就进行几次评价），然后进行总体综合评价。总体综合评价按以下方法和步骤进行。

a. 设置每个评价指标权重　s 个指标的评价权重设置见表 2-4。

b. 确定每个评价指标得分　第 l 个指标 ψ_l 评价分值见表 2-5。

表 2-4 s 个指标的评价权重设置

指标	ψ_1	ψ_2	…	ψ_{s-1}	ψ_s
权重	a_1	a_2	…	a_{s-1}	a_s

注：$a_1+a_2+\cdots+a_{s-1}+a_s=100\%$。

表 2-5 第 l 个指标 ψ_l 评价分值

项目	$\Delta\psi_l$%范围						
	(β,∞)	$(\alpha,\beta]$	$[0,\alpha]$	$(-\gamma,0)$	$(-\varepsilon,-\gamma]$	$(-\eta,-\varepsilon]$	$(-\infty,-\eta)$
分值	$b_1\sim b_2$	$b_2\sim b_3$	$b_3\sim b_4$	$b_4\sim b_5$	$b_5\sim b_6$	$b_6\sim b_7$	$b_7\sim b_8$
ψ_l实得分	b_l						

注：$0\leqslant b_8\leqslant b_7\leqslant b_6\leqslant b_5\leqslant b_4<b_3<b_2\leqslant b_1\leqslant 100$；$0\leqslant b_l\leqslant 100$。

c. 计算过程总体得分 根据每个指标得分及权重，得到过程总体得分。

$$\Phi=\sum_{l=1}^{s}a_l b_l$$

d. 过程总体评价 根据过程总体得分 Φ 值，可对过程做出总体评价，见表 2-6。

表 2-6 过程总体评价

项 目	理想过程	较好过程	满足预期过程	轻度不满足预期过程	中度不满足预期过程	严重不满足预期过程	极差过程
	$(d_1,100]$	$(d_2,d_1]$	$(d_3,d_2]$	$(d_4,d_3]$	$(d_5,d_4]$	$(d_6,d_5]$	$[0,d_6]$
$\Phi=\sum_{l=1}^{s}a_l b_l$	$\Phi=d$						

注：$0<d_6<d_5<d_4<d_3<d_2<d_1<100$；$0\leqslant\Phi=d\leqslant 100$。

2.7.1.2 过程变量集评价

变量集评价与函数集评价的方法完全相同，两者差别仅在于变量之间函数关系是否已知，在此不再赘述。

2.7.2 过程控制点评价

过程控制点评价同样也包含控制点事物集评价、变量集评价和函数集评价。在此仅讨论变量集评价和函数集评价。过程控制点评价是过程控制的重要环节和主要步骤。评价结论是过程更正和改进的主要决策依据。过程控制点评价的内容、评价标准根据过程情况及实际需要确定。通常，评价内容可以包括：①过程增长或衰减性评价；②过程对某个（些）控制指标的满足性评价。

在过程结果评价小节中，阐述了函数集评价而省略了变量集评价，为说明变量集评价和函数集评价的相同（相似）性，本小节阐述变量集评价而省略函数集评价。

2.7.2.1 变量集评价

对于 r 元变量集过程，如下所示。

$$\text{过程 } P: R_v=\{y_k\}, k=1,2\cdots r+1; [t_0, t_n]$$

(1) 过程增长或衰减性评价

过程增长或衰减包含两种含义。

① 过程在$t=t_i$时与在$t=t_{i-1}$时相比（$i=1$，$2\cdots n$），过程是增长的或衰减的。

② 在$t=t_i$时（$i=0$，1，$2\cdots n$），过程实际值与目标值（计划值）相比，是增长（增加）的或衰减（减少）的。

第①种含义是过程增长或衰减的原始含义，第②种是引申含义，两种含义都具有现实意义。就过程控制而言，第②种含义下的过程增长或衰减评价几乎是必需的。而第①种含义下的过程增长或衰减评价可以视情况而定。未作特别说明，过程增长或衰减性评价通常指第②种含义下的过程增长或衰减评价。

过程增长或衰减性判定是过程控制点控制需要重点掌握的内容，是决定过程控制方向、制定控制策略的重要依据。过程增长或衰减性评价是过程更正和改进的重要决策依据。对于通常过程，过程增长是一种好的过程状态，过程控制应力求过程增长，避免过程衰减。少数过程，需要防止过程增长，力求过程衰减。

a. 第②种含义下过程增长或衰减性评价　根据过程变量值规划及实施计划，分别得到变量y_k（$k=1$，$2\cdots r+1$）在t_i时点的变量集数据。

$$\boldsymbol{Y}_i^* = \begin{pmatrix} y_{1i}^* \\ \vdots \\ y_{ji}^* \\ \vdots \\ y_{(m+1)i}^* \end{pmatrix};\boldsymbol{Y}_i^p = \begin{pmatrix} y_{1i}^p \\ \vdots \\ y_{ji}^p \\ \vdots \\ y_{(m+1)i}^p \end{pmatrix}$$

根据过程在t_i时点的实际情况，经过收集、统计、计算得到变量y_k（$k=1$，$2\cdots r+1$）在t_i时点的变量集数据。

$$\boldsymbol{Y}_i^a = \begin{pmatrix} y_{1i}^a \\ \vdots \\ y_{ji}^a \\ \vdots \\ y_{(m+1)i}^a \end{pmatrix}$$

比较三个向量，得到变量y_k（$k=1$，$2\cdots r+1$）在t_i时点的偏差。

$$\Delta\boldsymbol{Y}_i = \boldsymbol{Y}_i^a - \boldsymbol{Y}_i^* = \begin{pmatrix} \Delta y_{1i} \\ \vdots \\ \Delta y_{ji} \\ \vdots \\ \Delta y_{(m+1)i} \end{pmatrix} \text{或} \ \Delta\boldsymbol{Y}_i = \boldsymbol{Y}_i^a - \boldsymbol{Y}_i^p = \begin{pmatrix} \Delta y_{1i} \\ \vdots \\ \Delta y_{ji} \\ \vdots \\ \Delta y_{(m+1)i} \end{pmatrix}$$

当$\Delta y_{ji}>0$（$k=1$，$2\cdots r+1$）时，则过程在t_i时点是增长的。

当$\Delta y_{ji}<0$（$k=1$，$2\cdots r+1$）时，则过程在t_i时点是衰减的。

在过程增长或衰减判定的基础上，如果需要，可以通过计算变量相对偏差进一步评价增长或衰减的程度。其方法类似前述过程膨胀或缩减评价方法，不再赘述。

b. 第①种含义下过程增长或衰减性评价　根据过程在$t=t_i$（$i=1$，$2\cdots n$）及$t=t_{i-1}$时点的实际情况，经过收集、统计、计算得到变量y_k（$k=1$，$2\cdots r+1$）在

$t=t_i$及$t=t_{i-1}$时点的变量集数据。

$$\boldsymbol{Y}_i^a=\begin{pmatrix} y_{1i}^a \\ \vdots \\ y_{ji}^a \\ \vdots \\ y_{(m+1)i}^a \end{pmatrix};\boldsymbol{Y}_{i-1}^a=\begin{pmatrix} y_{1(i-1)}^a \\ \vdots \\ y_{j(i-1)}^a \\ \vdots \\ y_{(m+1)(i-1)}^a \end{pmatrix}$$

比较两个向量，得到变量 y_k（$k=1, 2\cdots r+1$）在 $t=t_i$（$i=1, 2\cdots n$）与 $t=t_{i-1}$时点的偏差。

$$\boldsymbol{\Delta Y}_{i-(i-1)}=\boldsymbol{Y}_i^a-\boldsymbol{Y}_{i-1}^a=\begin{pmatrix} \Delta y_{1t_i} \\ \vdots \\ \Delta y_{jt_i} \\ \vdots \\ \Delta y_{(m+1)t_i} \end{pmatrix}$$

当 $\Delta y_{jt_i}>0$（$k=1, 2\cdots r+1$）时，则过程在 t_i（$i=1, 2\cdots n$）时点是增长的。

当 $\Delta y_{jt_i}<0$（$k=1, 2\cdots r+1$）时，则过程在 t_i（$i=1, 2\cdots n$）时点是衰减的。

（2）过程对某个（些）控制指标的满足性评价

对于特定的 r 元变量集过程，很多时候，人们会高度关注过程中某个（些）变量，把这个（些）变量设置为过程状态的评价指标。设 $\psi(\psi_l)$ 为过程状态的评价指标，$\psi=G(y_k)$ 或 $\psi\in\{y_k\}$，$k=1, 2\cdots r+1$；$\psi_l=G_l(y_k)$ 或 $\psi_l\subset\{y_k\}$，$l=1, 2\cdots s$。假定评价标准为：$\psi(\psi_l)$ 越大，过程状态越好。

根据过程变量值规划及实施计划，在 t_i时点，第 l 个控制指标的目标值及计划值为

$$\psi_{li}^*=\lambda_{li},\psi_{li}^p=\mu_{li}（通常\ \psi_{li}^p=\psi_{li}^*）$$

根据过程实际情况，在 t_i时点，第 l 个控制指标的实际值为

$$\psi_{li}^a=\nu_{li}$$

在 t_i时点，第 l 个控制指标的偏差及相对偏差为

$$\Delta\psi_{li}=\nu_{li}-\lambda_{li}\ 或\ \Delta\psi_{li}=\nu_{li}-\mu_{li}$$

$$\Delta\psi_{li}\%=\frac{\Delta\psi_{li}}{\psi_{li}^*}=\zeta_{li}\ 或\ \Delta\psi_{li}\%=\frac{\Delta\psi_{li}}{\psi_{li}^p}=\zeta_{li}$$

根据偏差情况，可对过程在 t_i时点的状态做出评价，见表 2-7。

表 2-7　过程状态评价

项目	理想状态	良好状态	正常状态	轻度不良状态	中度不良状态	严重不良状态
偏差范围	(γ,∞)	$(\beta,\gamma]$	$(-\alpha,\beta]$	$(-\varepsilon,-\alpha]$	$(-\eta,-\varepsilon]$	$(-\infty,-\eta]$
$\Delta\psi_{li}\%$	$\Delta\psi_{li}\%=\zeta_{li}$					

注：$\gamma>\beta>0$；$\eta>\varepsilon>\alpha>0$。

2.7.2.2　函数集评价

函数集评价与变量集评价的方法完全相同，两者差别仅在于变量之间函数关系是否已知，在此不再赘述。

第3章 典型函数变量值规划

变量规划值反映人们对过程结果的预期。通俗地讲，变量规划值就是人们在过程开始前或过程进行中设定的目标。在整个过程控制中，变量值规划具有重要地位和作用。目标设定应具有客观性和科学性。客观性主要指目标设定应充分考虑并符合过程的实际情况，不应定得过低，也不宜定得过高。科学性主要指目标设定应有可行、可靠的方法和足够的理由及依据。

关于预测和规划方法，人们进行了长期的、大量的实践和研究，总结了百余种具体方法，这些方法无疑均可用于过程变量值规划。对已有方法本书不做讨论，为探索和寻求变量值规划新方法，本章针对几种典型、常见的函数讨论过程变量值规划问题。通过对几种典型函数变量值规划问题的讨论，最后归纳、总结了两种方法：随机搜索方法和函数族方法。

变量值规划的基本问题是：如何利用（或设定）一些已知条件拟定符合过程实情的、满意（或最优）的变量数值方案？

已知条件的获得（或设定）不仅是求解问题的必要步骤，同时它还决定着模型的建立，什么样的已知条件决定什么样的模型，不同的已知条件往往需要建立不同的模型。对于很多过程，已知条件的获得不是一件容易的事，已知条件通常需要建立在过程分析研究的基础之上，往往需要人们去挖掘，去发现。

是否符合过程实情是变量值规划最基本、最本质、最核心的问题，是判定规划方案价值和作用的基本依据，脱离实际的方案不仅毫无价值，而且还会误导工作（过程控制），有害无益。

3.1 $z=x-y$ 变量值规划

$z=x-y$ 几乎是涉及经济活动的所有过程的主要函数，比如

利润＝收入－成本

收益＝产出－投入

净现金流量＝现金流入－现金流出

在函数 $z=x-y$ 所反映的过程中，人们总是这样去期盼过程结果：z 尽可能大，x 尽可能大，y 尽可能小。然而，对于具体过程来说，z、x 能大到什么程度，y 能小到什么程度并不由人的主观愿望决定，而是由过程的实际情况决定。

3.1.1 z = x - y 的性质特点

函数 $z=x-y$ 有如下基本特点：

① 图像是一个平面；

② 平面经过坐标原点；

③ 一阶偏导数为常数 1 或 −1，没有驻点；

④ 二阶偏导数均为 0；

⑤ $\boldsymbol{n}=(1,-1,-1)$ 为平面的一个法向量；

⑥ 平面与 xoy 面及 xoz 面的夹角均为 74°44′6″，平面与 yoz 面的夹角为 54°44′8″。

对于特定过程，函数 $z=x-y$ 还有以下特点：

① 函数是有界的 $z\leqslant M$（$M=\alpha-\beta$）；

② $0\leqslant x\leqslant\alpha$（$\alpha\in R^{+}$）；

③ $y\geqslant\beta$（$\beta\in R^{+}$）；

④ 平面经过点（x_0，x_0，0）、（0，y_0，$-y_0$）（x_0，$y_0\in R^{+}$）；

⑤ 若 $y=0$，则 x 一定为 0，z 一定为 0；

⑥ 图像仅位于Ⅰ、Ⅴ象限。

⑦（0，0，0）仅表示过程的一种假定状态，即假定 $y=0$，则 $x=0$ 且 $z=0$，并非过程实际状态。过程一旦开始，x、y、z 的变化范围是 $x\geqslant0$，$y\geqslant y_0(y_0\in R^{+})$，$z\in R$。

$z=x-y$ 的函数图像见图 3-1，绘图范围 $0\leqslant x\leqslant8000$、$0\leqslant y\leqslant8000$、$-1000\leqslant z\leqslant2000$。

在该绘图范围内，俯瞰平面是一个六边形，见图 3-2。

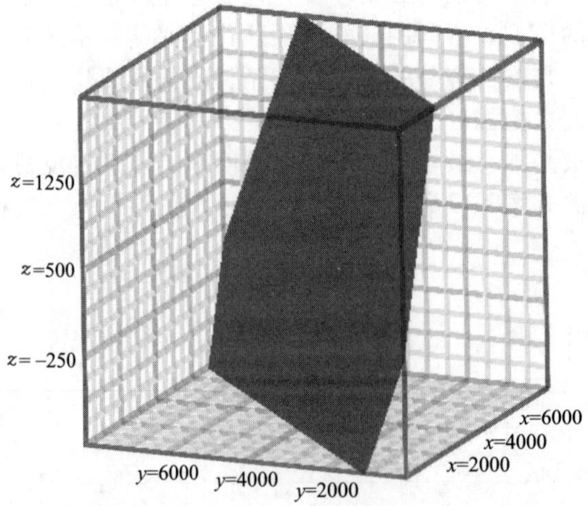

图 3-1 $z=x-y$ 的函数图像

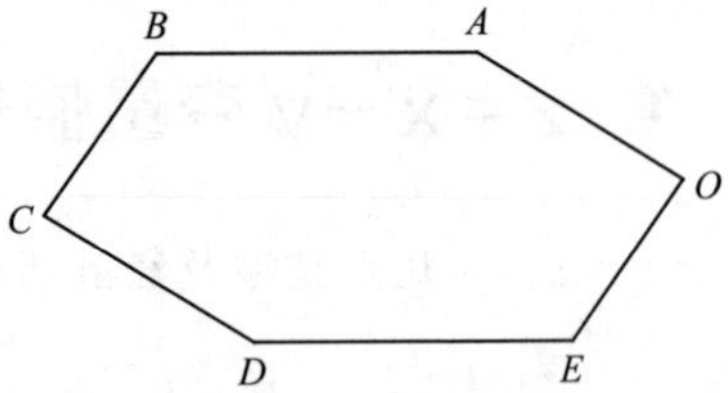

图 3-2 $z=x-y$ 平面俯视

O 为三维坐标原点

3.1.2 z=x-y 变量值规划的几种情形

现实中，$z=x-y$ 变量值规划主要有以下几种情形：

① x 或 x 的范围已知，y 和 z 均未知；

② 设定 z 或 z 的范围已知，x 和 y 均未知；

③ x 的范围已知，y 的范围已知，z 未知；

④ x 的范围已知，设定 z 的范围已知，y 未知。

3.1.3 三维坐标下 z=x-y 变量值规划模型

在三维坐标下，由于 $z=x-y$ 函数的性质特点——没有驻点，决定了该函数不存在最大值或最小值，只有在明确变量变化范围时存在极值。从这点来说，确定一个满意的方案（而不一定是最优方案）更为实际。追求 z 值的最大化从现实长远和可持续发展来说是狭隘的、不可取的，从函数本身的性质来说也没有这种行为依据，一味盲目追求 z 值最大化反而是违背科学的做法。因此，$z=x-y$ 规划应以满意、适度为宜，三个变量统筹兼顾，着重考虑不脱离过程实情。

3.1.3.1 与模型相关的数学问题

在建模之前，先讨论一个数学问题，设矩阵如下为 $z=x-y$ 的 n 组数值。

$$A=\begin{pmatrix} x_i \\ y_i \\ z_i \end{pmatrix}=\begin{pmatrix} a_{11} & \cdots & a_{1i} & \cdots & a_{1n} \\ a_{21} & \cdots & a_{2i} & \cdots & a_{2n} \\ a_{31} & \cdots & a_{3i} & \cdots & a_{3n} \end{pmatrix}(i=1,2\cdots n)$$

k_1 和 k_2 为任意实数，进行以下两种运算。

① 矩阵任意列乘以 k_1 加到任意其他列（任意列运算）

$$B=\begin{pmatrix} a_{11} & \cdots & a_{1i} & \cdots & a_{1j}+k_1a_{1i} & \cdots & a_{1n} \\ a_{21} & \cdots & a_{2i} & \cdots & a_{2j}+k_1a_{2i} & \cdots & a_{2n} \\ a_{31} & \cdots & a_{3i} & \cdots & a_{3j}+k_1a_{3i} & \cdots & a_{3n} \end{pmatrix}$$

② 矩阵所有元素乘以任意实数 k_2（任意数乘运算）

$$k_2A=\begin{pmatrix} k_2a_{11} & \cdots & k_2a_{1i} & \cdots & k_2a_{1n} \\ k_2a_{21} & \cdots & k_2a_{2i} & \cdots & k_2a_{2n} \\ k_2a_{31} & \cdots & k_2a_{3i} & \cdots & k_2a_{3n} \end{pmatrix}$$

运算得到的矩阵仍然保持 $z=x-y$ 关系，即任意列中第三行数值等于该列第一行数值减去该列第二行数值。这两个结论显而易见，不赘述证明。以上结论是后述模型求解的基本依据。

3.1.3.2 $z=x-y$ 变量值规划基本模型及算法

（1）基本模型

$z=x-y$ 变量值规划基本模型是

$$\min -z$$
$$\text{st. } x=\lambda \text{ 或 } x\in[a,b]$$
$$z=x-y$$
$$y>0$$
$$(\lambda、a、b \text{ 为已知常数})$$

(2) 基本算法

已知 $z=x-y$ 过去 n 年（月或日）实际值矩阵为

$$C=\begin{pmatrix} x_i \\ y_i \\ z_i \end{pmatrix}=\begin{pmatrix} c_{11} & \cdots & c_{1i} & \cdots & c_{1n} \\ c_{21} & \cdots & c_{2i} & \cdots & c_{2n} \\ c_{31} & \cdots & c_{3i} & \cdots & c_{3n} \end{pmatrix} \quad i=1,2\cdots n$$

还已知（或设定）预测年（月或日）$x=\lambda$ 或 $x\in[a, b]$，算法如下。

① 设定 x、y、z 时间修正系数　分析预测年（月或日）与过去（平均）由于物价变化、通货膨胀、经济政策导向、科技进步、$z=x-y$ 过程改善等因素对 x、y、z 的影响，设定预测年与过去（平均）的调整系数 θ_1、θ_2、θ_3。预测年的 x、y、z 值分别相当于过去值 $\theta_1 x$、$\theta_2 y$、$\theta_3 z$。这样设定的话，预测年的 $x=\lambda$ 或 $x\in[a, b]$ 相当于过去 $x=\theta_1\lambda$ 或 $x\in[\theta_1 a, \theta_1 b]$，短期预测不需要这种调整。

② 找到足够数量的可行解　随机选取若干任意实数 k_1 和 k_2，对 C 矩阵进行大量任意列运算，必要时进行任意数乘运算乃至两者混合运算，当遇到满足 $x=\theta_1\lambda$ 或 $x\in[\theta_1 a, \theta_1 b]$ 且 $y>0$ 的列时，则选出该列，直至选到 m 列为止，得到 W 矩阵。

$$W=\begin{pmatrix} x_j \\ y_j \\ z_j \end{pmatrix}=\begin{pmatrix} w_{11} & \cdots & w_{1j} & \cdots & w_{1m} \\ w_{21} & \cdots & w_{2j} & \cdots & w_{2m} \\ w_{31} & \cdots & w_{3j} & \cdots & w_{3m} \end{pmatrix} \quad j=1,2\cdots m$$

③ 从找出的可行解中选择最优　比较 W 矩阵中所有列的第三行数值，选出 z 值最大列——第 r 列。

$$\begin{pmatrix} w_{1r} \\ w_{2r} \\ w_{3r} \end{pmatrix}$$

④ 修正优解　系数调整后得到 $z=x-y$ 变量值规划满意解。

$$\begin{pmatrix} x^* \\ y^* \\ z^* \end{pmatrix}=\begin{pmatrix} \dfrac{1}{\theta_1}w_{1r} \\ \dfrac{1}{\theta_2}w_{2r} \\ \dfrac{1}{\theta_3}w_{3r} \end{pmatrix}$$

该算法的特点是着重考虑过程实情，规划值只是满意解，三个变量统筹兼顾。该算法通常需要利用计算机来实现。

3.1.3.3 设定 z 或 z 的范围模型及算法

此类情况的模型和算法与基本模型大同小异。

（1）模型

$$\min y$$
$$\text{st.}\ z=\zeta \text{ 或 } z\in[c,d]$$
$$z=x-y$$
$$x\geqslant 0 \text{ 且 } y>0$$
$$(\zeta、c、d \text{ 为已知常数})$$

（2）算法

① 设定 x、y、z 时间修正系数　预测年的 $z=\zeta$ 或 $z\in[c,\ d]$ 相当于过去 $z=\theta_3\zeta$ 或 $z\in[\theta_3 c,\ \theta_3 d]$。

② 找到足够数量的可行解　寻找可行解的条件变为 $z=\theta_3\zeta$ 或 $z\in[\theta_3 c,\ \theta_3 d]$ 且 $x\geqslant 0$、$y\geqslant 0$，其他不变。

③ 从找出的可行解中选择最优　比较可行解矩阵中所有列的第二行数值，选出 y 值最小列。

④ 修正优解　用系数 θ_1、θ_2、θ_3 调整选出最优列得到满意解。

3.1.3.4 x 范围已知、y 范围已知模型及算法

（1）模型

$$\min -z$$
$$\text{st.}\ x\in[f,g] \text{ 且 } y\in[h,l]$$
$$z=x-y$$
$$x\geqslant 0 \text{ 且 } y>0$$
$$(f、g、h、l \text{ 为已知常数})$$

（2）算法

① 设定 x、y、z 时间修正系数　预测年的 $x\in[f,\ g]$ 且 $y\in[h,\ l]$ 相当于过去年份的 $x\in[\theta_1 f,\ \theta_1 g]$ 且 $y\in[\theta_2 h,\ \theta_2 l]$。

② 找到足够数量的可行解　寻找可行解的条件变为 $x\in[\theta_1 f,\ \theta_1 g]$ 且 $y\in[\theta_2 h,\ \theta_2 l]$，其他不变。

③ 从找出的可行解中选择最优　比较可行解矩阵中所有列的第三行数值，选出 z 值最大列。

④ 修正优解　用系数 θ_1、θ_2、θ_3 调整选出的最优列得到满意解。

3.1.3.5 x 范围已知设定 z 范围模型及算法

（1）模型

$$\min y$$
$$\text{st.}\ x\in[p,q] \text{ 且 } z\in[u,v]$$
$$z=x-y$$
$$y\geqslant 0$$

（p、q、u、v 为已知常数或 v 为∞）

（2）算法

① 设定 x、y、z 时间修正系数　预测年的 $x\in[p, q]$ 且 $z\in[u, v]$ 相当于过去 $x\in[\theta_1 p, \theta_1 q]$ 且 $z\in[\theta_3 u, \theta_3 v]$。

② 找到足够数量的可行解　寻找可行解的条件变为 $x\in[\theta_1 p, \theta_1 q]$ 且 $z\in[\theta_3 u, \theta_3 v]$，其他不变。

③ 从找出的可行解中选择最优　比较可行解矩阵中所有列的第二行数值，选出 y 值最小列。

④ 修正优解　用系数 θ_1、θ_2、θ_3 调整选出最优列得到满意解。

3.1.4 三维坐标下 z=x-y 变量值规划案例

【例 3-1】 某企业近五年经营收入、经营成本、利润数据见表 3-1。

表 3-1　某企业近五年经营收入、经营成本、利润数据

变量名称	变量代号	单位	时间				
			2013 年	2014 年	2015 年	2016 年	2017 年
经营收入	x	万元	5560	3580	5948	4788	6583
经营成本(含税)	y	万元	5310	3768	5602	4619	6185
利润	z	万元	250	−188	346	169	398

根据下列不同已知条件，分别对该企业 2018 年经营收入、经营成本、利润进行变量值规划。

① 2018 年经营收入比上一年增长 20%～40%。

② 2018 年实现利润 500 万元。

③ 预计 2018 年经营收入为 7500 万～9000 万元，经营成本为 7200 万～8800 万元。

④ 预计 2018 年经营收入为 7500 万～9000 万元，实现利润不低于 500 万元。

【解】 采用前述算法求解模型，求解结果的可靠性在很大程度上依赖可行解的数量以及可行解获取的随机任意性，人工计算无法充分满足这两个条件。目前在没有相应计算机应用作支撑的情况下，计算采用人工完成，目的仅在于演示该方法。

a. $z=x-y$ 实际值矩阵

$$C=\begin{pmatrix} x_i \\ y_i \\ z_i \end{pmatrix}=\begin{pmatrix} 5560 & 3580 & 5948 & 4788 & 6583 \\ 5310 & 3768 & 5620 & 4619 & 6185 \\ 250 & -188 & 346 & 169 & 398 \end{pmatrix} \quad i=1,2,3,4,5$$

b. 修正系数　影响修正系数的因素很多，本例仅考虑用资金时间价值来修正。

$$\theta_1=\theta_2=\theta_3=\frac{1}{(1+i)^n}$$

本例 $n=3$（以 2015 年年中～2018 年年中的时间间隔计算），i 取 5%。$\theta_1=$

$\theta_2=\theta_3=0.8638$。

(1) 情况①的变量值规划

① 模型

$$\min -z$$
$$\text{st. } x\in[7900,9216]$$
$$z=x-y$$
$$y>0$$

② 模型求解

a. 变量值折算　$x\in[7900，9216]$ 折算至2015年年中为 $x\in[6824，7961]$。

b. 找可行解　因采用人工计算，只能进行非常有限次列运算，确定两个原则：每列作为运算基列各一次，从每个基列运算结果中各选出两个可行解，共计选10个可行解。

Ⅰ. 第1列为运算基列　在0.1～1之间随机生成3个实数（保留1位小数），随机生成结果0.7、0.2、1，分别以 $k_1=0.7$、$k_1=0.2$、$k_1=1$ 对矩阵进行列运算（第1列乘以 k_1 加到其他列），选取两个可行解。

$$\begin{pmatrix}7060\\6664\\396\end{pmatrix},\begin{pmatrix}7695\\7247\\448\end{pmatrix}$$

Ⅱ. 第2列为运算基列　k_1 随机生成结果0.3、0.5、0.6，分别以 $k_1=0.3$、$k_1=0.5$、$k_1=0.6$ 对矩阵进行列运算（第2列乘以 k_1 加到其他列），选取两个可行解。

$$\begin{pmatrix}7022\\6732\\290\end{pmatrix},\begin{pmatrix}7738\\7486\\252\end{pmatrix}$$

Ⅲ. 第3列为运算基列　k_1 随机生成结果0.1、0.3、0.9，分别以 $k_1=0.1$、$k_1=0.3$、$k_1=0.9$ 对矩阵进行列运算（第3列乘以 k_1 加到其他列），选取两个可行解。

$$\begin{pmatrix}7732\\7283\\450\end{pmatrix},\begin{pmatrix}7178\\6745\\433\end{pmatrix}$$

Ⅳ. 第4列为运算基列　k_1 随机生成结果1、0.5、0.4，分别以 $k_1=1$、$k_1=0.5$、$k_1=0.4$ 对矩阵进行列运算（第4列乘以 k_1 加到其他列），选取两个可行解。

$$\begin{pmatrix}7863\\7450\\414\end{pmatrix},\begin{pmatrix}7475\\7158\\318\end{pmatrix}$$

Ⅴ. 第5列为运算基列　k_1 随机生成结果0.8、0.4、0.4，分别以 $k_1=0.8$、$k_1=0.4$ 对矩阵进行列运算（第5列乘以 k_1 加到其他列），只得到一个可行解。

$$\begin{pmatrix}7421\\7093\\328\end{pmatrix}$$

重新随机生成 k_1，重新生成结果 0.2、0.1、0.6，分别以 $k_1=0.2$、$k_1=0.1$、$k_1=0.6$ 对矩阵进行列运算（第 5 列乘以 k_1 加到其他列），再选取一个可行解。

$$\begin{pmatrix}7265\\6839\\426\end{pmatrix}$$

得到可行解矩阵。

$$W=\begin{pmatrix}7060 & 7695 & 7022 & 7738 & 7732 & 7178 & 7863 & 7475 & 7421 & 7265\\6664 & 7247 & 6732 & 7486 & 7283 & 6745 & 7450 & 7158 & 7093 & 6839\\396 & 448 & 290 & 252 & 450 & 433 & 414 & 318 & 328 & 426\end{pmatrix}$$

c. 从找出的可行解中选择最优　比较 W 矩阵中所有列的第 3 行数值，选出 z 值最大列——第 5 列。

$$\begin{pmatrix}7732\\7283\\450\end{pmatrix}$$

d. 修正优解　系数调整后得到 $z=x-y$ 变量值规划满意解。

$$\begin{pmatrix}x^*\\y^*\\z^*\end{pmatrix}=\begin{pmatrix}\frac{1}{\theta_1}w_{1r}\\\frac{1}{\theta_2}w_{2r}\\\frac{1}{\theta_3}w_{3r}\end{pmatrix}=\begin{pmatrix}8951\\8431\\521\end{pmatrix}$$

2018 年经营收入、经营成本、利润规划值分别为：8950 万元、8430 万元、520 万元。

（2）情况②的变量值规划

① 模型

$$\begin{gathered}\min y\\ \text{st. } z=500\\ z=x-y\\ x\geqslant 0 \text{ 且 } y>0\end{gathered}$$

② 模型求解

a. 变量值折算　$z=500$ 折算至 2015 年年中为 $z=432$。

b. 找可行解　该约束极为严格，找可行解计算量非常大，人工计算不能实现模型求解（仅找到少量几个可行解就作为模型求解结果是不行的），只有借助计算机才能找到足够数量的可行解。为此，本例只能虚拟以下求解结果。此例算法可以改为采用以下方式［缩小并锁定搜索区间，当然也可以采用情况①的方式］。

Ⅰ. 在 0.12～1.3 之间随机生成 5 个实数（保留 2 位小数）k_1、k_2、k_3、k_4、k_5，满足 $k_1+k_2+k_3+k_4+k_5=2\sim3$ 则进行第Ⅱ步，不满足则重新生成。

Ⅱ. 分别用 k_1、k_2、k_3、k_4、k_5 乘以 C 矩阵中第 1 列、第 2 列……第 5 列，然后全部列相加得到一列，该列的第 3 行数值刚好等于 432 时，该列为一个可行解，否则，寻找失败，重新开始第Ⅱ步。

Ⅲ. 重复第Ⅰ步和第Ⅱ步，直至找到 10 个可行解为止。

可行解矩阵最终结果为

$$W=\begin{pmatrix} 7486 & 7509 & 7322 & 7624 & 7008 & 7619 & 6992 & 7198 & 7087 & 7208 \\ 7054 & 7077 & 6890 & 7192 & 6576 & 7187 & 6560 & 6766 & 6655 & 6776 \\ 432 & 432 & 432 & 432 & 432 & 432 & 432 & 432 & 432 & 432 \end{pmatrix}$$

c. 从找出的可行解中选择最优　比较 W 矩阵中所有列的第 2 行数值，选出 y 值最小列——第 7 列。

$$\begin{pmatrix} 6992 \\ 6506 \\ 432 \end{pmatrix}$$

d. 修正优解　系数调整后得到 $z=x-y$ 变量值规划满意解。

$$\begin{pmatrix} x^* \\ y^* \\ z^* \end{pmatrix}=\begin{pmatrix} \dfrac{1}{\theta_1}w_{1r} \\ \dfrac{1}{\theta_2}w_{2r} \\ \dfrac{1}{\theta_3}w_{3r} \end{pmatrix}=\begin{pmatrix} 8094 \\ 7594 \\ 500 \end{pmatrix}$$

2018 年经营收入、经营成本、利润规划值分别为：8100 万元、7600 万元、500 万元。

关于 k_1、k_2、k_3、k_4、k_5 随机区间的确定可以这样考虑：各年平均参考权重 0.2，设定各年最大参考权重 0.5，最小参考权重 0.05。2013～2017 年 z 的实际值均值为 195，现模型 $z=500$，500/195=2.56，k_1、k_2、k_3、k_4、k_5 范围可确定为 0.05×2.56～0.5×2.56=0.128～1.28。k_1、k_2、k_3、k_4、k_5 范围越大，计算次数可能越多，计算量越大，x，y，z 计算结果越优。范围可以扩大，但缩小范围会减少获得更优结果的机会。

（3）情况③的变量值规划

① 模型

$$\min -z$$
$$\text{st.}\ x\in[7500,9000]\text{且}\ y\in[7200,8800]$$
$$z=x-y$$

② 算法

a. 变量值折算　$x\in[7500，9000]$ 且 $y\in[7200，8800]$ 折算至 2015 年年中为 $x\in[6478，7774]$ 且 $y\in[6219，7601]$。

b. 找可行解　采用情况②算法求解本例。

在 0.1～0.8 之间随机生成 5 个实数（保留 1 位小数）k_1、k_2、k_3、k_4、k_5，满足 $k_1+k_2+k_3+k_4+k_5=1\sim2$ 则进行下一步运算，不满足则重新生成。

选择列运算结果同时满足 $x\in[6478,7774]$ 和 $y\in[6219,7601]$ 为可行解。

以下只列示找到可行解的情况，未找到可行解或可行解明显不好的结果未列示。

Ⅰ. 随机生成结果 0.3、0.1、0.3、0.5、0.2，找到一组可行解。

$$\begin{pmatrix}7521\\6578\\284\end{pmatrix}$$

Ⅱ. 重复随机生成 5 个实数 k_1、k_2、k_3、k_4、k_5，找到 10 组可行解，得到可行解矩阵。

$$W=\begin{pmatrix}7521 & 7567 & 7722 & 7256 & 7709 & 7491 & 7366 & 7766 & 7689 & 7650\\6578 & 7194 & 7322 & 6934 & 7378 & 7192 & 7001 & 7415 & 7346 & 7317\\284 & 373 & 400 & 322 & 332 & 299 & 365 & 351 & 343 & 334\end{pmatrix}$$

c. 从找出的可行解中选择最优　比较可行解矩阵 z 中所有列的第 3 行数值，选出 z 值最大列——第 3 列。

$$\begin{pmatrix}7722\\6322\\400\end{pmatrix}$$

d. 修正优解　用系数 θ_1、θ_2、θ_3 调整选出的最优列得到满意解。

$$\begin{pmatrix}x^*\\y^*\\z^*\end{pmatrix}=\begin{pmatrix}\dfrac{1}{\theta_1}w_{1r}\\\dfrac{1}{\theta_2}w_{2r}\\\dfrac{1}{\theta_3}w_{3r}\end{pmatrix}=\begin{pmatrix}8939\\8476\\463\end{pmatrix}$$

2018 年经营收入、经营成本、利润规划值分别为：8940 万元、8480 万元、460 万元。

(4) 情况④的变量值规划

① 模型

$$\min -z$$
$$\text{st. } x\in[7500,9000]$$
$$z=x-y$$
$$z\geqslant500$$
$$y>0$$

② 模型求解

a. 变量值折算　$x\in[7500,9000]$ 折算至 2015 年年中为 $x\in[6478,7774]$，$z\geqslant500$ 折算至 2015 年年中为 $z\geqslant432$。

b. 找可行解　在 0.1～1 之间随机生成一个数（保留 2 位小数）k_1，k_1 乘以第 1 列后分别加到其他列（循环再生成），k_1 乘以第 2 列后分别加到其他列（循环再生成）……k_1 乘以第 5 列后分别加到其他列（循环再生成），选择同时满足 $x\in[6478, 7774]$、$z\geqslant 432$ 的运算结果，直至选到 10 个可行解为止，得到可行解矩阵。

$$W=\begin{pmatrix} 7695 & 7751 & 7178 & 7773 & 7732 & 7594 & 7725 & 7475 & 7535 & 7654 \\ 7274 & 7300 & 6745 & 7305 & 7294 & 7148 & 7272 & 7025 & 7081 & 7193 \\ 448 & 451 & 433 & 467 & 439 & 446 & 453 & 450 & 453 & 460 \end{pmatrix}$$

c. 从找出的可行解中选择最优　比较 W 矩阵中所有列的第 3 行数值，选出 z 值最大列——第 4 列。

$$\begin{pmatrix} 7773 \\ 7305 \\ 467 \end{pmatrix}$$

d. 修正优解　系数调整后得到 $z=x-y$ 变量值规划满意解

$$\begin{pmatrix} x^* \\ y^* \\ z^* \end{pmatrix}=\begin{pmatrix} \dfrac{1}{\theta_1}w_{1r} \\ \dfrac{1}{\theta_2}w_{2r} \\ \dfrac{1}{\theta_3}w_{3r} \end{pmatrix}=\begin{pmatrix} 8998 \\ 8457 \\ 541 \end{pmatrix}$$

2018 年经营收入、经营成本、利润规划值分别为：9000 万元、8460 万元、540 万元。

3.1.5　二维坐标下 z=x－y 变量值规划模型

3.1.5.1　$z=x-y$ 变量值规划中三维坐标与平面坐标的转换

由于函数 $z=x-y$ 的特殊性——$z=x-y$ 的图像为平面，在进行 $z=x-y$ 变量值规划时，可将三维坐标转换为平面坐标来分析和求解问题。

（1）三维坐标转换为平面直角坐标

在平面 $z=x-y$ 上选取一点 $P(a, b, c)$，以空间坐标 $O(0, 0, 0)$ 为原点，$\overrightarrow{OP}$ 为 u 轴建立 u、v 平面直角坐标系，原空间坐标下的任意点 $Q(x, y, z)$，在 u、v 平面直角坐标系的坐标记为 $Q(u, v)$，则 u、v 与 x、y、z 的关系是

$$u=\frac{ax+by+cz}{\sqrt{a^2+b^2+c^2}} \tag{3-1}$$

$$v=\pm\sqrt{\frac{(ay-bx)^2+(az-cx)^2+(bz-cy)^2}{a^2+b^2+c^2}} \tag{3-2}$$

v 的正负号取值用图 3-3 中 $\overrightarrow{OP}$ 与 $\overrightarrow{OQ}$ 的角度关系决定：按逆时针旋转规则，$\overrightarrow{OP}\wedge\overrightarrow{OQ}\in(0, \pi)$ 取正号，$\overrightarrow{OP}\wedge\overrightarrow{OQ}\in(\pi, 2\pi)$ 取负号。

通常，选取点（1，1，0）作为 P 点，不仅可以简化 u、v 计算，而且能实现较

好的数值分界。此时，u、v 与 x、y、z 的关系是

$$u=\frac{x+y}{\sqrt{2}} \tag{3-3}$$

$$v=\sqrt{\frac{3}{2}}z=\sqrt{\frac{3}{2}}(x-y) \tag{3-4}$$

选取点（1，1，0）作为 P 点的依据是：对于特定过程总存在一点 $R(x_0, x_0, 0)$，x_0为任意正实数，用 $\overrightarrow{OP}$ 可以决定 $\overrightarrow{OR}$ 的方向。此外，用 $R(x_0, x_0, 0)$ 替换 $P(a, b, c)$ 代入式(3-1) 和式(3-2) 也能得到式(3-3) 和式(3-4) 的结果。

（2）三维坐标转换为平面极坐标

在平面 $z=x-y$ 上选取一点 $P(a, b, c)$，以空间坐标 $O(0, 0, 0)$ 为原点，$\overrightarrow{OP}$ 为极轴，建立极坐标系，原空间坐标下的任意点 $Q(x, y, z)$，在极坐标中记为 $Q(\rho, \theta)$，则 ρ、θ 与 x、y、z 的关系是

$$\rho=\sqrt{x^2+y^2+z^2}$$

$$\theta=\pm\arccos\frac{ax+by+cz}{\sqrt{a^2+b^2+c^2}\sqrt{x^2+y^2+z^2}}$$

θ 的正负号取值用图 3-3 中 $\overrightarrow{OP}$ 与 $\overrightarrow{OQ}$ 的关系决定：按逆时针旋转规则，$\overrightarrow{OP}\wedge\overrightarrow{OQ}\in\left(0, \frac{\pi}{2}\right)$取正号，$\overrightarrow{OP}\wedge\overrightarrow{OQ}\in\left(\frac{3\pi}{2}, 2\pi\right)$取负号。

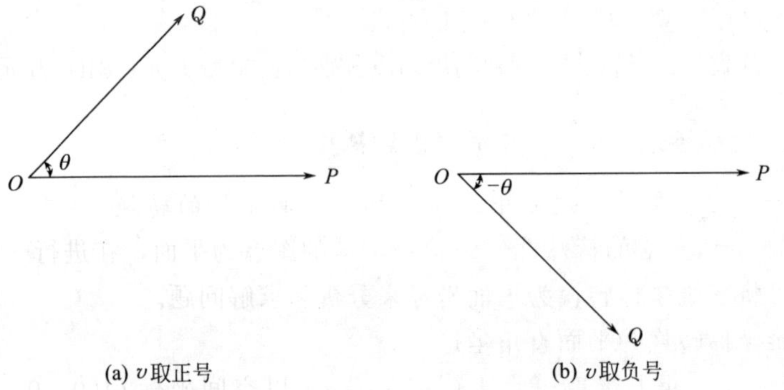

图 3-3 $\overrightarrow{OP}\wedge\overrightarrow{OQ}$关系与 v、θ 正负号取值示意

选取点（1，1，0）作为 P 点，ρ、θ 与 x、y、z 的关系是

$$\rho=\sqrt{x^2+y^2+z^2}$$

$$\theta=\pm\arccos\frac{x+y}{\sqrt{2}\sqrt{x^2+y^2+z^2}}$$

以上结论可以推广至 $z=Ax+By$（A、B 为任意非 0 实数）的函数，即对于 $z=Ax+By$（不含常数项的平面方程）的变量规划都可以进行三维坐标与平面坐标的转换。

下面以 3.1.4 小节中的案例数据为例，观察坐标转换转换前后的数值变化。

在三维坐标下，用 A(5560，5310，250)、B(3580，3768，−188)、C(5948，5620，346)、D(4788，4619，169)、E(6583，6185，398) 分别表示 $z=x-y$ 平面上五个点，即 2013～2017 年五年的实际变量值，坐标原点用 O 表示。

现选取点 (1，1，0) 作为 P 点，以 O 为原点，$\overrightarrow{OP}$ 为 u 轴建立 u、v 平面直角坐标系。将各点的三维数据代入式(3-3) 和式(3-4)，得到 A、B、C、D、E 在 u、v 坐标系中的坐标为：A(7686，306)、B(5196，−230)、C(8180，424)、D(6652，207)、E(9028，487)。

在 u、v 坐标中画出这五点并用直线段依次相连的图形，如图 3-4 所示。

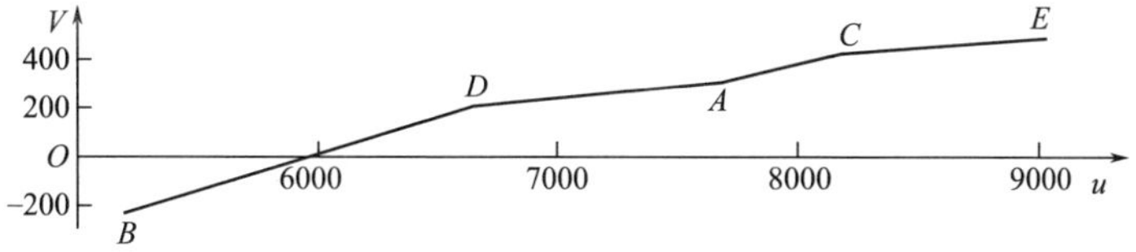

图 3-4　直线连接的图形

如果把 A、B、C、D、E 用曲线相连，得到的图形如图 3-5 所示。

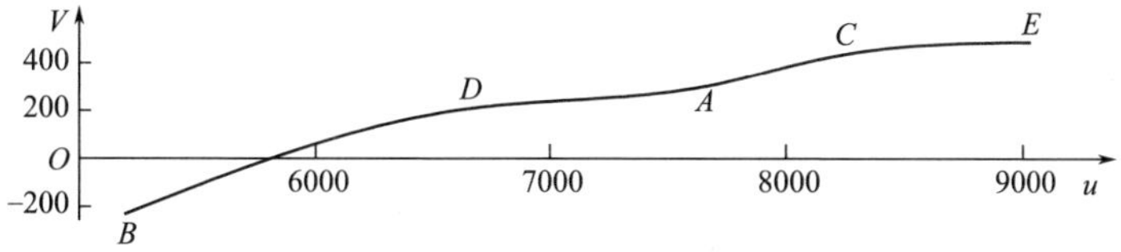

图 3-5　曲线连接的图形

3.1.5.2　u、v 的关系

u、v 的关系取决于 x、y（或 x、z 或 y、z）的关系，x、y、z 任意两者存在函数关系，则 u、v 存在函数关系，否则 u、v 不存在函数关系。若 $y=f(x)$，当 $f(0)=0$，则

$$v=\sqrt{3}u+\sqrt{6}f\left(\frac{u}{\sqrt{2}}+\frac{v}{\sqrt{6}}\right)$$

反之，若 u、v 存在函数关系，则 x、y、z 任意两者存在函数关系。若 $v=g(u)$ 或 $F(u, v)=0$，则 $F_1(x, y)=0$，$F_2(x, z)=0$，$F_3(y, z)=0$。

以上是基于理论上的严格推导，事实上，对于一个特定的 $z=x-y$ 现实过程来说，x、y、z 均不会彼此无关，x、y、z 的任意两者之间一定存在某种函数关系。即对于现实 $z=x-y$ 过程，u、v 之间存在函数关系。

（1）u、v 函数关系的一般表达

在特定平面直角坐标系下，$F(u, v)$ 的函数形式有两种基本情况：一个表达式和分段近似函数。当 u，v 的关系为：

① 线性函数；

② 反比例函数；

③ 抛物线；

④ 圆；

⑤ 椭圆；

⑥ 双曲线；

⑦ u，v 幂次未超过 2（uv 视为 2，u^2v 视为 3）的其他函数 u，v 的函数关系为

$$F(u,v)=Au^2+Bv^2+Cuv+Du+Ev+F=0（A、B、C、D、E、F 为常数）$$

当 u，v 的关系为以上七种情况之外时，u，v 的函数关系为：

$$\begin{cases} A_1u^2+B_1v^2+C_1uv+D_1u+E_1v+F_1\approx 0 & a_1\leqslant u\leqslant b_1 \\ \cdots & \cdots \\ A_iu^2+B_iv^2+C_iuv+D_iu+E_iv+F_i\approx 0 & a_i\leqslant u\leqslant b_i \\ \cdots & \cdots \\ A_nu^2+B_nv^2+C_nuv+D_nu+E_nv+F_n\approx 0 & a_n\leqslant u\leqslant b_n \end{cases}$$

$$（A_i、B_i、C_i、D_i、E_i、F_i 为常数，i=1,2\cdots n）$$

关于现实过程中 u，v 函数（族）的具体确定这里不再展开讨论。

（2）u、v 函数关系的一般表达式推导

设 $O(0,0,0)$、$P(a,a,0)$、$Q(0,b,-b)$ 为 $z=x-y$ 平面上不同的三点（$a>0$，$b>0$），O_1 为过点 Q 且垂直于 OP 的直线与 OP 的交点。以 O_1 为原点，以 $\overrightarrow{OP}$ 为 u 轴建立 u、v 平面直角坐标系，如图 3-6 所示。

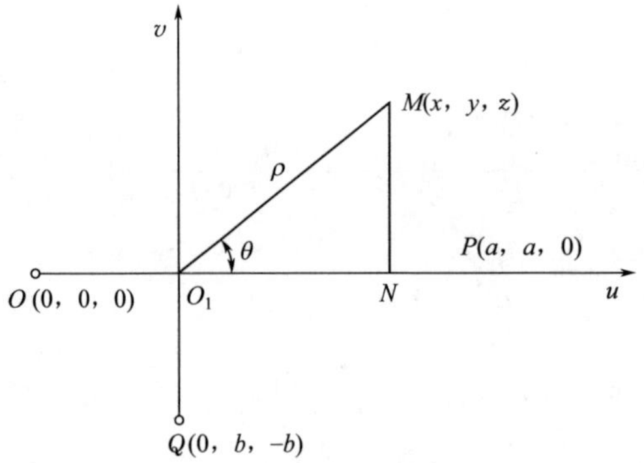

图 3-6　u、v 平面坐标系

因 O_1 在 $\overrightarrow{OP}$ 上，可设 O_1 的空间坐标为 $(c,c,0)$。$M(x,y,z)$ 为 $z=x-y$ 平面上任意一点，其在 uO_1v 坐标系中的坐标记为 $M(u,v)$。

$\overrightarrow{OO_1}=(c,c,0)$，$\overrightarrow{QO_1}=(c,c-b,b)$，因 $\overrightarrow{OO_1}$ 垂直于 $\overrightarrow{QO_1}$，故 $c^2+c^2-bc=0$，$c=\dfrac{b}{2}$，O_1 的空间坐标为 $\left(\dfrac{b}{2},\dfrac{b}{2},0\right)$。

$$\overrightarrow{O_1M}=\left(x-\frac{b}{2},\ y-\frac{b}{2},\ z\right),\ |\overrightarrow{O_1M}|=\rho=\sqrt{\left(x-\frac{b}{2}\right)^2+\left(y-\frac{b}{2}\right)^2+z^2}。$$

设 $\overrightarrow{O_1M}$ 与 $\overrightarrow{O_1P}$ 的夹角为 θ，$\overrightarrow{O_1P}=\left(a-\dfrac{b}{2},\ a-\dfrac{b}{2},\ 0\right)$，令 $\lambda=a-\dfrac{b}{2}$。

$$\overrightarrow{O_1P}=(\lambda,\lambda,0)\quad |\overrightarrow{O_1P}|=\sqrt{2}\lambda$$

$$\overrightarrow{O_1M}\times\overrightarrow{O_1P}=|\overrightarrow{O_1M}|\times|\overrightarrow{O_1P}|\cos\theta$$

$$\cos\theta=\frac{\lambda\left(x-\frac{b}{2}\right)+\lambda\left(y-\frac{b}{2}\right)}{\sqrt{2}\lambda\rho}=\frac{x+y-b}{\sqrt{2}\rho}$$

$$\sin\theta=\frac{\sqrt{2\rho^2-(x+y-b)^2}}{\sqrt{2}\rho}\text{或 }\sin\theta=-\frac{\sqrt{2\rho^2-(x+y-b)^2}}{\sqrt{2}\rho}$$

从图 3-6 中可看出，对点 $M(u,v)$，有 $u=\rho\cos\theta$，$v=\rho\sin\theta$。

$$u=\frac{x+y-b}{\sqrt{2}}$$

$$v=\pm\frac{\sqrt{2\rho^2-(x+y-b)^2}}{\sqrt{2}}$$

$$v^2=\rho^2-\frac{1}{2}(x+y-b)^2$$

$$2v^2=2\rho^2-(x+y-b)^2=2\left[\left(x-\frac{b}{2}\right)^2+\left(y-\frac{b}{2}\right)^2+z^2\right]-(x+y-b)^2$$

$$=x^2+y^2+2z^2-2xy=(x-y)^2+2z^2=3z^2$$

$$v=\sqrt{\frac{3}{2}}z=\sqrt{\frac{3}{2}}(x-y)$$

至此得到该坐标系下 $z=x-y$ 平面的参数方程。

$$\begin{cases}x=\frac{\sqrt{2}}{2}u+\frac{1}{\sqrt{6}}v+\frac{b}{2}\\y=\frac{\sqrt{2}}{2}u-\frac{1}{\sqrt{6}}v+\frac{b}{2}\\z=\sqrt{\frac{2}{3}}v\end{cases}$$

如图 3-7 所示，$S(g,h,k)$ 为 $z=x-y$ 平面上一定点（$g\geqslant0$，$h>0$），以 $O(0,0,0)$ 为原点，$\overrightarrow{\boldsymbol{OS}}$ 为 u_2 轴再建立一个平面直角坐标系 u_2Ov_2，图 3-6 坐标系记为 $u_1O_1v_1$。点 $M(x,y,z)$ 在 u_1Ov_1 坐标系中坐标记为 $M(u_1,v_1)$，在 u_2Ov_2 坐标系中坐标记为 $M(u_2,v_2)$。$\overrightarrow{\boldsymbol{O_1M}}$ 在 u_1 轴上的投影为 $\overrightarrow{\boldsymbol{O_1N}}$，$\overrightarrow{\boldsymbol{OM}}$ 在 u_2 轴上的投影为 $\overrightarrow{\boldsymbol{OT}}$。

$$u_2=\frac{gx+hy+kz}{\sqrt{g^2+h^2+k^2}}$$

$$v_2=\pm\sqrt{\frac{(gy-hx)^2+(gz-kx)^2+(hz-ky)^2}{g^2+h^2+k^2}}$$

$$u_1=\frac{x+y-b}{\sqrt{2}}$$

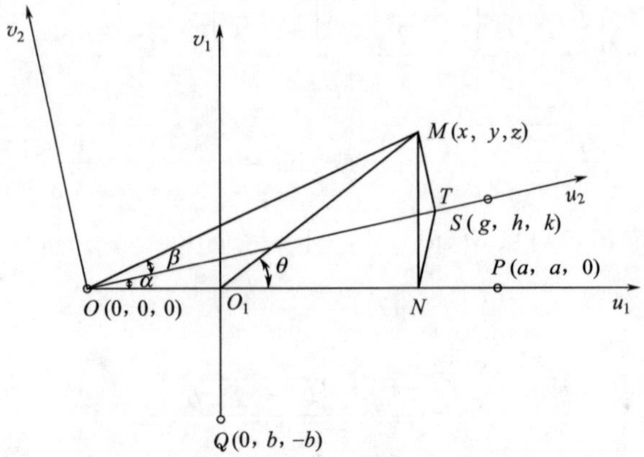

图 3-7　同一点 M 在两个坐标系下的坐标

$$v_1=\sqrt{\frac{3}{2}}z=\sqrt{\frac{3}{2}}(x-y)$$

$$\cos\alpha=\frac{\overrightarrow{OS}\times\overrightarrow{OP}}{|\overrightarrow{OS}|\times|\overrightarrow{OP}|}=\frac{ag+ah}{\sqrt{2}a\sqrt{g^2+h^2+k^2}}=\frac{g+h}{\sqrt{2g^2+2h^2+2k^2}}$$

$$\sin\alpha=\frac{\sqrt{(g-h)^2+2k^2}}{\sqrt{2g^2+2h^2+2k^2}}$$

$$\cos\beta=\frac{\overrightarrow{OM}\times\overrightarrow{OS}}{|\overrightarrow{OS}|\times|\overrightarrow{OM}|}=\frac{gx+hy+kz}{\sqrt{g^2+h^2+k^2}\sqrt{x^2+y^2+z^2}}$$

$$\sin\beta=\pm\sqrt{\frac{(gy-hx)^2+(gz-kx)^2+(hz-ky)^2}{(g^2+h^2+k^2)(x^2+y^2+z^2)}}$$

$$v_1=\sin(\alpha+\beta)\sqrt{x^2+y^2+z^2}=(\sin\alpha\cos\beta+\cos\alpha\sin\beta)\sqrt{x^2+y^2+z^2}$$

图 3-7 中，点 $M(x, y, z)$ 位于点 $S(g, h, k)$ 上方，若点 $M(x, y, z)$ 位于点 $S(g, h, k)$ 下方，则 $v_1=\sin(\alpha-\beta)\sqrt{x^2+y^2+z^2}$，不影响推导结论。

$$v_1=u_2\sin\alpha+v_2\cos\alpha$$

$$v_1=\frac{gx+hy+kz}{\sqrt{g^2+h^2+k^2}}\sin\alpha\pm\frac{\sqrt{(gy-hx)^2+(gz-kx)^2+(hz-ky)^2}}{\sqrt{g^2+h^2+k^2}}\cos\alpha$$

$$\sqrt{g^2+h^2+k^2}v_1-(gx+hy+kz)\sin\alpha=\pm\cos\alpha\sqrt{(gy-hx)^2+(gz-kx)^2+(hz-ky)^2}$$

$$[\sqrt{g^2+h^2+k^2}v_1-(gx+hy+kz)\sin\alpha]^2=\cos^2\alpha[(gy-hx)^2+(gz-kx)^2+(hz-ky)^2]$$

以 $\begin{cases}x=\dfrac{\sqrt{2}}{2}u_1+\dfrac{1}{\sqrt{6}}v_1+\dfrac{b}{2}\\ y=\dfrac{\sqrt{2}}{2}u_1-\dfrac{1}{\sqrt{6}}v_1+\dfrac{b}{2}\\ z=\sqrt{\dfrac{2}{3}}v_1\end{cases}$ 代入上式，最终可得到下式。

$$u_1^2+Av_1^2+Bu_1v_1+Cu_1+Dv_1+E=0 \quad (A、B、C、D、E、F\ 为常数)$$

因此 $z=x-y$ 可以表示为以下一元函数。

$$u^2+Av^2+Buv+Cu+Dv+E=0 \quad (A、B、C、D、E、F\ 为常数)$$

该推导的现实意义：对于特定的某种现实过程，假定变量之间一定存在某种函数关系（纯数学意义下不能做此假定）。通过建立适当的平面坐标系，二元一次函数与一元二次函数之间可以相互转化。在空间坐标与平面坐标关系确定时，一元二次函数转化为二元一次函数是唯一的，二元一次函数转化为一元二次函数不是唯一的，需要多组实际过程数据才能确定。在空间坐标与平面坐标关系固定的情况下，一个确定的二元一次函数对应无穷多个一元二次函数（A、B、C、D、E、F 的任意变化均导致不同函数），而一个确定的一元二次函数对应唯一的二元一次函数。选择不同的空间坐标与平面坐标关系，一元二次函数可以转化为任何 $\alpha x+\beta y+\gamma z+\eta=0$ 形式的二元一次函数，当选定空间坐标与平面坐标关系后，常数 α、β、γ、η 随之确定；反之，任何 $\alpha x+\beta y+\gamma z+\eta=0$ 形式的二元一次函数都可以表示为 $u^2+Av^2+Buv+Cu+Dv+E=0$ 形式的一元二次函数。

（3）用 $u^2+Av^2+Buv+Cu+Dv+E=0$ 推导的相关函数

一般情况下，$Au^2+Bv^2+Cuv+Du+Ev+F=0$ 简化为 $u^2+Av^2+Buv+Cu+Dv+E=0$，用 $u^2+Av^2+Buv+Cu+Dv+E=0$ 可推导系列相关函数：z-x 函数、z-y 函数和 x-y 函数。形成以 $z=x-y$ 和 $F(u, v)=0$ 为基本函数，$G(x, z)=0$、$H(y, z)=0$、$R(x, y)=0$ 为派生函数的函数族。

$$\begin{cases} z=f(x,y)=x-y \\ F(u,v)=u^2+Av^2+Buv+Cu+Dv+E=0 \\ G(x,z)=x^2+A_1z^2+B_1xz+C_1x+D_1z+E_1=0 \\ H(y,z)=y^2+A_2z^2+B_2yz+C_2y+D_2z+E_2=0 \\ R(x,y)=x^2+A_3y^2+B_3xy+C_3x+D_3y+E_3=0 \end{cases}$$

$A_1=\dfrac{3}{4}A-\dfrac{\sqrt{3}}{4}B+\dfrac{1}{4}$，$B_1=\dfrac{\sqrt{3}}{2}B-1$，$C_1=\dfrac{C}{\sqrt{2}}-b$，$D_1=\dfrac{b}{2}-\dfrac{\sqrt{3}bB}{4}-\dfrac{C}{\sqrt{8}}+\sqrt{\dfrac{3}{8}}D$，$E_1=\dfrac{b^2}{4}-\dfrac{bC}{\sqrt{8}}+\dfrac{E}{2}$。

$A_2=\dfrac{3}{4}A+\dfrac{\sqrt{3}}{4}B+\dfrac{1}{4}$，$B_2=\dfrac{\sqrt{3}}{2}B+1$，$C_2=\dfrac{C}{\sqrt{2}}-b$，$D_2=-\dfrac{b}{2}-\dfrac{\sqrt{3}bB}{4}+\dfrac{C}{\sqrt{8}}+\sqrt{\dfrac{3}{8}}D$，$E_2=\dfrac{b^2}{4}-\dfrac{bC}{\sqrt{8}}+\dfrac{E}{2}$。

$A_3=\dfrac{1+3A-\sqrt{3}B}{1+3A+\sqrt{3}B}$，$B_3=\dfrac{2-6A}{1+3A+\sqrt{3}B}$，$C_3=\dfrac{\sqrt{2}C+\sqrt{6}D-2b-\sqrt{3}bB}{1+3A+\sqrt{3}B}$，$D_3=\dfrac{\sqrt{2}C-\sqrt{6}D-2b+\sqrt{3}bB}{1+3A+\sqrt{3}B}$，$E_3=\dfrac{b^2-\sqrt{2}bC+2E}{1+3A+\sqrt{3}B}$。

当空间坐标与平面坐标关系确定时，知道其中任意一个函数即可推导出其他函数（二元推一元需要过程数据）。该结论可推广至任意 $z=Ax+By$ 函数。

在实际应用中，上述函数族有明显的现实意义。在分析 $z=x-y$ 函数时，可以利用 x、y、z 数据直接建立 $G(x, z)=0$，$H(y, z)=0$，$R(x, y)=0$ 函数，不一定非要建立 $F(u, v)=0$ 函数。当建立 $G(x, z)=0$，$H(y, z)=0$，$R(x, y)=0$ 中任意一个函数后，可以用以上系数关系求解另外两个［中间需要用 $F(u, v)=0$ 函数系数做转换］，无需每个函数都求解方程组，方程组只需求解一次即可。

（4）两个具有特殊意义的函数点

利用函数族，可以确定一些具有特殊意义的函数点，供变量值规划及过程控制作参考。特殊意义的函数点主要包括：零利点（保本点）和零收入下最低成本（最少亏损）点。

① 零利点（保本点） 零利点（保本点）指 $z=0$ 的点，记为 $x|_{z=0}$、$y|_{z=0}$ 或 $u|_{z=0}$。当函数确定时，零利点是唯一的。

$$x|_{z=0}=y|_{z=0}=-\frac{C_1}{2}\pm\frac{1}{2}\sqrt{C_1^2-4E_1}=-\frac{C_2}{2}\pm\frac{1}{2}\sqrt{C_2^2-4E_2}$$

$$u|_{z=0}=-\frac{C}{2}\pm\frac{1}{2}\sqrt{C^2-4E}$$

② 零收入下最低成本（最少亏损）点 零收入下最低成本（最少亏损）点指 $x=0$ 的点，记为 $y|_{x=0}$、$z|_{x=0}$、$u|_{x=0}$ 或 $v|_{x=0}$。当函数确定时，零收入下最低成本（最少亏损点）是唯一的。

$$y|_{x=0}=\frac{-D_3\pm\sqrt{D_3^2-4A_3E_3}}{2A_3}=b$$

$$z|_{x=0}=\frac{-D_1\pm\sqrt{D_1^2-4A_1E_1}}{2A_1}=-b$$

$$u|_{x=0}=0$$

$$v|_{x=0}=-\sqrt{\frac{3}{2}}b$$

（5）u、v 函数关系一般表达式下的极值问题

讨论 u、v 函数的驻点、不可导点、极值点不仅有助于解决极值问题，同时能更深入地认识和了解函数，掌握变量的变化规律。

① 驻点及不可导点 对隐函数 $u^2+Av^2+Buv+Cu+Dv+E=0$ 求导。

$$\frac{\mathrm{d}v}{\mathrm{d}u}=v'=-\frac{Bv+2u+C}{2Av+Bu+D}$$

解方程组：

$$\begin{cases}u=-\dfrac{Bv+C}{2}\\u^2+Av^2+Buv+Cu+Dv+E=0\end{cases}$$

方程组的解为驻点。

解方程组：

$$\begin{cases} u=-\dfrac{2Av+D}{B} \\ u^2+Av^2+Buv+Cu+Dv+E=0 \end{cases}$$

方程组的解为不可导点。

② 极值点判定　以上驻点和不可导点记为 $M_i(a_i, b_i)$，对全部 $M_i(a_i, b_i)$ 逐个考察，如果在驻点（不可导点）处左右 v' 异号，则该驻点（不可导点）为极值点，否则不是极值点。

极值点还可采用以下方法判断。

求出函数的二阶导数：

$$\frac{\mathrm{d}^2 v}{\mathrm{d}u^2}=v''=-\frac{(B^2u-4Au+BD-2AC)v'+(4A-B^2)v+2D-BC}{(2Av+Bu+D)^2}$$

对驻点（不可导点）逐点验算 $v''(a_i, b_i)$：

当 $v''(a_i, b_i)<0$ 时，函数在 $M_i(a_i, b_i)$ 处取得极大值；

当 $v''(a_i, b_i)>0$ 时，函数在 $M_i(a_i, b_i)$ 处取得极小值。

现实中，u、v 函数的极值问题往往和函数的单调性判定相结合。在 u 的闭区间 $[a, b]$ 内：

若 $\dfrac{\mathrm{d}v}{\mathrm{d}u}=v'=-\dfrac{Bv+2u+C}{2Av+Bu+D}>0$，则函数在区间 $[a, b]$ 上是单增的，在 $[a, b]$ 内，$v|_{u=b}$ 最大，$v|_{u=a}$ 最小。

若 $\dfrac{\mathrm{d}v}{\mathrm{d}u}=v'=-\dfrac{Bv+2u+C}{2Av+Bu+D}<0$，则函数在区间 $[a, b]$ 上是单减的，在 $[a, b]$ 内，$v|_{u=a}$ 最大，$v|_{u=b}$ 最小。

(6) u、v 具体函数关系分析案例

① u、v 具体函数关系的确定　具体函数关系与过程具体条件有关，现实中，过程条件千变万化，不同条件对应不同系数。从一般意义讲，$z=x-y$ 反映的过程属于不确定过程。一方面，过程存在很多随机因素；另一方面，过程条件不是唯一的，总是多样的，而且始终在变化。当确定一组 A、B、C、D、E 时意味着确定了一种过程条件，实际过程条件与预先确定的 A、B、C、D、E 对应的条件不同时，用函数计算的变量值与实际就存在差异。u、v 函数唯一能确定的只是其函数形式 $u^2+Av^2+Buv+Cu+Dv+E=0$。任何确定 A、B、C、D、E 数值的函数对于过程分析和过程控制来说，只能作为参考依据。

以 3.1.4 小节中的案例数据为例分析 u、v 具体函数关系。

首先需要把三维数据转化为二维数据，转化公式为

$$u=\frac{x+y-b}{\sqrt{2}}$$

$$v=\sqrt{\frac{3}{2}}z=\sqrt{\frac{3}{2}}(x-y)$$

要完成这种转化需要确定常数 b，b 可理解为：在停止经营的情况下，企业一年需要支出的费用。根据案例过程财务分析，在 $x=0$ 的情况下，$y=600$，$z=-600$，即 $b=600$。取 $b=600$，隐含 u、v 曲线经过（0，600，-600）。再选取 2014～2017 年的四组数据（舍去 2013 年的数据）。

把五个三维点（0，600，-600）、（3580，3768，-188）、（5948，5602，346）、（4788，4619，169）、（6583，6185，398）（表 3-1），转化为二维点（0，-735）、（4772，-230）、（7743，424）、（6227，207）、（8604，487），得到表 3-2。

表 3-2　x、y、z 转化为 u、v

变量代号	单位	$b=600$	时　间			
			2014 年	2015 年	2016 年	2017 年
u	万元	0	4772	7743	6227	8604
v	万元	-735	-230	424	207	487

关于 A、B、C、D、E 的确定，人们可能会想到采用最小二乘法。

$$M=\sum_{i=1}^{n}(v_i^a-v_i)^2$$

式中　v_i^a——第 i 组数据 v 实际值。

$$v_i=\frac{-(Bu_i+D)+\sqrt{(Bu_i+D)^2-4A(u_i^2+Cu_i+E)}}{2A}$$

$$\begin{cases}\dfrac{\partial M}{\partial A}=0\\\dfrac{\partial M}{\partial B}=0\\\dfrac{\partial M}{\partial C}=0\\\dfrac{\partial M}{\partial D}=0\\\dfrac{\partial M}{\partial E}=0\end{cases}$$

通过求解方程组确定 A、B、C、D、E。

由于 u、v 函数的特殊性，用最小二乘法确定 A、B、C、D、E 较为复杂，要在现实中实施最小二乘法的可能性不大。以下采用把五个二维点数据直接代入方程的方式来获得一个 u、v 具体函数，目的仅在于提供一个具体函数样例以便直观地、深入地了解 u、v 函数。

把五个二维点数据代入方程，得到以下方程组。

$$\begin{cases}540225A-735D+E=0\\52900A-1097560B+4772C-230D+E+22771984=0\\179776A+3283032B+7743C+424D+E+3283032=0\\42849A+1288989B+6227C+207D+E+38775529=0\\237169A+4190148B+8604C+487D+74028816=0\end{cases}$$

解方程组得 $A=37.09$、$B=-12.19$、$C=-10881.58$、$D=67032.31$、$E=29231338$。

则 u、v 具体函数为

$$u^2+37.09v^2-12.19uv-10881.58u+67032.31v+29231338=0$$

② u、v 函数图例　用 $u^2+37.09v^2-12.19uv-10881.58u+67032.31v+29231338=0$ 计算的 u、v 对应值见表 3-3。

表 3-3　用函数计算的 u、v 对应值

u	0	500	1000	2000	3000	4000	5000	6000	7000	8000	9000
v	−732	−655	−577	−432	−277	−126	25	174	319	459	1152

$v=0$，$u^2-10881.58u+29231338=0$，$u=4831.81$ 或 $u=6049.77$（舍去）。

$u=0$，$37.09v^2+67032.31v+29231338=0$，$v=-734.96$ 或 $v=-1072.33$（舍去）。

$u>9000$，$37.09v^2+67032.31v+29231338=0$ 无实数解。该函数定义域 $0\leqslant u\leqslant 9000$，值域 $-732\leqslant v\leqslant 1152$。当 $u>9000$ 时，函数发生改变，过程不能再使用 $u^2+37.09v^2-12.19uv-10881.58u+67032.31v+29231338=0$ 函数。

根据表 3-3，得到 u、v 函数图，见图 3-8。

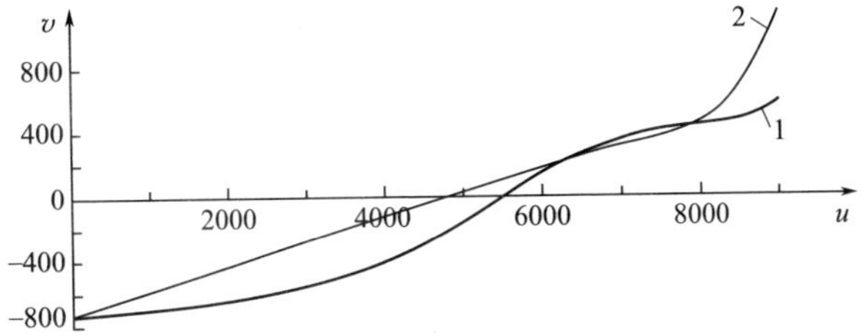

图 3-8　u、v 函数图例

1—实际值曲线；2—v-u 函数曲线

$u^2+37.09v^2-12.19uv-10881.58u+67032.31v+29231338=0$ 图像分析如下。

① 当 $0\leqslant u\leqslant 8000$ 时，u、v 几乎是线性关系，v 随 u 线性增长，$\frac{dv}{du}$ 近似等于一个正常数。

② 当 $8000\leqslant u\leqslant 9000$ 时，v 随 u 快速增长，$\frac{dv}{du}$ 一定不是常数。

③ 函数是连续单增函数。

④ 当 $0 \leqslant u \leqslant 6000$ 时，实际值曲线明显低于函数曲线，说明过程实际情况与函数条件存在差异或过程遭遇某种不利随机因素的影响。如果不是因为随机因素的影响，通过过程改进可以提高 v 值。

⑤ 当 $8000 \leqslant u \leqslant 9000$ 时，v 随 u 的实际增长明显偏低，预示过程有较大的挖掘空间，如果过程改进得当，v 的增长水平可以提高很多。

具体函数总是基于对过程条件进行某种假定后产生（尽管这种假定是隐含的），现实条件不可能总是与假定条件相同。在实际曲线与函数曲线不吻合时，存在两种基本可能：一种是函数根本就不是反映过程的函数；另一种是过程实际情况与函数条件存在差异或过程遭遇某种随机因素的影响。在排除第一种可能的情况下，没有必要苛求实际值曲线一定要与函数曲线吻合，吻合是相对的，不吻合才是绝对的。u、v 函数不同于线性函数 $y=kx+b$ 以及其他一些函数（比如指数、对数、圆、椭圆、三角函数等，这些函数在常数不确定时，图像基本形状是固定的），u、v 没有固定图形，不同 A、B、C、D、E 值会导致不同图形，u、v 图像分析需要根据具体函数进行，这是 u、v 函数的一个显著特点。

二元函数转化为一元函数可以为变量之间的关系分析提供一些依据。

以本例来说，正常情况下（没有随机因素的影响），u 增大则 v 增大，u 减小则 v 减小，这是确定的必然的。技术和管理创新使得效率提升，导致 u 减小属于过程变更，函数已经发生改变，这是另外一回事。二元函数指导的分析结论是：x 不变，y 减小，则 z 增大；y 不变，x 增大则 z 增大。表象上看没有问题，但从变量之间的本质联系来说，结论并不确定也非必然，因为 y 减小的同时不能确保 x 不变，x 增大的同时往往导致 y 增大，若要增大 x，y 增大是必要条件和必然结果。现实中的 x 不变，y 减小，则 z 增大；y 不变，x 增大则 z 增大属于小概率事件，没有普遍性。

3.1.5.3 二维坐标下 $z=x-y$ 变量值规划模型

(1) 基本模型

二维坐标下，$z=x-y$ 变量值规划基本模型是

$$\min -z \text{ 或 } z \text{ 满意适中}$$

$$\text{st. } x=\lambda \text{ 或 } x \in [a, b]$$

$$u=\frac{x+y}{\sqrt{2}}$$

$$v=\sqrt{\frac{3}{2}}z=\sqrt{\frac{3}{2}}(x-y)$$

$$u^2+Av^2+Buv+Cu+Dv+E=0$$

$$y>0$$

$$(\lambda、a、b、A、B、C、D、E \text{ 为已知常数})$$

求解结果要求输出向量。

$$\begin{pmatrix} x^* \\ y^* \\ z^* \end{pmatrix} = \begin{pmatrix} \omega_1 \\ \omega_2 \\ \omega_3 \end{pmatrix}$$

z 满意适中指按 min－z 求解后做适当调整。

(2) 设定 z 或 z 的范围模型

此类情况的模型和算法与基本模型大同小异。

$$\min y \text{ 或 } y \text{ 满意适中}$$
$$\text{st. } z=\zeta \text{ 或 } z\in[c,d]$$
$$u=\frac{x+y}{\sqrt{2}}$$
$$v=\sqrt{\frac{3}{2}}z=\sqrt{\frac{3}{2}}(x-y)$$
$$u^2+Av^2+Buv+Cu+Dv+E=0$$
$$x\geqslant 0 \text{ 且 } y>0$$
$$(\zeta、c、d、A、B、C、D、E \text{ 为已知常数})$$

y 满意适中指按 miny 求解后做适当调整。

(3) x 范围已知 y 范围已知模型

$$\min -z \text{ 或 } z \text{ 满意适中}$$
$$\text{st. } x\in[f,g] \text{ 且 } y\in[h,l]$$
$$u=\frac{x+y}{\sqrt{2}}$$
$$v=\sqrt{\frac{3}{2}}z=\sqrt{\frac{3}{2}}(x-y)$$
$$u^2+Av^2+Buv+Cu+Dv+E=0$$
$$(f、g、h、l、A、B、C、D、E \text{ 为已知常数})$$

(4) x 范围已知设定 z 范围模型

$$\min -z \text{ 或 } z \text{ 满意适中}$$
$$\text{st. } x\in[p,q] \text{ 且 } z\in[s,t]$$
$$u=\frac{x+y}{\sqrt{2}}$$
$$v=\sqrt{\frac{3}{2}}z=\sqrt{\frac{3}{2}}(x-y)$$
$$u^2+Av^2+Buv+Cu+Dv+E=0$$
$$y>0$$
$$(p、q、s、t、A、B、C、D、E \text{ 为已知常数或 } t \text{ 为} \infty)$$

3.1.6 二维坐标下 z=x-y 变量值规划案例

【例 3-2】 仍以 3.1.4 小节中的①为例，对已知条件为：2018 年经营收入比上一年增长 20%～40%进行变量值规划。

【解】（1）规划模型

$\theta_1=\theta_2=\theta_3=0.8638$，$x\in[7900,\ 9216]$ 折算至 2015 年年中为 $x\in[6824,\ 7961]$，函数采用 $u^2+37.09v^2-12.19uv-10881.58u+67032.31v+29231338=0$。

$$\min -z \text{ 或 } z \text{ 满意适中}$$

$$\text{st.}\ x\in[6824,7961]$$

$$u=\frac{x+y-600}{\sqrt{2}}$$

$$v=\sqrt{\frac{3}{2}}z=\sqrt{\frac{3}{2}}(x-y)$$

$$u^2+37.09v^2-12.19uv-10881.58u+67032.31v+29231338=0$$

$$y>0$$

（2）模型求解

① $x\in[6824,\ 7961]$，$x=\sqrt{2}u-y+600$，$6824\leqslant\sqrt{2}u-y+600\leqslant 7961$，$\frac{6224+y}{\sqrt{2}}\leqslant u\leqslant\frac{7361+y}{\sqrt{2}}$。

② 因 u、v 为单增函数，$u=\frac{7361+y}{\sqrt{2}}$时 v 最大，z 最大。

$u=\frac{7361+y}{\sqrt{2}}=11259-\sqrt{\frac{2}{3}}v$，将此代入 u、v 函数得

$$\left(11259-\sqrt{\frac{2}{3}}v\right)^2+37.09v^2-12.19\left(11259-\sqrt{\frac{2}{3}}v\right)v-10881.58\left(11259-\sqrt{\frac{2}{3}}v\right)+67032.31v+29231338=0$$

$$47.86v^2-60841.84v+33480710=0$$

方程无实数解，说明 $u=\frac{7361+y}{\sqrt{2}}>9000$。

③ 在 u、v 函数不变，即不进行过程变更的情况下，$u=9000$ 为模型的解，$v=1152$，$x=7134$、$y=6194$、$z=940$。

$$\begin{pmatrix}x^*\\y^*\\z^*\end{pmatrix}=\frac{1}{\theta_1}\begin{pmatrix}7134\\6194\\940\end{pmatrix}=\begin{pmatrix}8259\\7171\\1088\end{pmatrix}$$

2018 年 $z=x-y$ 变量值规划为

$$\begin{pmatrix}x^*\\y^*\\z^*\end{pmatrix}=\begin{pmatrix}8260\\7170\\1090\end{pmatrix}$$

3.2 z = xy 变量值规划

$z=xy$ 是最常见的过程函数之一，其广泛存在于各领域、各行业的各种过程中，涉及人们工作、生活、学习的方方面面。该函数是很多过程的基本函数，如下所示。

交易过程：交易金额＝交易价格×交易数量

金融存贷过程（单利计算）：利息＝利率×本金

租赁过程：租金＝租赁价格×租期

生产过程：月(年)产量＝日产量×月(年)生产时间

产品生产成本＝产品单位成本×生产数量

运动过程：行程(位移)＝平均速度×时间

人们对 $z=xy$ 过程结果的期盼是多样的。$z=xy$ 过程往往存在两个基本过程主体，不同过程主体，期盼截然不同。以交易过程为例，买方希望以尽可能低的价格获得更多交易物品或获得足够数量交易物品时支付较少金额；卖方则刚好相反，希望有一个好的、满意的交易价格，获得尽可能多的交易金额。不同主体从自身利益出发将做出不同的变量值规划，当然，过程能否进行、能否持续，取决于双方意愿的统一。

为便于后续内容的阐述，对 $z=xy$ 变量表示做一般约定：x 表示价格、利率、速度等变量，y 表示数量、本金、时间等变量。

3.2.1 z = xy 函数的性质特点

函数 $z=xy$ 有如下基本特点：

① 图像是一个曲面；

② 曲面经过坐标原点；

③ 一阶偏导数为 x 或 y，没有极值点；

④ 二阶偏导数均为 0，二阶混合偏导数均为 1。

对于现实特定过程，函数 $z=xy$ 还有以下特点。

① 函数是有界的，$z \leqslant M$ （$M=\alpha\beta$）。

② $0<x\leqslant\alpha$ （$\alpha\in R^{+}$）；$0<y\leqslant\beta$ （$\beta\in R^{+}$）。

过程开始时，$z=xy$ 有不为 0 的初始值，否则过程无法开始。过程进行中，$y=0$ 则表明过程中断或结束。$x=0$ 是另一种特殊过程（赠予过程、无偿借贷过程），对这类特殊过程本书不做讨论，因此约定 x、y 均为正数。

③ 图像仅位于Ⅰ象限。

$z=xy$ 的函数图像见图 3-9，绘图范围 $0\leqslant x\leqslant 10000$、$0\leqslant y\leqslant 10000$。

3.2.2 z = xy 变量值规划的几种情形

现实中，$z=xy$ 变量值规划的已知（设定）条件主要有以下几种情形。

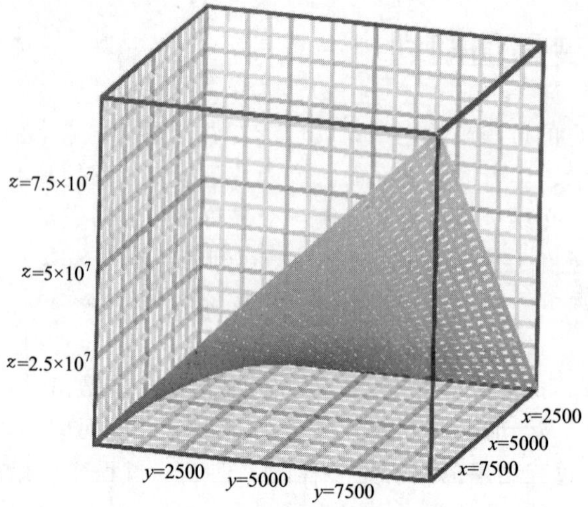

图 3-9　$z=xy$ 函数图像

（1）设定（已知）一个变量值（范围）的情形

① 设定（已知）x 或 x 的范围。

② 设定（已知）y 或 y 的范围。

③ 设定（已知）z 或 z 的范围。

（2）设定两个变量范围的情形

① 设定 x 和 y 的范围。

② 设定 x 和 z 的范围。

3.2.3　二元函数下 z = xy 变量值规划模型

3.2.3.1　$z=xy$ 变量值规划基本模型及算法

（1）基本模型

① 买（甲）方基本模型

$$\min z$$

$$\text{st. } y=\lambda \text{ 或 } y\in[a,b]$$

$$z=xy$$

$$x>0$$

（λ、a、b 为已知常数）

② 卖（乙）方基本模型

$$\min -z$$

$$\text{st. } x=\mu \text{ 或 } x\geqslant c$$

$$z=xy$$

$$y>0$$

（μ、c 为已知常数）

（2）基本算法

以卖（乙）方基本模型为例求解模型。

已知 $z=xy$ 过去 n 月（日或年）实际值矩阵为

$$C=\begin{pmatrix} x_i \\ y_i \\ z_i \end{pmatrix}=\begin{pmatrix} c_{11} & \cdots & c_{1i} & \cdots & c_{1n} \\ c_{21} & \cdots & c_{2i} & \cdots & c_{2n} \\ c_{31} & \cdots & c_{3i} & \cdots & c_{3n} \end{pmatrix} \quad i=1,2\cdots n$$

还已知（或设定）预测月（日或年）$x=\mu$ 或 $x\geqslant c$。算法如下。

① 以 $x=\mu$ 或 $x\geqslant c$ 替换 x_i 得到矩阵 W_1　当 $x\geqslant c$ 时设定 $x\in[c,\ d]$。

$$W_1=\begin{pmatrix} \mu & \cdots & \mu & \cdots & \mu \\ c_{21} & \cdots & c_{2i} & \cdots & c_{2n} \\ c_{31} & \cdots & c_{3i} & \cdots & c_{3n} \end{pmatrix} \text{或} W_1=\begin{pmatrix} c & \cdots & c & \cdots & c \\ c_{21} & \cdots & c_{2i} & \cdots & c_{2n} \\ c_{31} & \cdots & c_{3i} & \cdots & c_{3n} \end{pmatrix}$$

② 找到足够数量的可行解

$$\bar{x}=\frac{1}{n}\sum_{i=1}^{n}x_i=\frac{1}{n}\sum_{i=1}^{n}c_{1i},\frac{\mu}{\bar{x}}=\alpha,\frac{c}{\bar{x}}=\beta,\frac{d}{\bar{x}}=\gamma$$

a. 在［0.05，0.5］之间随机产生 n 个数 k_1，$k_2\cdots k_n$，当 $k=k_1+k_2\cdots+k_n=\alpha$ 或 $k=k_1+k_2\cdots+k_n\in[\beta,\ \gamma]$ 或 $\left[\frac{1}{\gamma},\ \frac{1}{\beta}\right]$时，则输出 k_1，$k_2\cdots k_n$，否则不予输出，重新生成。

对 W_1 矩阵做如下运算（第 2 行各元素乘以 k_i）得到 W_2 矩阵。

$$W_2=\begin{pmatrix} \mu & \cdots & \mu & \cdots & \mu \\ k_1c_{21} & \cdots & k_ic_{2i} & \cdots & k_nc_{2n} \\ c_{31} & \cdots & c_{3i} & \cdots & c_{3n} \end{pmatrix} \text{或} W_2=\begin{pmatrix} c & \cdots & c & \cdots & c \\ k_1c_{21} & \cdots & k_ic_{2i} & \cdots & k_nc_{2n} \\ c_{31} & \cdots & c_{3i} & \cdots & c_{3n} \end{pmatrix}$$

b. 在［0.05，0.5］之间随机产生 n 个数 r_1，$r_2\cdots r_n$，当 $r=r_1+r_2\cdots+r_n=\alpha^2$ 或 $r=r_1+r_2\cdots+r_n\in$ ［β^2，γ^2］或 $\left[\frac{1}{\gamma^2},\ \frac{1}{\beta^2}\right]$时，则输出 r_1，$r_2\cdots r_n$，否则不予输出，重新生成。

对 W_2 矩阵做如下运算（第 3 行各元素乘以 r_i）得到 W_3 矩阵。

$$W_3=\begin{pmatrix} \mu & \cdots & \mu & \cdots & \mu \\ k_1c_{21} & \cdots & k_ic_{2i} & \cdots & k_nc_{2n} \\ r_1c_{31} & \cdots & r_ic_{3i} & \cdots & r_nc_{3n} \end{pmatrix} \text{或} W_3=\begin{pmatrix} c & \cdots & c & \cdots & c \\ k_1c_{21} & \cdots & k_ic_{2i} & \cdots & k_nc_{2n} \\ r_1c_{31} & \cdots & r_ic_{3i} & \cdots & r_nc_{3n} \end{pmatrix}$$

c. 在 W_3 矩阵中增加一列得到 W_4 矩阵。

$$W_4=\begin{pmatrix} \mu & \cdots & \mu & \cdots & \mu & \mu \\ k_1c_{21} & \cdots & k_ic_{2i} & \cdots & k_nc_{2n} & 0 \\ r_1c_{31} & \cdots & r_ic_{3i} & \cdots & r_nc_{3n} & 0 \end{pmatrix} \text{或} W_4=\begin{pmatrix} c & \cdots & c & \cdots & c & 0 \\ k_1c_{21} & \cdots & k_ic_{2i} & \cdots & k_nc_{2n} & 0 \\ r_1c_{31} & \cdots & r_ic_{3i} & \cdots & r_nc_{3n} & 0 \end{pmatrix}$$

d. 对 W_4 矩阵做以下运算（第 2 行各列合计加到新增列，第 3 行各列合计加到新增列）得到 W_5 矩阵。

$$W_5=\begin{pmatrix}\mu & \cdots & \mu & \cdots & \mu & \mu \\ k_1c_{21} & \cdots & k_ic_{2i} & \cdots & k_nc_{2n} & \sum_i^n k_ic_{2i} \\ r_1c_{31} & \cdots & r_ic_{3i} & \cdots & r_nc_{3n} & \sum_{i=1}^n r_ic_{3i}\end{pmatrix} \text{或} W_5=\begin{pmatrix}\mu & \cdots & \mu & \cdots & \mu & \mu \\ k_1c_{21} & \cdots & k_ic_{2i} & \cdots & k_nc_{2n} & \sum_i^n k_ic_{2i} \\ r_1c_{31} & \cdots & r_ic_{3i} & \cdots & r_nc_{3n} & \sum_{i=1}^n r_ic_{3i}\end{pmatrix}$$

e. 当恰好遇到 $\dfrac{\sum_{i=1}^n r_ic_{3i}}{\sum_{i=1}^n k_ic_{2i}}=\mu$ 或 $\dfrac{\sum_{i=1}^n r_ic_{3i}}{\sum_{i=1}^n k_ic_{2i}}\geqslant c$ 时，则视 $\begin{pmatrix}\mu \\ \sum_{i=1}^n k_ic_{2i} \\ \sum_{i=1}^n r_ic_{3i}\end{pmatrix}$ 或 $\begin{pmatrix}\dfrac{\sum_{i=1}^n r_ic_{3i}}{\sum_{i=1}^n k_ic_{2i}} \\ \sum_{i=1}^n k_ic_{2i} \\ \sum_{i=1}^n r_ic_{3i}\end{pmatrix}$ 为一个可行解，从 W_5 矩阵选出该列。

重复 a～e，直至选到 m 列为止，得到可行解矩阵 W。

$$W=\begin{pmatrix}x_j \\ y_j \\ z_j\end{pmatrix}=\begin{pmatrix}w_{11} & \cdots & w_{1j} & \cdots & w_{1m} \\ w_{21} & \cdots & w_{2j} & \cdots & w_{2m} \\ w_{31} & \cdots & w_{3j} & \cdots & w_{3m}\end{pmatrix}\quad j=1,2\cdots m$$

③ 从找出的可行解中选择最优　比较 W 矩阵中所有列的第 3 行数值，选出 z 值最大列——第 r 列，该列为满意解。

$$\begin{pmatrix}x^* \\ y^* \\ z^*\end{pmatrix}=\begin{pmatrix}w_{1r} \\ w_{2r} \\ w_{3r}\end{pmatrix}$$

该算法的特点是着重考虑过程实情，规划值只是满意解。由于计算量较大，通常，算法需要利用计算机来实现。

3.2.3.2 $z=xy$ 变量值规划的常见模型

(1) 设定或已知一个变量值（范围）的模型

① 设定（已知）x 或 x 的范围

$$\min -z$$

$$\text{st. } x=\mu \text{ 或 } x\geqslant c$$

$$z=xy$$

$$y>0$$

（μ、c 为已知常数）

模型寓意：以满意的交易价格，获得尽可能多的交易收入。

$$\min z$$

$$\text{st. } x=\mu \text{ 或 } x\geqslant c$$

$$z=xy$$

$$y>0$$

（μ、c 为已知常数）

模型寓意：以满意的交易价格、尽可能少的费用支出获得物品。

$$\min y$$

$$\text{st. } x=\mu \text{ 或 } x\geqslant c$$

$$z=xy$$

$$y>0$$

（μ、c 为已知常数）

模型寓意：以满意的交易价格、尽可能少的物品进行交易。

$$\min -y$$

$$\text{st. } x=\mu \text{ 或 } x\geqslant c$$

$$z=xy$$

$$y>0$$

（μ、c 为已知常数）

模型寓意：以满意的交易价格，获得尽可能多的物品。

② 设定（已知）y 或 y 的范围

$$\min z$$

$$\text{st. } y=\lambda \text{ 或 } y\in[a,b]$$

$$z=xy$$

$$x>0$$

（λ、a、b 为已知常数）

模型寓意：以尽可能少的费用支出获得需要的物品。

$$\min -z$$

$$\text{st. } y=\lambda \text{ 或 } y\in[a,b]$$

$$z=xy$$

$$x>0$$

（λ、a、b 为已知常数）

模型寓意：在明确成交数量的情况下，获得尽可能多的销售收入。

③ 设定（已知）z 或 z 的范围

$$\min -y$$

$$\text{st.}\ z=\xi \text{ 或 } z\in[c,d]$$
$$z=xy$$
$$x>0$$
$$y>0$$
（ξ、c、d 为已知常数）

模型寓意：以固定（或固定范围）的费用支出获得尽可能多的物品。

（2）设定两个变量范围的情形

① 设定 x 和 y 的范围

$$\min -z$$
$$\text{st.}\ x\in[f,g] \text{且 } y\in[h,k]$$
$$z=xy$$
（f,g,h,k 为已知常数）

模型寓意：明确价格范围及数量范围，获得尽可能多的交易收入。

$$\min z$$
$$\text{st.}\ x\in[f,g] \text{且 } y\in[h,k]$$
$$z=xy$$
（f,g,h,k 为已知常数）

模型寓意：明确价格范围及数量范围，尽可能少地支出费用。

② 设定 x 和 z 的范围

$$\min -y$$
$$\text{st.}\ x\in[l,p] \text{且 } z\in[s,t]$$
$$z=xy$$
$$y>0$$
（l,p,s,t 为已知常数）

模型寓意：明确价格范围及费用支出范围，获得尽可能多的交易物品。

以上仅为常见模型，鉴于实际过程控制需要，还可采用双目标模型，如下所示。

$$\min -z \text{ 且 } \min y$$
$$\text{st.}\ x=\mu \text{ 或 } x\geqslant c$$
$$z=xy$$
$$y>0$$
（μ、c 为已知常数）

模型寓意：以满意的交易价格，获得尽可能多的交易收入的同时能有较好的盈利。

$$\min -x \text{ 且 } \min y$$
$$\text{st.}\ z=\xi \text{ 或 } z\in[c,d]$$
$$z=xy$$
$$x>0$$

$$y>0$$

（ξ、c、d 为已知常数）

模型寓意：在固定（或固定范围）交易收入的情况下，以尽可能高的价格交易的同时能有较好的盈利。

3.2.3.3 $z=xy$ 变量值规划案例

【例 3-3】 某厂 A 产品 2018 年上半年销售情况见表 3-4。

表 3-4 某厂 A 产品 2018 年上半年销售情况

变量名称	变量代号	单位	时间					
			1 月	2 月	3 月	4 月	5 月	6 月
销售均价	x	元/件	174.34	176.07	178.23	171.87	172.55	169.88
销售数量	y	万件	4.8315	4.5768	5.1602	4.4619	4.6185	3.9880
销售收入	z	万元	842.3237	805.8372	919.7024	766.8668	796.9222	677.4814

根据下列不同已知条件，分别对 A 产品下半年销售均价、销售数量、销售收入作变量值规划。

① 预计下半年均价比上半年均价上涨 3%～5%。

② 预计下半年销售数量比上半年减少 10%。

③ 实现 A 产品全年销售收入不低于 9000 万元。

【解】（1）预计下半年均价比上半年均价上涨 3%～5%的规划

① 模型 上半年均价为 173.82 元/件，根据已知条件，下半年均价 $x\in[179.03,187.73]$。

模型采用：以满意的销售价格，获得尽可能多的销售收入。

$$\min -z$$

$$\text{st.}\ x\in[179.03,187.73]$$

$$z=xy$$

$$y>0$$

② 模型求解 上半年实际值矩阵为

$$C=\begin{pmatrix}x_i\\y_i\\z_i\end{pmatrix}=\begin{pmatrix}174.34 & 176.07 & 178.23 & 171.87 & 172.55 & 169.88\\4.8315 & 4.5768 & 5.1602 & 4.4619 & 4.6185 & 3.988\\842.3237 & 805.8372 & 919.7024 & 766.8668 & 796.9222 & 677.4814\end{pmatrix}$$

以 $x\in[179.03,187.73]$ 下限值替换 C 矩阵中 x_i，得到 W_1 矩阵。

$$W_1=\begin{pmatrix}x_i\\y_i\\z_i\end{pmatrix}=\begin{pmatrix}179.03 & 179.03 & 179.03 & 179.03 & 179.03 & 179.03\\4.8315 & 4.5768 & 5.1602 & 4.4619 & 4.6185 & 3.988\\842.3237 & 805.8372 & 919.7024 & 766.8668 & 796.9222 & 677.4814\end{pmatrix}$$

$\beta=1.03$，$\gamma=1.05$。

a. 在 $[0.05, 0.5]$ 之间随机产生 6 个数 k_1，$k_2\cdots k_6$（保留 2 位小数），当 $k=$

$k_1+k_2\cdots+k_6\in[1.03,1.05]$ 时，则输出 k_1，$k_2\cdots k_6$，否则不予输出，重新生成。

随机生成结果：k_1，$k_2\cdots k_6$ 为 0.06、0.08、0.12、0.14、0.29、0.34。只列示能够成功获得可行解的生成结果，所以数据看似并不随机。

在 [0.05，0.5] 之间再随机产生 6 个数 r_1，$r_2\cdots r_6$，当 $r=r_1+r_2\cdots+r_6\in[1.0609,1.1025]$ 时，则输出 r_1，$r_2\cdots r_6$，否则不予输出，重新生成。随机生成结果，r_1，$r_2\cdots r_6$ 为 0.11、0.21、0.09、0.07、0.30、0.32。

对 W_1 矩阵进行运算：第 2 行各元素乘以 k_i，第 3 行各元素乘以 r_i 得到 W_2 矩阵。

$$W_2=\begin{pmatrix}179.03 & 179.03 & 179.03 & 179.03 & 179.03 & 179.03\\ 0.29 & 0.37 & 0.62 & 0.62 & 1.34 & 1.36\\ 92.66 & 169.23 & 82.77 & 53.68 & 207.2 & 243.89\end{pmatrix}$$

b. 在 W_2 矩阵中增加一个零列得到 W_3 矩阵。

$$W_3=\begin{pmatrix}179.03 & 179.03 & 179.03 & 179.03 & 179.03 & 179.03 & 0\\ 0.29 & 0.37 & 0.62 & 0.62 & 1.34 & 1.36 & 0\\ 92.66 & 169.23 & 82.77 & 53.68 & 207.2 & 243.89 & 0\end{pmatrix}$$

c. 对 W_3 矩阵做以下运算（第 2 行各列合计加到新增列，第 3 行各列合计加到新增列）得到 W_4 矩阵。

$$W_4=\begin{pmatrix}179.03 & 179.03 & 179.03 & 179.03 & 179.03 & 179.03 & 0\\ 0.29 & 0.37 & 0.62 & 0.62 & 1.34 & 1.36 & 4.60\\ 92.66 & 169.23 & 82.77 & 53.68 & 207.2 & 243.89 & 849.43\end{pmatrix}$$

再对 W_4 矩阵做运算：新增列第 3 行元素除以第 2 行元素，然后加到该列第 1 行，得到 W_5 矩阵。

$$W_5=\begin{pmatrix}179.03 & 179.03 & 179.03 & 179.03 & 179.03 & 179.03 & 184.85\\ 0.29 & 0.37 & 0.62 & 0.62 & 1.34 & 1.36 & 4.60\\ 92.66 & 169.23 & 82.77 & 53.68 & 207.2 & 243.89 & 849.43\end{pmatrix}$$

d. 因 $179.03<184.85<187.73$，W_5 中新增列 $\begin{pmatrix}184.85\\ 4.60\\ 849.43\end{pmatrix}$ 为一个可行解，从 W_5 矩阵中选出该列。

重复 a～d，直至选到 10 列为止，得到可行解矩阵 W。

$$W=\begin{pmatrix}184.85 & 187.61 & 180.78 & 187.68 & 186.7 & 183.38 & 185.13 & 180.81 & 187.65 & 182.03\\ 4.60 & 4.69 & 4.66 & 4.49 & 4.57 & 4.66 & 4.64 & 4.72 & 4.73 & 4.88\\ 849.43 & 879.40 & 841.81 & 842.52 & 853.52 & 854.46 & 185.13 & 853.45 & 887.28 & 888.87\end{pmatrix}$$

比较 W 矩阵中所有列的第 3 行数值，选出 z 值最大列——第 10 列，该列为满意解。

$$\begin{pmatrix}x^*\\ y^*\\ z^*\end{pmatrix}=\begin{pmatrix}182.03\\ 4.88\\ 888.87\end{pmatrix}$$

观察可行解矩阵 W，不难发现，如果从盈利角度考虑，第 4 列 $\begin{pmatrix}187.68\\4.49\\842.52\end{pmatrix}$，即 y 值最小列可能会更优。因此，不同模型选择导致解有不同结果。模型选择应根据工厂的实际需要并结合工厂当时状况及市场情况进行，如果强调企业产值，则选择本例模型；如果强调盈利，则可选择 $\min y$ 模型；如果产值与盈利兼顾，还可考虑采用 $\min -z$ 与 $\min y$ 双目标模型。一般情况下，选择本例模型较为可靠。

(2) 预计下半年销售数量比上半年减少 10%的规划

① 模型　上半年销售数量为 27.6369 万件，根据已知条件，下半年销售数量为 24.8732 万件，月均 4.1455 万件。

模型采用：在明确成交数量的情况下，获得尽可能多的销售收入。

$$\min -z$$
$$\text{st. } y=4.1455$$
$$z=xy$$
$$x>0$$

② 模型求解　上半年实际值矩阵为

$$C=\begin{pmatrix}x_i\\y_i\\z_i\end{pmatrix}=\begin{pmatrix}174.34 & 176.07 & 178.23 & 171.87 & 172.55 & 169.88\\4.8315 & 4.5768 & 5.1602 & 4.4619 & 4.6185 & 3.988\\842.3237 & 805.8372 & 919.7024 & 766.8668 & 796.9222 & 677.4814\end{pmatrix}$$

以 $y=4.1455$ 替换 C 矩阵中 y_i，得到 W_1 矩阵。

$$W_1=\begin{pmatrix}x_i\\y_i\\z_i\end{pmatrix}=\begin{pmatrix}174.34 & 176.07 & 178.23 & 171.87 & 172.55 & 169.88\\4.1455 & 4.1455 & 4.1455 & 4.1455 & 4.1455 & 4.1455\\842.3237 & 805.8372 & 919.7024 & 766.8668 & 796.9222 & 677.4814\end{pmatrix}$$

上半年月均销售数量为 4.6061 万件，$\alpha=0.9$。

a. 在 [0.05，0.5] 之间随机产生 6 个数 k_1，$k_2 \cdots k_6$（保留 4 位小数），当 $k=k_1+k_2\cdots+k_6\in[0.9,1.1]$ 时，则输出 k_1，$k_2\cdots k_6$，否则不予输出，重新生成。随机生成结果：k_1，$k_2\cdots k_6$ 为 0.1408、0.1324、0.2419、0.1872、0.1305、0.2605。

在 [0.05，0.5] 之间再随机产生 6 个数 r_1，$r_2\cdots r_6$，当 $r=r_1+r_2\cdots+r_6\in[0.95,1.05]$ 时，则输出 r_1，$r_2\cdots r_6$，否则不予输出，重新生成。随机生成结果，r_1，$r_2\cdots r_6$ 为 0.0759、0.1806、0.3186、0.0627、0.1523、0.1703。

对 W_1 矩阵进行运算：第 1 行各元素乘以 k_i，第 3 行各元素乘以 r_i 得到 W_2 矩阵。

$$W_2=\begin{pmatrix}24.55 & 23.31 & 43.11 & 32.17 & 22.52 & 44.25\\4.1455 & 4.1455 & 4.1455 & 4.1455 & 4.1455 & 4.1455\\63.93 & 145.53 & 293.02 & 48.08 & 121.37 & 115.38\end{pmatrix}$$

b. 在 W_2 矩阵中增加一个零列得到 W_3 矩阵。

$$W_3=\begin{pmatrix}24.55 & 23.31 & 43.11 & 32.17 & 22.52 & 44.25 & 0\\ 4.1455 & 4.1455 & 4.1455 & 4.1455 & 4.1455 & 4.1455 & 0\\ 63.93 & 145.53 & 293.02 & 48.08 & 121.37 & 115.38 & 0\end{pmatrix}$$

c. 对 W_3 矩阵做以下运算（第 1 行各列合计加到新增列，第 3 行各列合计加到新增列）得到 W_4 矩阵。

$$W_4=\begin{pmatrix}24.55 & 23.31 & 43.11 & 32.17 & 22.52 & 44.25 & 189.92\\ 4.1455 & 4.1455 & 4.1455 & 4.1455 & 4.1455 & 4.1455 & 0\\ 63.93 & 145.53 & 293.02 & 48.08 & 121.37 & 115.38 & 787.31\end{pmatrix}$$

再对 W_4 矩阵作运算：新增列第 3 行元素除以第 1 行元素，然后加到该列第 2 行，得到 W_5 矩阵。

$$W_5=\begin{pmatrix}24.55 & 23.31 & 43.11 & 32.17 & 22.52 & 44.25 & 189.92\\ 4.1455 & 4.1455 & 4.1455 & 4.1455 & 4.1455 & 4.1455 & 4.1455\\ 63.93 & 145.53 & 293.02 & 48.08 & 121.37 & 115.38 & 787.31\end{pmatrix}$$

d. 新增列 $y=4.1455$，因此新增列 $\begin{pmatrix}189.92\\ 4.1455\\ 787.31\end{pmatrix}$ 为一个可行解，从 W_5 矩阵中选出该列。

重复 a～d，直至选到 10 列为止，得到可行解矩阵 W。

$$W=\begin{pmatrix}189.92 & 187.70 & 188.45 & 192.51 & 191.58 & 188.75 & 189.89 & 192.19 & 194.77 & 190.66\\ 4.1455 & 4.1455 & 4.1455 & 4.1455 & 4.1455 & 4.1455 & 4.1455 & 4.1455 & 4.1455 & 4.1455\\ 787.31 & 778.11 & 781.20 & 798.08 & 794.18 & 782.46 & 787.18 & 796.72 & 807.43 & 790.37\end{pmatrix}$$

比较 W 矩阵中所有列的第 3 行数值，选出 z 值最大列——第 9 列，该列为满意解。

$$\begin{pmatrix}x^*\\ y^*\\ z^*\end{pmatrix}=\begin{pmatrix}194.77\\ 4.1455\\ 807.43\end{pmatrix}$$

(3) 实现 A 产品全年销售收入不低于 9000 万元的规划

① 模型　A 产品全年销售收入不低于 9000 万元，即月均不低于 750 万元。

模型采用：固定销售收入范围，以尽可能高的价格销售。

$$\min -x$$
$$\text{st. } z \geqslant 750$$
$$z=xy$$
$$x>0$$
$$y>0$$

② 模型求解　上半年实际值矩阵为

$$C=\begin{pmatrix}x_i\\y_i\\z_i\end{pmatrix}=\begin{pmatrix}174.34 & 176.07 & 178.23 & 171.87 & 172.55 & 169.88\\4.8315 & 4.5768 & 5.1602 & 4.4619 & 4.6185 & 3.988\\842.3237 & 805.8372 & 919.7024 & 766.8668 & 796.9222 & 677.4814\end{pmatrix}$$

以 $z\geqslant 750$ 下限值替换 C 矩阵中 z_i，得到 W_1 矩阵。

$$W_1=\begin{pmatrix}x_i\\y_i\\z_i\end{pmatrix}=\begin{pmatrix}174.34 & 176.07 & 178.23 & 171.87 & 172.55 & 169.88\\4.1455 & 4.1455 & 4.1455 & 4.1455 & 4.1455 & 4.1455\\750 & 750 & 750 & 750 & 750 & 750\end{pmatrix}$$

上半年月均销售收入 801.52 万元，$\beta=\dfrac{750}{801.52}=0.9357$，$\dfrac{1}{\beta}=1.0687$，$\sqrt{\beta}=0.9673$，$\dfrac{1}{\sqrt{\beta}}=1.0329$。因月均销售收入无上限，$\gamma=\dfrac{750}{\infty}=0$，$\dfrac{1}{\gamma}=\infty$，$\sqrt{\gamma}=0$，$\dfrac{1}{\sqrt{\gamma}}=\infty$，搜索区间无法确定，为此需要设定一个上限，设下半年月均销售收入上限为 850 万元，$\gamma=\dfrac{750}{850}=0.8824$，$\dfrac{1}{\gamma}=1.1333$，$\sqrt{\gamma}=0.9394$，$\dfrac{1}{\sqrt{\gamma}}=1.0646$。若采用大范围搜索，则区间定为 [0.93，1.14]，若采用小范围搜索，则区间定为 [0.96，1.07]。本例采用小范围搜索。作此设定相当于把 st. $z\geqslant 750$ 变为 st. $750\leqslant z\geqslant 850$，从数学意义来说，存在问题，但就现实工作来说是可行的。

a. 在 [0.05，0.5] 之间随机产生 6 个数 k_1，$k_2\cdots k_6$（保留 2 位小数），当 $k=k_1+k_2\cdots+k_6\in[0.96,1.07]$ 时，则输出 k_1，$k_2\cdots k_6$，否则不予输出，重新生成。随机生成结果：k_1，$k_2\cdots k_6$为 0.18、0.22、0.44、0.06、0.09、0.08。

在 [0.05，0.5] 之间再随机产生 6 个数 r_1，$r_2\cdots r_6$，当 $r=r_1+r_2\cdots+r_6\in[0.96,1.07]$ 时，则输出 r_1，$r_2\cdots r_6$，否则不予输出，重新生成。随机生成结果，r_1，$r_2\cdots r_6$为 0.23、0.07、0.1、0.15、0.21、0.20。

对 W_1 矩阵进行运算：第 1 行各元素乘以 k_i，第 2 行各元素乘以 r_i 得到 W_2 矩阵。

$$W_2=\begin{pmatrix}31.38 & 38.74 & 78.42 & 10.31 & 15.53 & 13.59\\1.11 & 0.32 & 0.52 & 0.67 & 0.97 & 0.80\\750 & 750 & 750 & 750 & 750 & 750\end{pmatrix}$$

b. 在 W_2 矩阵中增加一列得到 W_3 矩阵。

$$W_3=\begin{pmatrix}31.38 & 38.74 & 78.42 & 10.31 & 15.53 & 13.59 & 0\\1.11 & 0.32 & 0.52 & 0.67 & 0.97 & 0.80 & 0\\750 & 750 & 750 & 750 & 750 & 750 & 0\end{pmatrix}$$

c. 对 W_3 矩阵做以下运算（第 1 行各列合计加到新增列，第 2 行各列合计加到新增列）得到 W_4 矩阵。

$$W_4=\begin{pmatrix}31.38 & 38.74 & 78.42 & 10.31 & 15.53 & 13.59 & 187.97\\ 1.11 & 0.32 & 0.52 & 0.67 & 0.97 & 0.80 & 4.38\\ 750 & 750 & 750 & 750 & 750 & 750 & 0\end{pmatrix}$$

再对 W_4 矩阵作运算：新增列第 1 行元素乘以第 2 行元素，然后加到该列第 3 行，得到 W_5 矩阵。

$$W_5=\begin{pmatrix}31.38 & 38.74 & 78.42 & 10.31 & 15.53 & 13.59 & 187.97\\ 1.11 & 0.32 & 0.52 & 0.67 & 0.97 & 0.80 & 4.38\\ 750 & 750 & 750 & 750 & 750 & 750 & 824.14\end{pmatrix}$$

d. 新增列 $z=824.14>750$，因此新增列 $\begin{pmatrix}187.97\\ 4.38\\ 824.14\end{pmatrix}$ 为一个可行解，从 W_5 矩阵中选出该列。

重复 a～d，直至选到 10 列为止，得到可行解矩阵 W。

$$W=\begin{pmatrix}187.97 & 186.84 & 188.49 & 188.57 & 188.69 & 188.30 & 187.87 & 185.21 & 188.14 & 188.04\\ 4.38 & 4.88 & 4.77 & 4.13 & 4.12 & 4.61 & 4.80 & 4.70 & 4.78 & 4.38\\ 824.14 & 911.31 & 898.91 & 779.23 & 776.88 & 868.72 & 901.67 & 870.36 & 898.7 & 823.70\end{pmatrix}$$

比较 W 矩阵中所有列的第 1 行数值，选出 x 值最大列——第 5 列，该列为满意解。

$$\begin{pmatrix}x^*\\ y^*\\ z^*\end{pmatrix}=\begin{pmatrix}188.69\\ 4.12\\ 776.88\end{pmatrix}$$

3.2.4 z = xy 化为一元函数的变量值规划模型

3.2.4.1 $z=xy$ 化为一元函数（x 和 y 为线性关系）

利用前述 $z=x-y$ 与一元函数的转化，通过复合函数，当 x 和 y 为 $y=kx$ 形式线性关系时，$z=xy$ 可以转化为以下函数族。

$$\begin{cases}z=xy \quad x>0;y>0\\ F(x,y)=Ax^4+By^4+Cx^2y^2+Dx^3y+Exy^3=0\\ G(x,z)=A_1x^8+B_1x^6z+C_1x^4z^2+D_1x^2z^3+E_1z^4=0\\ H(y,z)=A_2y^8+B_2y^6z+C_2y^4z^2+D_2y^2z^3+E_2z^4=0\end{cases}$$

式中，A、B、C、D、E 为常数；A_1、B_1、C_1、D_1、E_1 为常数；A_2、B_2、C_2、D_2、E_2 为常数。

推导如下。

$$z=xy=\frac{1}{4}(x+y)^2-\frac{1}{4}(x-y)^2,x>0,y>0$$

令 $s=\frac{1}{4}(x+y)^2$，$t=\frac{1}{4}(x-y)^2$，得到

$$z=s-t, s>0, t\geqslant 0$$

$t=0$ 时，$x=y$。$P(1, 01)$ 为 stz 空间坐标系（非 xyz 空间坐标系）下的一点，$P(1, 01)$ 在 $z=s-t$ 平面上。在 $z=s-t$ 平面内，以空间坐标 $O(0, 0, 0)$ 为原点，$\overrightarrow{OP}$ 为 u 轴建立 uov 平面直角坐标系，则

$$u=\frac{s+z}{\sqrt{2}}, v=\sqrt{\frac{3}{2}}t$$

当以 $O(0, 0, 0)$ 为平面坐标原点建立平面坐标系时，总有

$$Au^2+Bv^2+Cuv=0, A_3s^2+B_3t^2+C_3st=0$$

将 $s=\frac{1}{4}(x+y)^2$，$t=\frac{1}{4}(x-y)^2$ 代入，可得到

$$A_3(x+y)^4+B_3(x-y)^4+C_3(x+y)^2(x-y)^2=0$$

化简后可得到

$$Dx^4+Ey^4+Fx^2y^2+Gx^3y+Hxy^3=0$$

式中，D、E、F、G、H 为常数。

再将 $y=\frac{z}{x}$，$x=\frac{z}{y}$ 分别代入上式，可得到

$$D_1x^8+E_1x^6z+F_1x^4z^2+G_1x^2z^3+H_1z^4=0$$

$$D_2y^8+E_2y^6z+F_2y^4z^2+G_2y^2z^3+H_2z^4=0$$

式中，D_1、E_1、F_1、G_1、H_1 为常数；D_2、E_2、F_2、G_2、H_2 为常数。把常数 D、E、F、G、H 系列换为 A、B、C、D、E 系列，得到上述 $z=xy$ 函数族。

对多项式 $Ax^4+By^4+Cx^2y^2+Dx^3y+Exy^3$ 进行因式分解，有四种可能：

① 含一个 $y-kx$ 形式的因式；

② 含两个 $y-kx$ 形式的因式；

③ 含四个 $y-kx$ 形式的因式；

④ 不能分解。

x 与 y 的关系只有两种情况：要么线性相关（而且是 $y=kx$ 形式的线性相关），要么无关（不存在函数关系）。

若 x 与 y 为线性关系，则 $z=xy$ 函数族直接表示为

$$\begin{cases} z=xy \quad x>0; y>0 \\ y=kx \\ z=kx^2 \\ z=\dfrac{y^2}{k} \end{cases}$$

由此得到结论，在利用 $z=x-y$ 进行二元函数向一元函数的转化中，若以空间坐标 $O(0, 0, 0)$ 为平面坐标系原点进行转化，只能得到变量之间是 $y=kx$ 形式的线性关系或变量无关两种结果。进一步讲，函数转化，通常不能以 $O(0, 0, 0)$ 为平面

坐标系原点。

3.2.4.2　$z=xy$ 化为一元函数

利用前述 $z=x-y$ 与一元函数的转化，通过复合函数，$z=xy$ 可以转化为以下函数族（推导省略）。

$$\begin{cases}z=xy \quad x>0;y>0\\F(x,y)=Ax^4+By^4+Cx^2y^2+Dx^3y+Exy^3+Fx^2+Gy^2+Hxy+I=0\\G(x,z)=A_1x^8+B_1x^6z+C_1x^6+D_1x^4z^2+E_1x^2z^3+F_1x^4z+G_1x^2y^2+H_1x^4+I_1z^4=0\\H(y,z)=A_2y^8+B_2y^6z+C_2y^6+D_2y^4z^2+E_2y^2z^3+F_2y^4z+G_2y^2z^2+H_2y^4+I_2z^4=0\end{cases}$$

式中，A、B、C、D、E、F、G、H、I 为常数；A_1、B_1、C_1、D_1、E_1、F_1、G_1、H_1、I_1为常数；A_2、B_2、C_2、D_2、E_2、F_2、G_2、H_2、I_2为常数。

显然，函数族中每个函数的复杂程度都超过了 $Ax^2+By^2+Cxy+Dx+Ey+F=0$，此时，也可直接采用 3.1.5.2 中 u，v 的两种基本形式来确定函数族。当然，这基于以下命题的成立，若 x，y 存在函数关系，则可表示为：

$$Ax^2+By^2+Cxy+Dx+Ey+F=0$$

式中，A、B、C、D、E、F 为常数。

该命题证明如下。

设 x 与 y 的关系为 $y=f(x)$，构建一个二元函数 $z=x-f(x)=x-y$，$P[a,f(a)]$ 为 $y=f(x)$ 曲（直）线上一点，点 $P[a,f(a),a-f(a)]$ 在 $z=x-y$ 平面上。$O(0,0,0)$ 为 xyz 空间坐标系原点，$\overrightarrow{OO_1}$ 为 $\overrightarrow{OP}$ 的单位向量，O_1为 $\{\lambda a,\lambda f(a),\lambda[a-f(a)]\}$，$\lambda=\dfrac{1}{\sqrt{2a^2+2f^2(a)-2af(a)}}$，以 $\overrightarrow{OP}$ 为 u 轴、O_1为原点建立 uv 平面直角坐标系，如图 3-10 所示。

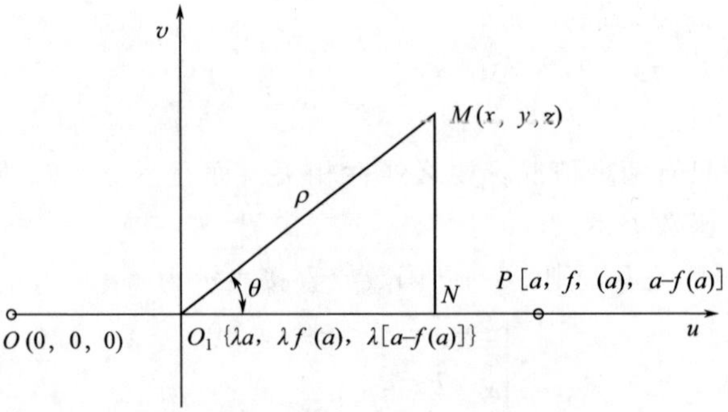

图 3-10　平面方程中的坐标转换

特别地，当 $y=f(x)$ 在 $x=0$ 处有意义，P 取为 $[0,f(0),-f(0)]$，$\lambda=\dfrac{1}{\sqrt{2}|f(0)|}$，$O_1$为$\left(0,\dfrac{1}{\sqrt{2}}-\dfrac{1}{\sqrt{2}}\right)$，推导较为简便，此种情况类似 3.1.5.2 小节中的证明，此处不再赘述。

$M(x,y,z)$ 为 $z=x-y$ 平面内 $y=f(x)$ 曲（直）线上任意一点，M 在 uv 坐标系中记为 $M(u,v)$。

$$\overrightarrow{\boldsymbol{O_1P}}=[a-\lambda a,f(a)-\lambda f(a),a-\lambda a+\lambda f(a)-f(a)]=(b,c,d)$$

$$\overrightarrow{\boldsymbol{O_1M}}=[x-\lambda a,y-\lambda f(a),z-\lambda a+\lambda f(a)]$$

$$|\overrightarrow{\boldsymbol{O_1P}}|=\sqrt{b^2+c^2+d^2},|\overrightarrow{\boldsymbol{O_1M}}|=\rho$$

$$\cos\theta=\frac{\overrightarrow{\boldsymbol{O_1P}}\times\overrightarrow{\boldsymbol{O_1M}}}{|\overrightarrow{\boldsymbol{O_1P}}|\times|\overrightarrow{\boldsymbol{O_1M}}|}=\frac{b(x-\lambda a)+c[y-\lambda f(a)]+d[z-\lambda a+\lambda f(a)]}{\rho\sqrt{b^2+c^2+d^2}}=\frac{\alpha x+\beta y+\gamma}{\rho\sqrt{b^2+c^2+d^2}}$$

式中，$\alpha=b+d$；$\beta=c-d$；$\gamma=\lambda df(a)-\lambda ab-\lambda cf(a)$。

$$\sin\theta=\frac{\sqrt{\rho^2(b^2+c^2+d^2)-(\alpha x+\beta y+\gamma)^2}}{\rho\sqrt{b^2+c^2+d^2}}=\frac{\sqrt{\varepsilon x^2+\eta y^2+\zeta xy+\tau x+\upsilon y+\zeta}}{\rho\sqrt{g}}$$

其中

$$g=b^2+c^2+d^2$$

$$\varepsilon=2g-\alpha^2$$

$$\eta=2g-\beta^2$$

$$\zeta=-2g-2\alpha\beta$$

$$\tau=2\lambda gf(a)-4\lambda ag-2\alpha\gamma$$

$$\upsilon=2\lambda ag-4\lambda gf(a)-2\beta\gamma$$

$$\zeta=\lambda^2a^2g+\lambda^2gf^2(a)+\lambda^2g[a-f(a)]^2-\gamma^2$$

$$u=\rho\cos\theta=\frac{\alpha x+\beta y+\gamma}{\sqrt{g}}$$

$$v=\rho\sin\theta=\frac{\sqrt{\varepsilon x^2+\eta y^2+\zeta xy+\tau x+\upsilon y+\zeta}}{\sqrt{g}}$$

以上完成了一般坐标系下三维坐标向二维坐标的转化。

如图 3-11 所示，$Q(h,k,r)$ 为 $z=x-y$ 平面上一个定点，以 O 为原点、$\overrightarrow{\boldsymbol{OQ}}$ 为 u_2 轴再建立一个平面直角坐标系 u_2Ov_2。原坐标系为 $u_1O_1v_1$。M 在 $u_1O_1v_1$ 坐标

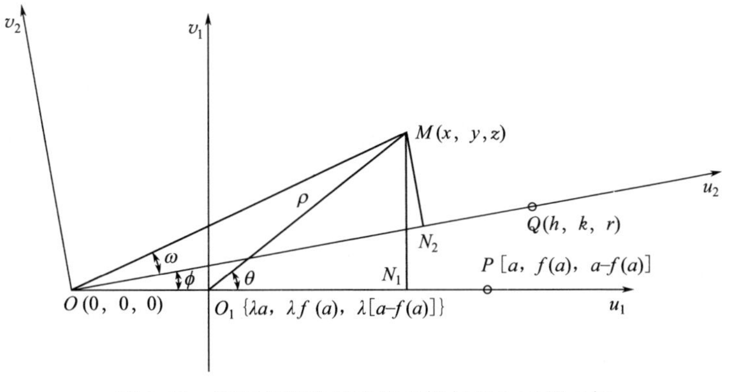

图 3-11 平面方程中的空间坐标与两个二维坐标

系中记为 $M(u_1, v_1)$，在 u_2Ov_2 坐标系中记为 $M(u_2, v_2)$。

$$u_1+1=\sqrt{x^2+y^2+z^2}\cos(\varphi+\omega)$$

$$u_1=\frac{\alpha x+\beta y+\gamma}{\sqrt{g}}$$

$$\cos\varphi=\frac{\overrightarrow{OP}\times\overrightarrow{OQ}}{|\overrightarrow{OP}|\times|\overrightarrow{OQ}|}=\frac{ah+kf(a)+ra-rf(a)}{\sqrt{h^2+k^2+r^2}\sqrt{a^2+f^2(a)+[a-f(a)]^2}}=l$$

$$\sin\varphi=\sqrt{1-l^2}$$

$$\cos\omega=\frac{\overrightarrow{OQ}\times\overrightarrow{OM}}{|\overrightarrow{OQ}|\times|\overrightarrow{OM}|}=\frac{hx+ky+rz}{\sqrt{h^2+k^2+r^2}\sqrt{x^2+y^2+z^2}}$$

$$\sin\omega=\frac{\sqrt{(h^2+k^2+r^2)(x^2+y^2+z^2)-(hx+ky+rz)^2}}{\sqrt{h^2+k^2+r^2}\sqrt{x^2+y^2+z^2}}$$

$$=\frac{\sqrt{\varepsilon_1x^2+\eta_1y^2+\zeta_1xy+\tau_1x+\upsilon_1y}}{\sqrt{h^2+k^2+r^2}\sqrt{x^2+y^2+z^2}}\sqrt{x^2+y^2+z^2}\cos(\varphi+\omega)$$

$$=l\frac{hx+ky+r(x-y)}{\sqrt{h^2+k^2+r^2}}-\sqrt{1-l^2}\frac{\sqrt{\varepsilon_1x^2+\eta_1y^2+\zeta_1xy+\tau_1x+\upsilon_1y}}{\sqrt{h^2+k^2+r^2}}$$

$$\frac{\alpha x+\beta y+\gamma}{\sqrt{g}}+1=l\frac{hx+ky+r(x-y)}{\sqrt{h^2+k^2+r^2}}-\sqrt{1-l^2}\frac{\sqrt{\varepsilon_1x^2+\eta_1y^2+\zeta_1xy+\tau_1x+\upsilon_1y}}{\sqrt{h^2+k^2+r^2}}$$

$$\sqrt{\varepsilon_1x^2+\eta_1y^2+\zeta_1xy+\tau_1x+\upsilon_1y}=\alpha_1x+\beta_1y+\gamma_1$$

两边平方，可得到

$\varepsilon_1x^2+\eta_1y^2+\zeta_1xy+\tau_1x+\upsilon_1y=(\alpha_1x+\beta_1y+\gamma_1)^2$，最终可得到

$$Ax^2+By^2+Cxy+Dx+Ey+F=0$$

式中，A、B、C、D、E、F 为常数。

证明完毕。若 x 与 y 存在函数关系，则一定存在一组常数 A、B、C、D、E、F，使得 $Ax^2+By^2+Cxy+Dx+Ey+F=0$ 恒成立。亦即，若 x 与 y 存在函数关系，则可表示为 $Ax^2+By^2+Cxy+Dx+Ey+F=0$（A、B、C、D、E、F 为常数）。

在现实应用中，随着 x 和 y 数值范围的变化，虽然 x 和 y 函数形式不变，但具体函数可能会发生改变，在 x 和 y 全数值范围内，x 和 y 为分段函数。

$$\begin{cases}A_1x^2+B_1y^2+C_1xy+D_1x+E_1y+F_1=0 & a_1\leqslant x\leqslant b_1\\ \vdots & \vdots\\ A_ix^2+B_iy^2+C_ixy+D_ix+E_iy+F_i=0 & a_i\leqslant x\leqslant b_i\\ \vdots & \vdots\\ A_nx^2+B_ny^2+C_nxy+D_nx+E_ny+F_n=0 & a_n\leqslant x\leqslant b_n\end{cases}$$

$z=xy$ 函数族的现实意义：对于由 $z=xy$ 反映的某种具体过程，x、y、z 之间除了存在 $z=xy$ 约束外，任意两个变量之间通常还存在相互约束，任意两个变量之间约束关系的形式可以确定。不同过程，尽管二元函数 $z=xy$ 完全相同，但一元函数通常不同（A、B、C、D、E 不可能完全相同）。同一具体过程，在不同数值区域，函数可能不同（函数为分段函数）。如果能准确确定具体过程的 A、B、C、D、E 常数，则可对 $z=xy$ 反映的过程进行更具体的定义和区分（二元函数无法区分）。利用一元函数可以更加直观、深入地分析变量之间的关系，更加方便地讨论变量曲线（曲面更为抽象而不确定）、单调性、奇偶性、周期性、极限、连续、导数、微分、积分以及极值等问题。对于分析讨论两个变量 x 与 y 之间的函数关系问题，$z=xy$ 函数族有一定实际意义。在确定 x 与 y 之间的一元函数关系时，可以先构建 $z=xy$ 二元函数（不管 xy 有无实际意义），利用 $z=xy$ 函数族进行辅助求解。虽然此方法在很大程度上增加了计算的复杂性，但求解结果的可靠程度会得到保证。利用 $z=xy$ 函数转化的思路和方法，在确定 x 与 y 之间的一元函数关系时，可以先构建其他 $z=f(x,y)$ 二元函数（比如 $z=x^2-y$ 或 $z=x-y^2$，$z=x^3-y$ 或 $z=x-y^3$，$z=x^3-y^2$ 或 $z=x^2-y^3$ 等），然后利用相应的函数族进行辅助求解。

3.2.4.3 结合具体过程的 $z=xy$ 函数案例一

【例 3-4】 $z=xy$ 函数分析必须结合具体过程（具体函数），因为不同数值的 A、B、C、D、E 完全可能导致函数的性质截然不同。下面结合 3.2.3.3 小节中的案例过程产生（提供）两个具体函数样例来进行函数分析。

【解】 (1) 以 $O(0,0,0)$ 转化的函数

以 $O(0,0,0)$ 转化的函数族为

$$\begin{cases} z=xy \quad x>0;y>0 \\ F(x,y)=Ax^4+By^4+Cx^2y^2+Dx^3y+Exy^3=0 \\ G(x,z)=A_1x^8+B_1x^6z+C_1x^4z^2+D_1x^2z^3+E_1z^4=0 \\ H(y,z)=A_2y^8+B_2y^6z+C_2y^4z^2+D_2y^2z^3+E_2z^4=0 \end{cases}$$

下面对每个函数进行分析。

① $Ax^4+By^4+Cx^2y^2+Dx^3y+Exy^3=0$ 函数分析。

在 $Ax^4+By^4+Cx^2y^2+Dx^3y+Exy^3=0$ 中设定 $A=1$。选取表 3-3 中四组 x 和 y 数据（舍去 1、2 月数据）：(178, 5.1602)、(172, 4.4619)、(173, 4.6185)、(170, 3.988)，得到 x 和 y 的派生变量数值（保留整数）见表 3-5。

表 3-5 x 和 y 的派生变量数值

x^4	1009074493	872570061	886461451	832854256
y^4	709	396	455	253
x^2y^2	845853	588085	635085	458981
x^3y	29215206	22652705	23727164	19551582
xy^3	24490	15267	16999	10775

该表用 W 矩阵表示，设 $X=\begin{pmatrix}1\\B\\C\\D\\E\end{pmatrix}$，得到方程组 $W^{T}X=0$。

解方程组 $W^{T}X=0$，$B=-1294992$，$C=1655$，$D=91$，$E=47584$。

得到一个具体函数样例。

$$x^4-1294992y^4+1655x^2y^2+91x^3y+47584xy^3=0$$

x 和 y 对应值计算见表 3-6。

表 3-6　x 和 y 对应值

x	1	10	50	100	150	200	300
y	0.0709	0.7091	3.5455	7.0909	10.6364	14.1818	21.2727
x	400	500	1000	2000	3000	4000	5000
y	28.3636	35.455	70.91	141.82	212.73	283.64	354.55

从表 3-6 中数据可知 x 与 y 为线性关系，函数与 $y=0.07091x$ 完全等价。

② $A_1x^8+B_1x^6z+C_1x^4z^2+D_1x^2z^3+E_1z^4=0$ 函数分析。

仍然以 3.2.3.3 小节中的案例过程产生的具体函数来进行函数分析。该案例 x 和 y 的函数是

$$x^4-1294992y^4+1655x^2y^2+91x^3y+47584xy^3=0$$

$A_1=A=1$，$B_1=D=91$，$C_1=C=1655$，$D_1=E=47584$，$E_1=B=-1294992$

该案例 x 和 z 的函数为

$$x^8+91x^6z+1655x^4z^2+47584x^2z^3-1294992z^4=0$$

x 和 z 对应值计算见表 3-7。

表 3-7　x 和 z 对应值

x	1	10	50	100	200	300	400	500	1000
z	0.07091	7.0909	177	710	2836	6382	11345	17727	70909

从表 3-7 中数据可知 x 与 z 为二次函数关系，函数与 $z=0.07091x^2$ 完全等价。

③ $A_2y^8+B_2y^6z+C_2y^4z^2+D_2y^2z^3+E_2z^4=0$ 函数分析。

3.2.3.3 小节中的案例 y 与 z 的函数系数为

$A_2=B=-1294992$，$B_2=E=47584$，$C_2=C=1655$，$D_2=D=91$，$E_2=A=1$

y 和 z 的函数为

$$-1294992y^8+47584y^6z+1655y^4z^2+91y^2z^3+z^4=0$$

y 和 z 对应值见表 3-8。

表 3-8　y 和 z 对应值

y	0.01	0.1	1	5	10	50	100	500	1000
z	0.0014	0.1410	14	353	1410	35257	141026	3525650	14102600

从表 3-8 中数据可知 y 与 z 为二次函数关系，函数与 $z=14.1026y^2$ 完全等价。至此得到

$$\begin{cases} z=xy \quad x>0;y>0 \\ y=0.07091x \\ z=0.07091x^2 \\ z=14.1024y^2 \end{cases}$$

(2) 非 $O(0,0,0)$ 转化的函数

非 $O(0,0,0)$ 转化的函数族为

$$\begin{cases} z=xy \quad x>0;y>0 \\ G(x,y)=x^2+Ay^2+Bxy+Cx+Dy+E=0 \\ H(x,z)=x^4+Az^2+Bx^2z+Cx^3+Dxz+Ex^2=0 \\ R(y,z)=z^2+Ay^4+By^2z+Cyz+Dy^3+Ey^2=0 \end{cases}$$

① $x^2+Ay^2+Bxy+Cx+Dy+E=0$ 具体函数分析。

选取表 3-3 中五组 x 和 y 数据（舍去 1 月数据）：(176，4.5768)、(178，5.1602)、(172，4.4619)、(173，4.6185)、(170，3.988)，代入函数，得到方程组。

$$\begin{cases} 20.9471A+805.8372B+176C+4.5768D+E+31001=0 \\ 26.6277A+919.7024B+178C+5.1602D+E+31766=0 \\ 19.9086A+766.8668B+172C+4.4619D+E+29539=0 \\ 21.3305A+796.9222B+173C+4.6185D+E+29774=0 \\ 15.9041A+677.4814B+170C+3.988D+28859=0 \end{cases}$$

解方程组得 $A=409$，$B=-67$，$C=-47$，$D=7956$，$E=-13694$。

x 和 y 具体函数为

$$x^2+409y^2-67xy-47x+7956y-13694=0$$

x 和 y 对应值见表 3-9。

表 3-9　x 和 y 对应值

x		1	10	50	100	150	200	300
y	y_1	1.6077	1.7569	2.4204	3.2491	4.0743	8.4308	23.1693
	y_2	−20.8967	−19.5712	−13.6747	−6.3054	1.0676	4.9116	6.5693
x		400	500	1000	2000	3000	4000	5000
y	y_1	37.9098	52.6469	126.3383	273.7236	421.1060	568.4884	715.8736
	y_2	8.2275	9.8866	18.1812	34.7704	51.3599	67.9495	84.5387

y_2出现负数，舍去 y_2选用 y_1绘图，x 和 y 函数图像见图 3-12。

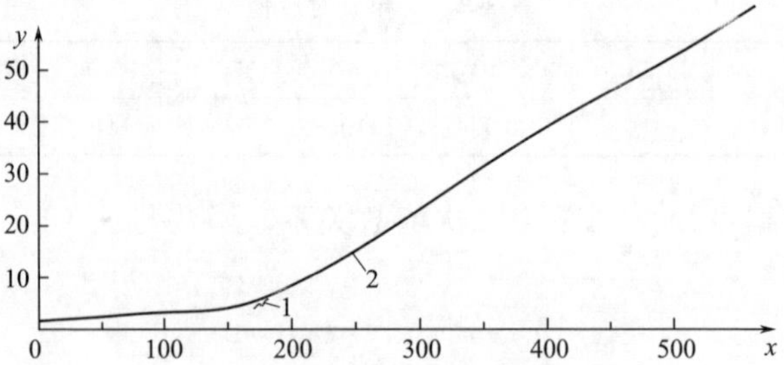

图 3-12　x 和 y 函数图像

1—实际值曲线；2—x-y 函数曲线

$x\in[150，200]$ 的 x 和 y 函数图像见图 3-13。

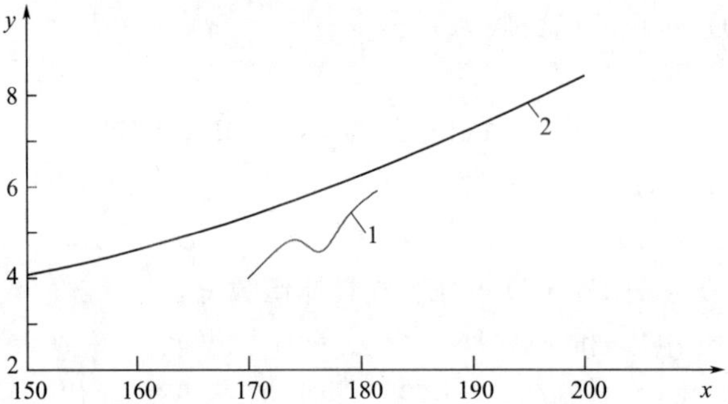

图 3-13　$x\in[150，200]$ 的 x 和 y 函数图像

1—实际值曲线；2—x-y 函数曲线

图像分析如下。

a. 函数是连续单增函数，$0<x\leqslant150$，y 随 x 缓慢增长；$x>150$，y 随 x 的增长明显加快。

b. 实际值曲线明显低于函数曲线，说明过程实际情况与函数条件存在差异，通过过程改进应该可以提高 y 值。

c. 在 $174<x\leqslant176$ 范围，实际值曲线有一段变为下降递减，出现波动，说明过程存在随机因素或非客观因素，遇到某些（种）不利随机因素或非客观因素的影响。

② $x^4+Az^2+Bx^2z+Cx^3+Dxz+Ex^2=0$ 具体函数分析。

x 和 z 具体函数为

$$x^4+409z^2-67x^2z-47x^3+7956xz-13694x^2=0$$

x 和 z 对应值见表 3-10。

表 3-10　x 和 z 对应值

x		1	10	50	100	150	200	300	400	500
z	z_1	1.6077	17.5693	121	325	611	1686	6951	15163	26323
	z_2	−20.8963	−195.7028	−684	−630	160	983	1971	3291	4943

因 z_2 出现负数，舍去 z_2 选用 z_1 绘图，x 和 z 函数图像见图 3-14。

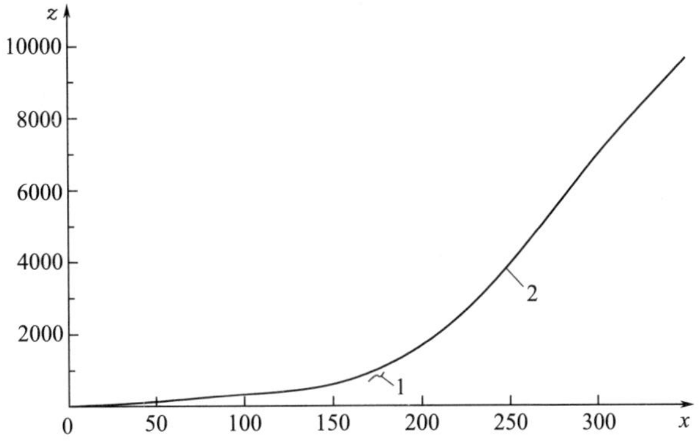

图 3-14 x 和 z 函数图像
1—实际值曲线；2—x-z 函数曲线

$x\in[150,200]$ 的 x 和 z 函数图像见图 3-15。

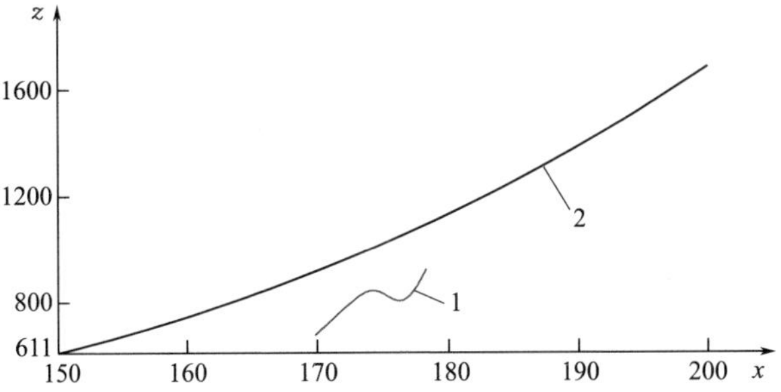

图 3-15 $x\in[150,200]$ 的 x 和 z 函数图像
1—实际值曲线；2—x-z 函数曲线

图像分析如下。

a. 函数是连续单增函数，$0<x\leqslant 150$，z 随 x 缓慢增长；$x>150$，z 随 x 的增长明显加快。

b. 实际值曲线明显低于函数曲线，说明过程实际情况与函数条件存在差异，通过过程改进应该可以提高 z 值。

c. 在 $174<x\leqslant 176$ 范围，实际值曲线变为下降递减，出现波动，说明过程存在随机因素或非客观因素，遇到某些（种）不利随机因素或非客观因素的影响。

③ $z^2+Ay^4+By^2z+Cyz+Dy^3+Ey^2=0$ 具体函数分析。

y 和 z 具体函数为

$$z^2+409y^4-67y^2z-47yz+7956y^3-13694y^2=0$$

y 和 z 对应值见表 3-11。

表 3-11　y 和 z 对应值

y		0.0001	0.001	0.01	0.1	1	2	3	4	5
z	z_1	0.0143	0.1428	1.4283	14.3445	150	313	489	679	1026
	z_2	−0.0096	−0.0959	−0.9532	−8.9893	−36	49	255	582	884
y		6	7	8	9	10	100	200	300	400
z	z_1	1594	2282	3090	4019	5068	593200	2391987	5396362	9606324
	z_2	1101	1332	1577	1835	2107	82129	299958	653488	1142718

因 z_2 出现负数，舍去 z_2 选用 z_1 绘图，x 和 z 函数图像见图 3-16。

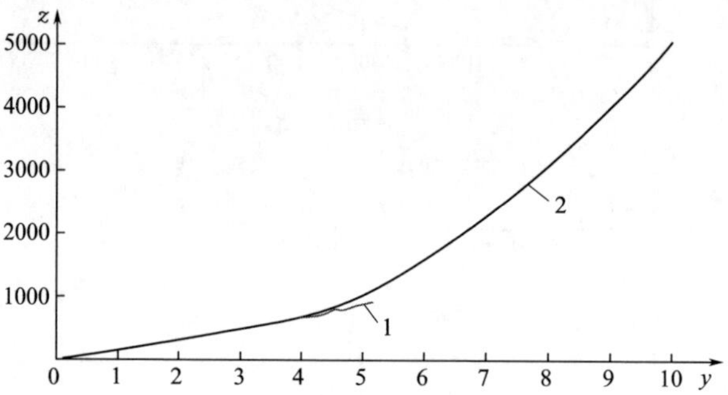

图 3-16　y 和 z 函数图像

1—实际值曲线；2—y-z 函数曲线

$y\in[4, 6]$ 的 y 和 z 函数图像见图 3-17。

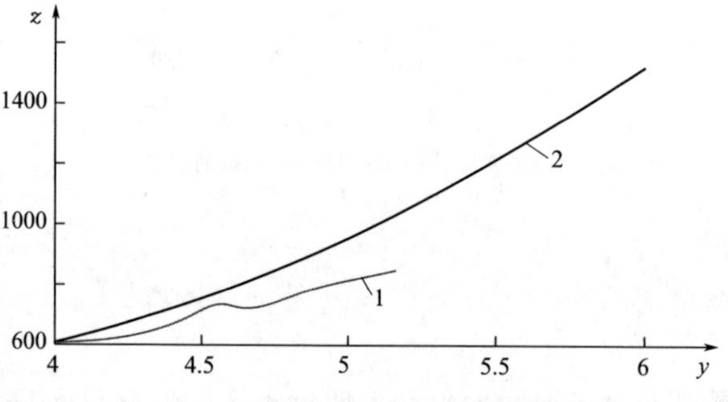

图 3-17　$y\in[4, 6]$ 的 y 和 z 函数图像

1—实际值曲线；2—y-z 函数曲线

图像分析如下。

① 函数是连续单增函数，$0<y<4$，z 随 y 缓慢增长；$y>4$，z 随 y 的增长明显加快。

② 实际值曲线明显低于函数曲线，说明过程实际情况与函数条件存在差异，通过过程改进应该可以提高 z 值。

③ 在 $4.6<y<4.7$ 范围，实际值曲线变为下降递减，出现短暂小幅波动，但情况

并不十分明显，说明过程遇到某些（种）短暂的不利随机因素或非客观因素的影响。

3.2.4.4 结合具体过程的 $z=xy$ 函数案例二

为说明 $x^2+Ay^2+Bxy+Cx+Dy+E=0$ 具体函数的多样性，再举一例进行分析。

【例 3-5】 某商品采用价格折扣促销，以实现更大销量和销售收入（假定不计盈亏）。该商品 2018 年上半年销售情况见表 3-12。

表 3-12 某商品 2018 年上半年销售情况

变量名称	变量代号	单位	时间					
			1 月	2 月	3 月	4 月	5 月	6 月
价格折扣			无	九五折	九折	八五折	八折	七五折
销售价格	x	元/件	2650	2517	2385	2252	2120	1987
销售数量	y	件	50	86	124	193	287	389
销售收入	z	万元	13.25	21.6462	29.574	43.4636	60.844	77.2943

【解】 (1) x 和 y 函数

设 x 和 y 函数为 $x^2+Ay^2+Bxy+Cx+Dy+E=0$，以 2～6 月五组 x 和 y 数据代入方程，得到如下方程组。

$$\begin{cases}7396A+216462B+2517C+86D+E+6335289=0\\15376A+295740B+2385C+124D+E+5688225=0\\37249A+434636B+2252C+193D+E+5071504=0\\82369A+608440B+2120C+287D+E+4494400=0\\151321A+772943B+1987C+389D+E+3948169=0\end{cases}$$

解方程组得 $A=7.2892$，$B=7.074$，$C=-5402$，$D=-18024$，$E=7225314$，x 和 y 具体函数为

$$x^2+7.2892y^2+7.074xy-5402x-18024y+7225314=0$$

x 和 y 对应值见表 3-13。

表 3-13 x 和 y 对应值

y	1	10	50	100	200	300	400	500	600
x	2961	2909	2694	2478	2259	2125	1998	1875	1753
y	700	800	900	1000	2000	2020	2040	2045	2049
x	1631	1509	1388	1267	60	36	12	6	1

x 和 y 函数图像见图 3-18。

$y\in[1,\ 500]$ 时 x 和 y 函数图像见图 3-19。

图像分析如下。

① 函数是连续单减函数，y 随 x 的减小而增大，随 x 的增大而减小。在 $x>$

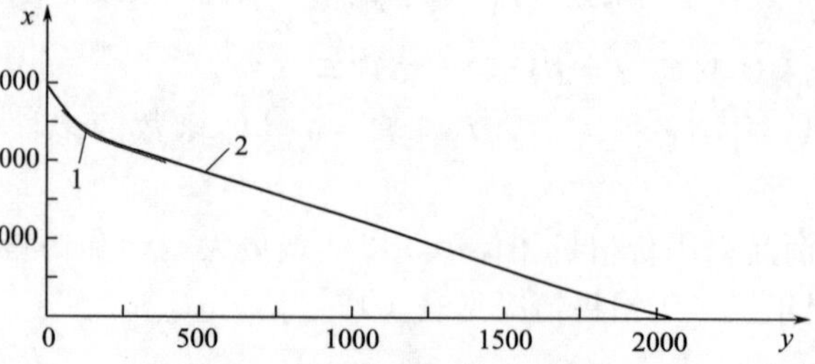

图 3-18　x 和 y 函数图像

1—实际值曲线；2—x-y 函数曲线

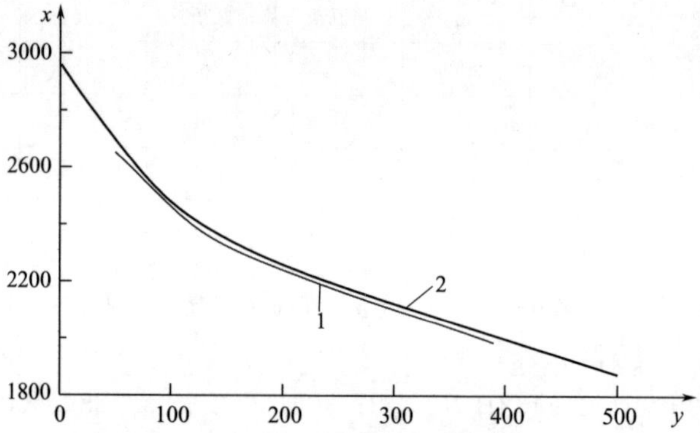

图 3-19　$y \in [1, 500]$ 时 x 和 y 函数图像

1—实际值曲线；2—x-y 函数曲线

2500 范围，y 随 x 的变化而变化的情况并不十分突出；当 $x < 2500$ 时，y 随 x 的减小而增大的变化明显变快。

② 实际值曲线与函数曲线基本吻合，说明过程实际情况与函数条件基本一致。

③ 由于过程是衰减型过程，最终会自然结束，过程没有持久（续）性。

(2) x 和 z 函数

根据 $z=xy$ 函数族，x 和 z 具体函数为

$$x^4+7.2892z^2+7.074x^2z-5402x^3-18024xz+7225314x^2=0$$

x 和 z 对应值见表 3-14。

表 3-14　x 和 z 对应值

x	1	10	50	100	500	1000	1500	2000	2100
z	0.1969	1.9614	9.6473	18.8956	78.5186	117.1634	116.0443	75.8801	63.5892
x	2200	2300	2400	2500	2600	2700	2800	2900	2960
z	50.4918	38.0254	28.8305	22.7938	17.8950	13.2105	8.4290	3.4309	0.3045

$x=1240$ 时，z 达到最大值 $z_{max}=121.5745$。x 和 z 函数图像见图 3-20。

图像分析如下。

① 函数在 $x\in(0, 1240)$，连续单增；在 $x\in[1240, 2960]$，连续单减。

② 在 $x=2400$ 附近，函数出现唯一拐点，$x<2400$，函数是凸的；$x>2400$，函数变为凹的。

③ 实际值曲线与函数曲线基本吻合，说明过程实际情况与函数条件基本一致。

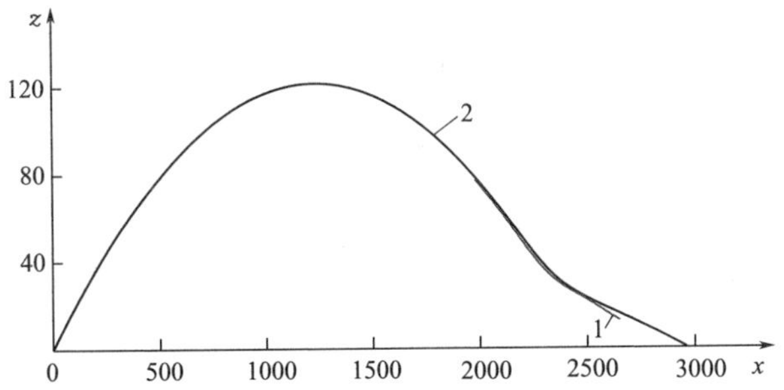

图 3-20 x 和 z 函数图像

1—实际值曲线；2—x-z 函数曲线

(3) y 和 z 函数

根据 $z=xy$ 函数族，y 和 z 具体函数为

$$z^2+7.2892y^4+7.074y^2z-5402yz-18024y^3+7225314y^2=0$$

y 和 z 对应值见表 3-15。

表 3-15 y 和 z 对应值

y	1	10	50	100	300	500	700
z	0.2961	2.9104	13.4722	24.6567	63.1116	92.2852	111.4920
y	900	1100	1300	1500	1700	1900	1969
z	120.6955	119.8881	109.0672	88.2317	57.3810	16.5149	0.0923

$y=984$ 时，z 达到最大值 $z_{max}=121.5760$；$y=1969$ 时，z 为最小 $z_{min}=0.0923$。y 和 z 函数图像见图 3-21。

图像分析如下。

① 函数在 $y\in[1, 984]$ 时，连续单增；在 $y\in[984, 1969]$ 时，连续单减。

② 图像关于 $y=984$ 对称（严格来说是 $y=984.5$，但 y 应为整数，小数没有意义）。

③ 函数图像在整个区域都是凸的。

④ 实际值曲线与函数曲线基本吻合，说明过程实际情况与函数条件基本一致。

3.2.4.5 一元函数下 $z=xy$ 的变量值规划模型

一元函数下 $z=xy$ 的变量值规划的关键是确定 $z=xy$ 函数族，一旦确定了 $x^2+Ay^2+Bxy+Cx+Dy+E=0$ 具体函数，模型及求解都变得直观而简单。

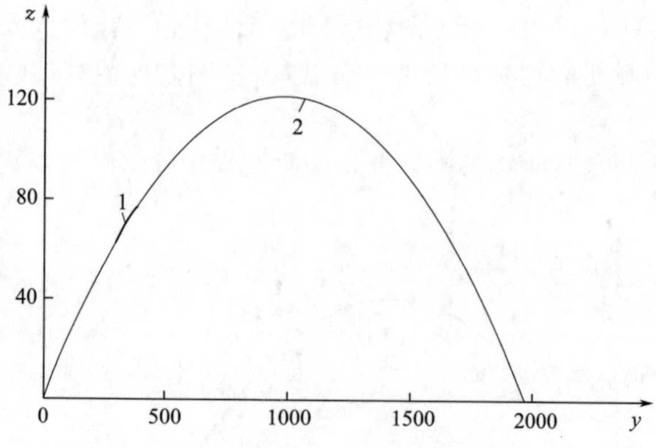

图 3-21 y 和 z 函数图像

1—实际值曲线；2—y-z 函数曲线

（1）基本模型

① 基本模型一

$$\min z$$
$$\text{st. } y=\lambda \text{ 或 } y\in[a,b]$$
$$x^2+Ay^2+Bxy+Cx+Dy+E=0$$
$$x^4+Az^2+Bx^2z+Cx^3+Dxz+Ex^2=0$$
$$z^2+Ay^4+By^2z+Cyz+Dy^3+Ey^2=0$$
$$x>0$$

（λ、a、b、A、B、C、D、E 为已知常数）

② 基本模型二

$$\min -z$$
$$\text{st. } x=\mu \text{ 或 } x\geqslant c$$
$$x^2+Ay^2+Bxy+Cx+Dy+E=0$$
$$x^4+Az^2+Bx^2z+Cx^3+Dxz+Ex^2=0$$
$$z^2+Ay^4+By^2z+Cyz+Dy^3+Ey^2=0$$
$$y>0$$

（μ、c、A、B、C、D、E 为已知常数）

（2）模型求解

基本模型一和基本模型二的求解思路及方法完全相似，以下只针对模型一的求解进行讨论。

① 首个约束为 $y=\lambda$ 的情形　将 $y=\lambda$ 代入 $x^2+Ay^2+Bxy+Cx+Dy+E=0$。

$$x=\frac{-(\lambda B+C)\pm\sqrt{(\lambda B+C)^2-4(\lambda^2A+\lambda D+E)}}{2}$$

$$z=\frac{-(\lambda^2B+\lambda C)\pm\lambda\sqrt{(\lambda B+C)^2-4(\lambda^2A+\lambda D+E)}}{2}$$

根据历史（参考）数据，判定式中±取舍，即可得到 x、y、z 规划值。

② 首个约束为 $y\in[a,b]$ 的情形　该情形可以采用多种方法求解，其中利用 y 和 z 函数图像求解较为直观可靠。绘制 y 和 z 函数图，在 $y\in[a,b]$ 范围，y 和 z 函数有三种情况：

情况一：在 $y\in[a,b]$ 内函数单增；

情况二：在 $y\in[a,b]$ 内函数单减；

情况三：在 $y\in[a,b]$ 内还存在多个单调区间，比如 $y\in[a,c]$ 内单减，$y\in[c,d]$ 内单增。

对于情况一，模型解为

$$\begin{pmatrix}x^*\\y^*\\z^*\end{pmatrix}=\begin{pmatrix}\dfrac{-(a^2B+aC)\pm\sqrt{(a^2B+aC)^2-4(a^4A+a^3D+a^2E)}}{2a}\\a\\\dfrac{-(a^2B+aC)\pm\sqrt{(a^2B+aC)^2-4(a^4A+a^3D+a^2E)}}{2}\end{pmatrix}$$

对情况二，模型解为

$$\begin{pmatrix}x^*\\y^*\\z^*\end{pmatrix}=\begin{pmatrix}\dfrac{-(b^2B+bC)\pm\sqrt{(b^2B+bC)^2-4(b^4A+b^3D+b^2E)}}{2b}\\b\\\dfrac{-(b^2B+bC)\pm\sqrt{(b^2B+bC)^2-4(b^4A+b^3D+b^2E)}}{2}\end{pmatrix}$$

对于情况三，需要找出全部单调区间，比较所有单调区间起始点的函数值，z 最小者为模型的解。以 $y\in[a,c]$ 单减、$y\in[c,d]$ 单增为例，模型解为

$$\begin{pmatrix}x^*\\y^*\\z^*\end{pmatrix}=\begin{pmatrix}\dfrac{-(c^2B+bc)\pm\sqrt{(c^2B+cC)^2-4(c^4A+c^3D+c^2E)}}{2c}\\c\\\dfrac{-(c^2B+cC)\pm\sqrt{(c^2B+cC)^2-4(c^4A+c^3D+c^2E)}}{2}\end{pmatrix}$$

(3) 采用 $z=xy$ 函数族进行变量值规划的适用条件及注意事项

采用 $z=xy$ 函数族进行变量值规划需具备以下条件：

① 有充分的、准确可靠的过程 x、y、z 历史（参考）数据；

② x 与 y（或 x 与 z 或 y 与 z）存在函数关系；

③ x、y、z 历史（参考）数据与具体函数的吻合度满足要求（误差足够小）。

满足以上几点时可采用 $z=xy$ 函数族进行变量值规划并用于过程控制，否则任

何规划值都只能作为参考。

采用 $z=xy$ 函数族进行变量值规划应注意以下事项。

① 具体函数的确定（常数 A、B、C、D、E 的确定）方法可行可靠，依据充分，至少保证三组 x 与 y（或 x 与 z 或 y 与 z）数据严格满足方程 $x^2+Ay^2+Bxy+Cx+Dy+E=0$。

② 一般意义讲，现实中的 $z=xy$ 过程属于不确定性过程，随机因素及非客观因素干扰和影响过程几乎是不可避免的，在变量值规划时应适当考虑这种影响。因此通常需要对变量值规划得到的最优解予以一定调整。这是确保规划值能符合实际应采取的必要措施。

3.3 时间-成本-质量变量值规划

在现实中，有一类过程，人们通常会着重关注过程持续时间、过程费用、过程效果（质量或品质）。比如：工程项目建设过程、施工过程、会议过程、会展过程、旅游过程等。概括讲，凡是涉及（属于）项目的过程，持续时间（x）、费用（y）、质量（z）一定是过程的最主要变量集。

持续时间（x）、费用（y）、质量（z）这三个变量始终不能用函数集表示。除了由于项目的特殊性（主要指一次性和多样性）外，还有一个重要原因是：一个关键问题未解决——质量（z）是什么？如何计量？如果有一天，质量能被人们确切统一定义，这三个变量应该形成一个函数集。在此只能以满意度（好评率、优良率、合格率）表示质量。

对属于项目的过程，人们总是期盼：过程质量或品质尽可能地好，过程费用尽可能地少，效率尽可能地高（花较少时间完成更多的事）。

在过程变量值规划时，不应将持续时间（x）、费用（y）、质量（z）三个变量割裂开来分别单独考虑，因为三者有着客观必然联系，应类似前述 $z=x-y$ 和 $z=xy$ 那样作统筹规划。为此将三者关系表示为

$$F(x,y,z)=0$$

式中 x——过程持续时间；

y——过程费用；

z——过程质量。

3.3.1 $F(x, y, z)=0$ 的基本特征

虽然 $F(x,y,z)=0$ 并不明确，但 $F(x,y,z)=0$ 有以下特征。

① 图像是一个曲面。

② 曲面经过坐标原点。

③ 持续时间越长，费用越多；反之亦然，把这种关系记为 $G(x,y)=0$。

④ 费用越多，通常质量越好；反之亦然，把这种关系记为 $J(y,z)=0$。

⑤ 函数是有界的 $z\leqslant 1$。

⑥ $0<x\leqslant\alpha(\alpha\in R^{+})$；$0<y\leqslant\beta(\beta\in R^{+})$。

过程开始时，y 有不为 0 的初始值，否则过程无法开始。过程一旦开始，x 总是不断增大。过程中，$y=0$ 至少导致过程中断。随着过程的推进，x 及 y 的累积值都在增大。

⑦ 图像仅位于Ⅰ象限。

3.3.2 F(x, y, z)=0 变量值规划的一般情形

有明确的开始和结束时间是项目定义的内容。因此，时间-成本(费用)-质量(品质)变量值规划已知条件的一般情形是：x 已知，设定 z 范围。当然，根据过程情况的不同，变量值规划还存在其他情形：①y 或 y 的范围已知，设定 z 范围；②x 的范围已知，y 的范围已知。

3.3.3 F(x, y, z)=0 变量值规划模型

(1)基本模型

时间-成本(费用)-质量(品质)变量值规划的基本模型是

$$\begin{gathered}\min y\\ \text{st. } x=a\\ z\geqslant b\\ F(x,y,z)=0\\ y>0\end{gathered}$$

(a、b 为已知常数)

(2) 其他模型

① 其他模型一

$$\begin{gathered}\min x\\ \text{st. } y=c \text{ 或 } y\in[d,f]\\ z\geqslant b\\ F(x,y,z)=0\\ x>0\end{gathered}$$

(b、c、d、f 为已知常数)

② 其他模型二

$$\begin{gathered}\min -z\\ \text{st. } y\in[d,f]\\ x\in[g,h]\\ F(x,y,z)=0\end{gathered}$$

$$z>0$$

（d、f、g、h 为已知常数）

（3）基本模型求解

已知 n 个参考（类似）项目 F（x，y，z）$=0$ 实际值矩阵为

$$C=\begin{pmatrix} x_i \\ y_i \\ z_i \end{pmatrix}=\begin{pmatrix} c_{11} & \cdots & c_{1i} & \cdots & c_{1n} \\ c_{21} & \cdots & c_{2i} & \cdots & c_{2n} \\ c_{31} & \cdots & c_{3i} & \cdots & c_{3n} \end{pmatrix} \quad i=1,2\cdots n$$

还已知拟规划项目 $x=a$，$z\geqslant b$，算法如下。

① 寻找足够数量的可行解

$$\bar{x}=\frac{1}{n}\sum_{i=1}^{n} \quad x_i=\frac{1}{n}\sum_{i=1}^{n} c_{1i} \qquad \frac{a}{\bar{x}}=\alpha$$

a. 在［0.05，0.5］之间随机产生 n 个数 k_1，$k_2\cdots k_n$，当 $k=k_1+k_2\cdots+k_n=0.90\alpha\sim1.1\alpha$ 时，则输出 k_1，$k_2\cdots k_n$，否则不予输出，重新生成。

b. 对 C 矩阵做如下运算（第 i 列各元素乘以 k_i）得到 W_1 矩阵。

$$W_1=\begin{pmatrix} k_1c_{11} & \cdots & k_ic_{1i} & \cdots & k_nc_{1n} \\ k_1c_{21} & \cdots & k_ic_{2i} & \cdots & k_nc_{2n} \\ k_1c_{31} & \cdots & k_ic_{3i} & \cdots & k_nc_{3n} \end{pmatrix}$$

c. 在 W_1 矩阵中增加一个零列得到 W_2 矩阵。

$$W_2=\begin{pmatrix} k_1c_{11} & \cdots & k_ic_{1i} & \cdots & k_nc_{1n} & 0 \\ k_1c_{21} & \cdots & k_ic_{2i} & \cdots & k_nc_{2n} & 0 \\ k_1c_{31} & \cdots & k_ic_{3i} & \cdots & k_nc_{3n} & 0 \end{pmatrix}$$

d. 对 W_2 矩阵做以下运算（每行 $1\sim n$ 列全部元素合计分别加到新增列）得到 W_3 矩阵。

$$W_3=\begin{pmatrix} k_1c_{11} & \cdots & k_ic_{1i} & \cdots & k_nc_{1n} & \sum_{i=1}^{n}k_ic_{1i} \\ k_1c_{21} & \cdots & k_ic_{2i} & \cdots & k_nc_{2n} & \sum_{i-1}^{n}k_ic_{2i} \\ k_1c_{31} & \cdots & k_ic_{3i} & \cdots & k_nc_{3n} & \sum_{i=1}^{n}k_ic_{3i} \end{pmatrix}$$

e. 当恰好遇到 $\sum_{i=1}^{n}k_ic_{1i}=a$ 且 $\sum_{i=1}^{n}k_ic_{3i}\geqslant b$ 时，则视 $\begin{pmatrix} \sum_{i=1}^{n}k_ic_{1i} \\ \sum_{i=1}^{n}k_ic_{2i} \\ \sum_{i=1}^{n}k_ic_{3i} \end{pmatrix}$ 为一个可行解，

从 W_3 矩阵选出该列。

重复 a～e，直至选到 m 列为止，得到可行解矩阵 W。

$$W=\begin{pmatrix} x_j \\ y_j \\ z_j \end{pmatrix}=\begin{pmatrix} w_{11} & \cdots & w_{1j} & \cdots & w_{1m} \\ w_{21} & \cdots & w_{2j} & \cdots & w_{2m} \\ w_{31} & \cdots & w_{3j} & \cdots & w_{3m} \end{pmatrix} \quad j=1,2\cdots m$$

② 从找出的可行解中选择最优　比较 W 矩阵中所有列的第 2 行数值，选出 y 值最小列——第 r 列，该列为满意解。

$$\begin{pmatrix} x^* \\ y^* \\ z^* \end{pmatrix}=\begin{pmatrix} w_{1r} \\ w_{2r} \\ w_{3r} \end{pmatrix}$$

3.3.4 时间-成本-质量变量值规划案例

【例 3-6】 某单位计划在某会议中心召开一次会议。会期为 5d，参会人数 1000 人。要求会议好评率（主要针对会议期间学习、生活环境条件）不低于 90%（会后调查结果）。为办好这次会议，筹备人员与该会议中心商谈相关事项，并获得会议中心近期举办的一些与拟定会议类似的会议情况及数据，具体见表 3-16。

表 3-16　某会议中心近期召开的类似会议数据统计

会议编号	会期	参会人数	费用	人均费用	好评率(会后调查结果)
	x	—	—	y	z
	/d	/人	/万元	/(元/人)	/%
1	3	2500	137.5	550	84
2	5	500	50	1000	82
3	10	300	54	1600	74
4	2	1000	40	400	89
5	6	400	60	1500	92
6	8	800	192	2400	97
7	4	1200	134.4	1120	95
8	5	2000	320	1600	99

根据以上数据拟定本次会议的时间-费用-品质变量值规划方案。

【解】 (1) 变量值规划模型

$$\begin{gathered} \min y \\ \text{st. } x=5 \\ z \geqslant 90\% \\ F(x,y,z)=0 \\ y>0 \end{gathered}$$

（2）模型求解

8 次类似会议 x、y、z 实际值矩阵为

$$C=\begin{pmatrix} x_i \\ y_i \\ z_i \end{pmatrix}=\begin{pmatrix} 3 & 5 & 10 & 2 & 6 & 8 & 4 & 5 \\ 550 & 1000 & 1600 & 400 & 1500 & 2400 & 1120 & 1600 \\ 0.84 & 0.82 & 0.74 & 0.89 & 0.92 & 0.97 & 0.95 & 0.99 \end{pmatrix}$$

$$\overline{x}=\frac{1}{8}\sum_{i=1}^{8}c_{1i}=5.3750 \quad \frac{a}{\overline{x}}=\frac{5}{5.375}=0.93$$

① 寻找足够数量可行解

a. 在［0.05，0.5］之间随机产生 8 个数 k_1，$k_2\cdots k_8$（保留 4 位小数），当 $k=k_1+k_2\cdots+k_n=0.837\sim1.023$ 时，则输出 k_1，$k_2\cdots k_8$，否则不予输出，重新生成。随机生成结果 k_1，$k_2\cdots k_8$：0.0610，0.1711，0.0515，0.0618，0.0659，0.0703，0.1153，0.0381。

b. 对 C 矩阵做如下运算（第 i 列各元素乘以 k_i）得到 W_1 矩阵。

$$W_1=\begin{pmatrix} 3k_1 & 5k_2 & 10k_3 & 2k_4 & 6k_5 & 8k_6 & 4k_7 & 5k_8 \\ 550k_1 & 1000k_2 & 1600k_3 & 400k_4 & 1500k_5 & 2400k_6 & 1120k_7 & 1600k_8 \\ 0.84k_1 & 0.82k_2 & 0.74k_3 & 0.89k_4 & 0.92k_5 & 0.97k_6 & 0.95k_7 & 0.99k_8 \end{pmatrix}$$

$$=\begin{pmatrix} 0.183 & 0.8555 & 0.515 & 0.1236 & 0.3954 & 0.5624 & 0.4612 & 1.905 \\ 33.55 & 171.1 & 82.4 & 24.72 & 98.85 & 168.72 & 129.14 & 609.6 \\ 0.0512 & 0.1403 & 0.0381 & 0.055 & 0.0606 & 0.0682 & 0.1095 & 0.3772 \end{pmatrix}$$

c. 在 W_1 矩阵中增加一个零列得到 W_2 矩阵。

$$W_2=\begin{pmatrix} 0.183 & 0.8555 & 0.515 & 0.1236 & 0.3954 & 0.5624 & 0.4612 & 1.905 & 0 \\ 33.55 & 171.1 & 82.4 & 24.72 & 98.85 & 168.72 & 129.14 & 609.6 & 0 \\ 0.0512 & 0.1403 & 0.0381 & 0.055 & 0.0606 & 0.0682 & 0.1095 & 0.3772 & 0 \end{pmatrix}$$

d. 对 W_2 矩阵做以下运算（每行 1～8 列全部元素合计分别加到新增列）得到 W_3 矩阵。

$$W_3=\begin{pmatrix} 0.183 & 0.8555 & 0.515 & 0.1236 & 0.3954 & 0.5624 & 0.4612 & 1.905 & 5.00 \\ 33.55 & 171.1 & 82.4 & 24.72 & 98.85 & 168.72 & 129.14 & 609.6 & 1318 \\ 0.0512 & 0.1403 & 0.0381 & 0.055 & 0.0606 & 0.0682 & 0.1095 & 0.3772 & 0.90 \end{pmatrix}$$

e. $\begin{pmatrix} 5.00 \\ 1318 \\ 0.90 \end{pmatrix}$为一个可行解，从 W_3 矩阵选出该列。

重复 a～e，直至选到 10 列为止，得到可行解矩阵 W。

$$W=\begin{pmatrix} 5.00 & 5.00 & 5.00 & 5.00 & 5.00 & 5.00 & 5.00 & 5.00 & 5.00 & 5.00 \\ 1318 & 1286 & 1292 & 1284 & 1221 & 1277 & 1273 & 1300 & 1282 & 1301 \\ 0.90 & 0.96 & 0.99 & 0.96 & 0.90 & 0.96 & 0.96 & 0.98 & 0.95 & 0.93 \end{pmatrix}$$

② 从找出的可行解中选择最优　比较 W 矩阵中所有列的第 2 行数值，选出 y 值

最小列——第 5 列，该列为满意解。

$$\begin{pmatrix} x^* \\ y^* \\ z^* \end{pmatrix} = \begin{pmatrix} 5.00 \\ 1221 \\ 0.90 \end{pmatrix}$$

按会议中心套餐标准价格（略）选取 250 元/(人·d) 档（该档最接近 1221 值）作为本次会议标准费用，即本次会议的时间-费用-品质变量值规划方案为

$$\begin{pmatrix} x^* \\ y^* \\ z^* \end{pmatrix} = \begin{pmatrix} 5.00 \\ 1250 \\ 0.90 \end{pmatrix}$$

需支付会议中心的费用合计是 125 万元。

3.3.5 F(x, y, z)=0 变量值规划尝试性模型

在具备较好条件（数据可参考性、准确性、充分性、吻合度等均比较理想）下，$F(x, y, z)=0$ 变量值规划可尝试采用前述函数族方法。$F(x, y, z)=0$ 表示为以下函数族。

$$\begin{cases} F(x,y,z)=0 \quad x>0, y>0, 0<z\leqslant 1 \\ G(x,y)=A_1x^2+B_1y^2+C_1xy+D_1x+E_1y+F_1=0 \\ H(x,z)=A_2x^2+B_2z^2+C_2xz+D_2x+E_2z+F_2=0 \\ J(y,z)=A_3y^2+B_3z^2+C_3yz+D_3y+E_3z+F_3=0 \end{cases}$$

式中，A_i、B_i、C_i、D_i、E_i、F_i（$i=1, 2, 3$）为常数。

$F(x, y, z)=0$ 变量值规划的基本尝试性模型为

$$\begin{gathered} \min y \\ \text{st. } x=a \\ z\geqslant b \\ G(x,y)=0 \\ H(x,z)=0 \\ J(y,z)=0 \\ y>0 \\ (a\text{、}b\text{ 为已知常数}) \end{gathered}$$

关于尝试性模型不再展开讨论。

3.4 z=x(1+y)ⁿ变量值规划

$z=x(1+y)^n$ 是工程经济学中的一个基本函数，在现实中有着广泛应用。比如，投资过程（考虑复利的终值现值计算、投资收益率及投资回收期计算等）、某种增长或递减过程（增长率、增长时间、增长值计算）。$z=x(1+y)^n$ 可视为三元函数（x、

y、z、n 均为变量)、二元函数(x、y、z、n 之一为常数)或一元函数(x、y、z、n 中两个为常数)。现实应用中，往往将其设定为一元函数加以应用。对于投资过程，$z=x(1+y)^n$完全可能为一个三元函数。对于增长或递减过程，$z=x(1+y)^n$按二元函数(设定 x 为常数)考虑具有普遍性。在 x、y、z、n 四个变量中，最为(可能)确定的是 x，因此，把 $z=x(1+y)^n$ 设定为二元函数 $z=a(1+x)^y$(a 为大于 0 的常数)，既能普遍结合过程实际，也能确保函数的有效应用。

3.4.1 $z=a(1+x)^y$函数中变量(常量)的现实含义

函数中变量应有确切含义是函数使用的最基本要求。根据一般过程现实情况，可按以下含义定义函数。

$$z_i=a(1+x_i)^{y_i} \quad (i=0,1,2\cdots n)$$

$$z=a(1+x)^y$$

式中 a——首个计算时点 z 值(基数)，即 z_0；

i——时间序列时点编号，把过程划分为 n 个考察(控制)期；

x——x_i的缺省表示，第 i 时点的变化指标，第 i 时点 z 值对 a 的相对变化(考虑时间因素)；

y——y_i的缺省表示，第 i 时点距首个计算时点的起始时点的时间长度，通常 $y=i$；

z——z_i的缺省表示，第 i 时点函数值。

若按以上含义定义函数，则 $z=a(1+x)^y$ 函数只能在增长过程中使用，即随着过程推进，z 随 y 不断增大的过程。此种含义下的 $z_i=a(1+x_i)^{y_i}$ 函数本书不作讨论。为使 $z=a(1+x)^y$ 函数能用于更多过程，需要重新定义函数。本书仅讨论以下函数。

已知变量 ξ 在过去 m 个月(年/季/周/天)随时间变化的实际值 c_j 列于表 3-17。

表 3-17 变量 ξ 随时间的变化值

变量	单位	月(年/季/周/天)						
		1	2	…	j	…	$m-1$	m
ξ		c_1	c_2	…	c_j	…	c_{m-1}	c_m

$c_j>0$，$\sum_{j=1}^{m}c_j=a$，ξ 为拟规划变量。过程拟规划情况与历史已知情况的延续关系见表 3-18。过程函数为

$$z=a(1+x)^{y-m}$$

$$z_i=a(1+x_i)^{y_i-m}(i=m+1,m+2\cdots m+n)$$

式中 a——常数，拟规划变量 ξ 过去 j ($j=1$，$2\cdots m$) 个时点的历史累计值(基数)；

i——延续 m 的时间序列时点编号，过程的考察(控制)时点编号，把未来过程划分为 $n-m$ 个考察(控制)期(若包含历史时点，则为 n 期)；

x——x_i的缺省表示，考虑时间因素的第 i（或 $m+i$）时点的变化指标，第 i（或 $m+i$）时点的 z 值对 a 的相对变化，第 i（或 $m+i$）时点的 ξ 的累计值对 a 的相对变化；

y——y_i的缺省表示，第 i（或 $m+i$）时点距初始时点（第 1 时点的开始时刻）的时间长度；

z——z_i的缺省表示，拟规划变量 ξ 从初始时点至第 i（或 $m+i$）时点的全部累计值。

表 3-18　过程拟规划情况与历史已知情况的延续关系

变量	单位	月(年/季/周/天)								
		历史				现在和未来				
		1	2	…	m	$m+1$	…	$m+i$	…	n
ξ	万元	c_1	c_2	…	c_m	ξ_1	…	ξ_i	…	ξ_{n-m}
x	—	—	$\left(\frac{c_1+c_2}{c_1}\right)-1$	…	$\left(\frac{\sum_{j=1}^{m}c_j}{c_1}\right)^{\frac{1}{m-1}}-1$	x_1	…	x_i	…	x_{n-m}
y	月	1	2	…	m	$y_1=m+1$	…	$y_i=m+i$	…	$y_n=n$
z	万元	c_1	c_1+c_2	…	$\sum_{j=1}^{m}c_j=a$	$z_1=a+\xi_1$	…	$z_i=a+\sum_{k=1}^{i}\xi_k$	…	$z_{n-m}=a+\sum_{k=1}^{n-m}\xi_k$

表 3-18 中，$x_1=\left(\frac{a+\xi_1}{a}\right)-1\cdots x_i=\left(\frac{a+\sum_{k=1}^{i}\xi_k}{a}\right)^{\frac{1}{i}}-1\cdots x_{n-m}=\left(\frac{a+\sum_{k=1}^{n-m}\xi_k}{a}\right)^{\frac{1}{n-m}}-1$。

$z=a(1+x)^{y-m}$ 函数可适用于各种过程，包括随机过程。只有唯一限制条件 $\xi\geqslant 0$，ξ_i（$i=m+1$，$m+2$，$\cdots n$）不全为 0。函数完整表达为

$$z_i=a(1+x_i)^{y_i-m}\ (i=m+1,m+2\cdots n)$$
$$z_i>0,y_i>m;$$
$$a>0、m>0\text{ 且均为常数}$$

3.4.2　$z=a(1+x)^{y-m}$性质特点

① 变量取值范围

a. $x\in R^+$。

b. $y\in R^+$，$y>m$，通常 $y\in N$。

c. $z\in R^+$，$z\geqslant a$，通常 $z>a$。

② 函数形式的两种变换。

$z=a(1+x)^{y-m}$ 为基本形式，该函数还可变为以下两种形式。

$$y=\frac{\ln\frac{z}{a}}{\ln(1+x)}+m\quad x=\left(\frac{z}{a}\right)^{\frac{1}{y-m}}-1$$

③ 函数图像是一个曲面。

④ $\frac{\partial z}{\partial x}=a(y-m)(1+x)^{y-m-1}$，$\frac{\partial z}{\partial y}=a(1+x)^{y-m}\ln(1+x)$，$\frac{\partial z}{\partial x}\neq 0$，$\frac{\partial z}{\partial y}\neq 0$，函数没有极值点。

⑤ x 越大则 z 越大，把这种关系记为 $H(x, z)=0$。

⑥ y 越大则 z 越大，把这种关系记为 $R(y, z)=0$。

⑦ y 越大则 x 可能越小，也可能越大。在 z 值较低范围，x 随 y 的增大而增大，在 z 值较高范围，x 随 y 的增大而减小，总体来说，x 随 y 递减的可能性远远超过 x 随 y 递增的可能性，对于有的过程甚至只有一种可能：x 随 y 递减。把这种关系记为 $G(x, y)=0$。

⑧ $\lim\limits_{y\to m}x=\alpha$，$\lim\limits_{y\to\infty}x=\beta$。$\alpha$ 为正常数或∞，β 为非负常数。

⑨ 过程一旦开始，y 总是不断增大，z 总是不断增大，x 总是不断减小（对大多数过程是这样）。

⑩ 图像仅位于Ⅰ象限。

3.4.3 $z=a(1+x)^{y-m}$的一元函数形式——非负变量与时间的关系

3.4.3.1 非负变量累计值与时间的关系

(1) 函数表示

非负变量若与时间存在函数关系，则一般表示为

$$\psi=F(t)\quad \xi=f(t)$$

式中 ξ——非负变量；

ψ——非负变量累计值；

t——时间。

对于 $z=a(1+x)^{y-m}$ 中的某些过程，如果把 $G(x, y)=0$ 具体定义为 $x=\frac{b}{y}+c$（并非所有过程都能这样定义，该定义需要实践数据验证或通过实践数据确定是否可以采用），则非负变量与时间的关系通常可以用以下函数表示：

$$\psi=a_0\left(1+\frac{b}{t}+c\right)^{t-d_0}\quad t>d_0$$

式中 ψ——非负变量 ξ 在 t 时间的累计值（$0\sim t$）；

t——非负变量 ξ 的拟预测或控制时间，以时间数轴原点 O 为起始时点的时间长度；以时间数轴原点 O 为起始时点的 t 时点；

d_0——正常数，已知时段的起始时点为 O（时间数轴原点）的一个时间长度，以时间数轴原点 O 为起始时点的 d_0时点；

a_0——正常数，d_0时段（$0\sim d_0$）内非负变量 ξ 的累积值为 a_0；

b——正常数，反映非负变量累计值随时间变化的常数；

c——正常数，反映非负变量累计值随时间变化的另一常数。

当已知时段的起始时点不为 O，而是 A（$A\neq O$）时，非负变量与时间的关系用以下函数表示：

$$\psi=a_A\left(1+\frac{b}{t}+c\right)^{t-d_A}\quad t>r+d_A$$

式中 ψ——非负变量 ξ 在 t 时间的累计值（$0\sim t$）；

t——非负变量 ξ 的拟预测或控制时间，以时间数轴原点 O 为起始时点的时间长度；以时间数轴原点 O 为起始时点的 t 时点；

d_A——正常数，已知时段起始时点为 A 的一个时间长度，与时点 A 相距 d_A 的那个时点，d_A 的起始时点为 A（$OA=r$），结束时点为 B，$AB=d_A$；

a_A——正常数，d_A 时段（$r\sim r+d_A$）内非负变量 ξ 累计值为 λ 时的一个正常数。

$$a_A=\frac{\lambda}{\left(1+\frac{b}{t}+c\right)^{r+d_A}-\left(1+\frac{b}{t}+c\right)^{r}}$$

式中 b——正常数，反映非负变量累计值随时间变化的常数；

c——正常数，反映非负变量累计值随时间变化的另一常数。

（2）函数样例

例如，某非负变量 ξ 累计值 ψ 与时间的函数关系（$a_0=1000$）为

$$\psi=1000\left(1+\frac{1.5}{t}+0.02\right)^{t-12}$$

ξ 的计量单位为万元，时间（t）的计量单位为月，函数有以下内涵：

① 起始时点为 O，已知年为 1～12 月；

② ξ 一年（1～12 月）的累计值是 1000 万元；

③ ξ 的累计值随时间的变化常数是 $b=1.5$，$c=0.02$；

④ 已知时间长度 $d_0=12$ 月；

⑤ 如果考察 t 个月（$t>12$）则 ξ 在 t 个月的累计值（从 $1\sim t$ 月）为 $\psi=1000\left(1+\frac{1.5}{t}+0.02\right)^{t-12}$ 万元。

试分别计算 ξ 在未来 1 年、2 年、3 年的累计值。

未来 1 年（含已知年），即 $t=24$，$\psi=2589$ 万元。

未来 2 年（含 3 年），即 $t=36$，$\psi=4205$ 万元。

未来 3 年（含 4 年），即 $t=48$，$\psi=6045$ 万元。

未来第 1 年、第 2 年、第 3 年 ξ 的累计值分别为 1589 万元、1616 万元和 1841 万元。

若函数 $\psi=1000\left(1+\frac{1.5}{t}+0.02\right)^{t-12}$ 注明 $a_A=1000$，A 为第 60 个月月末 61 个月月初，则函数的内涵变为：

① 起始时点为 O，已知年为 61～72 月；

② ξ 一年（61～72 月）的累计值是 λ，$\lambda=11038-8271=2766$（万元）；

③ ξ 的累计值随时间的变化常数是 $b=1.5$，$c=0.02$；

④ 已知时间长度 $d_A=12$ 月；

⑤ 如果考察 t 月（$t>61$），则 ξ 在 t 月的累计值（从 1～t 月）为 $\psi=1000\left(1+\frac{1.5}{t}+0.02\right)^{t-12}$ 万元。

试分别计算 ξ 在未来 1 年、2 年、3 年的累计值。

截至第 72 月，即 $t=72$，$\psi=11038$ 万元。

未来 1 年（截至第 84 月），即 $t=84$，$\psi=14518$ 万元。

未来 2 年（截至第 96 月），即 $t=96$，$\psi=18924$ 万元。

未来 3 年（截至第 108 月），即 $t=108$，$\psi=24518$ 万元。

未来第 1 年、第 2 年、第 3 年 ξ 的累计值分别为 3480 万元、4406 万元和 5594 万元。

根据函数可计算未来 t 月的 ξ 值，未来第 n 年的 ξ 累计值，未来 n 年相对于 $n-1$ 年的变化值，未来 n 年相对 $n-1$ 年的变化率，未来 t 月相对 $t-1$ 月的 ξ 变化值，未来 t 月相对 $t-1$ 月的 ξ 变化率，未来 n 年的累计变化率、未来 t_1 月至 t_i 月的累计变化率等指标，从而与现实需要进一步接轨。

样例函数 $\psi=1000\left(1+\frac{1.5}{t}+0.02\right)^{t-12}$（$a_0=1000$）中 t、ψ 对应值见表 3-19，函数图像见图 3-22。

表 3-19 t、ψ 对应值

t/年	1 月	2 月	3 月	4 月	5 月	6 月	7 月	8 月	9 月	10 月
ψ/万元	1000	2589	4205	6045	8271	11038	14518	18924	24518	31632
t/年	11 月	12 月	13 月	14 月	15 月	16 月	17 月	18 月	19 月	20 月
ψ/万元	40683	52203	66866	85525	109269	139477	177900	226766	288901	367894

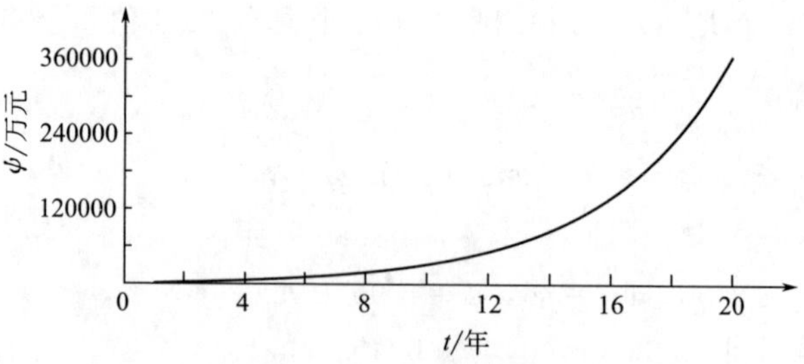

图 3-22 t、ψ 函数图像

3.4.3.2 非负变量及其累计值与时间的关系

(1) 非负变量及其累计值与时间关系的一般表示

$$\xi(i)=\psi(i)-\psi(i-1) \quad (i=,1,2\cdots n)$$

式中 $\xi(i)$——第 i 期变量值，时点 t_{i-1}～t_i 的变量值；

$\psi(i)$——i 期变量值的累计值，1～i 期的累计值，时点 0～t_i 的累计值；

$\psi(i-1)$——$i-1$ 期变量值的累计值，1～$i-1$ 期的累计值，时点 0～t_{i-1} 的累计值；

i——考察控制分期时间序列号。

在计算以上变量时，通常还会涉及以下相关指标。

考察控制共分 n 期，通常各期时长相等。

$$t_i - t_{i-1} = \frac{1}{n}$$

考察控制期时长为

$$T = n(t_i - t_{i-1})$$

式中 t——以考察开始时点为 0 的 t 时点；

t_i——t_i 时点；

n——总分期数目；

T——考察开始至结束的持续时间。

（2）非负变量及其累计值与时间关系的另一种表示

若 ξ 为非随机变量，ξ 是时间的函数（用时间长短可以度量 ξ 的大小），$\xi=f(t)$，$\psi=F(t)$，则变量值、累计值与时间三者的联系是

$$\psi(i) = F(t_i) = \int_0^{t_i} f(t)\mathrm{d}t$$

$$\xi(t) = F'(t) = f(t)$$

$$\xi(i) = \int_{t_{i-1}}^{t_i} f(t)\mathrm{d}t = \psi(i) - \psi(i-1)$$

式中 $\psi(i)$——i 期 ξ 的累计值，1～i 期 ξ 的累计值，t_i 时点 ξ 的累计值；

$\xi(t)$——ξ 在 t 时刻的瞬间值；

$\xi(i)$——第 i 期 ξ 值，时点 t_{i-1}～t_i 的 ξ 值，也称为 ξ 的表现值；

i——考察控制分期。

这种关系表明，若非负变量 ξ 是时间的函数，则在 $f(t)$ 可积时，它的累计值 ψ 是时间的函数且累计值 ψ 是 $f(t)$ 在相应积分区间的定积分；反之，若非负变量 ξ 的累计值 ψ 是时间的函数，则在 $F(t)$ 可导时，ξ 是时间的函数且 ξ 是 $F(t)$ 在相应时点的导数值。若 ξ 是随机变量，通常 ψ 是随机变量。

（3）非负变量与时间关系的特特殊意义

非负变量 ξ 与时间的两种关系——函数关系 $\xi=f(t)$ 和概率分布关系 $\varphi=f(t)$，有两方面现实意义：随机变量取值概率计算和变量值计算。

① 随机变量取值概率计算 ξ 为某随机变量，用时间长度不能度量 ξ 的大小，只知道 ξ 随时间呈现某种概率分布 $\varphi=f(t)$，$0\leqslant\varphi<1$，$\int_0^T f(t)\mathrm{d}t = 1$，$T$=正常数或$\infty$，

则 $f(t)$ 为 ξ 的时间概率密度。此时，$\varphi=f(t)$ 及其积分有完全不同含义，$\int_0^a f(t)\mathrm{d}t$ 表示 ξ 不大于 b 的概率（b 对应 a），即 $\int_0^a f(t)\mathrm{d}t=P\{\xi\leqslant b\}$。

② 变量值计算　以工程项目建设过程为例，$s=f(t)$ 为工程进度（以“%”表示）随时间的密度函数，T 为建设工期。关于进度和工期，过程变量存在一系列相互关系，主要有以下内容。

$$S_t=\int_0^t f(t)\mathrm{d}t$$

$$s(i)=\int_{t_{i-1}}^{t_i} f(t)\mathrm{d}t=S_i-S_{i-1}$$

$$\int_0^T f(t)\mathrm{d}t=1$$

$$t_i-t_{i-1}=\frac{1}{n}$$

$$T=n(t_i-t_{i-1})$$

式中　S_t——时间 0～t 的工程进度，%；

$s=f(t)$——工程进度密度函数；

$s(i)$——第 i 期工程进度，时间 t_{i-1}～t_i 的工程进度，%；

i——工程进度控制分期，$i=1$，2…n；

t——以开工时点为 0 的 t 时点；

t_i——t_i 时点；

n——总分期数目；

T——工期。

工程项目进度 $s=f(t)$ 密度函数图像大致为如图 3-23 所示曲线。

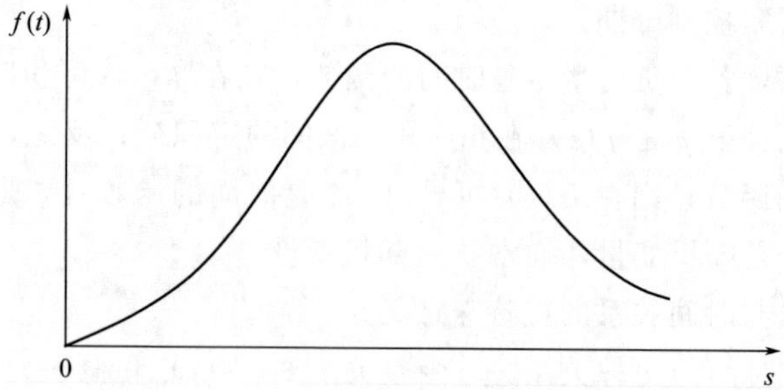

图 3-23　工程项目进度密度函数图像

对于绝大多数工程项目，$s(i)$ 是随机变量，$s(i)$ 随时间呈现形如图 3-24 所示折线（只是样例）。

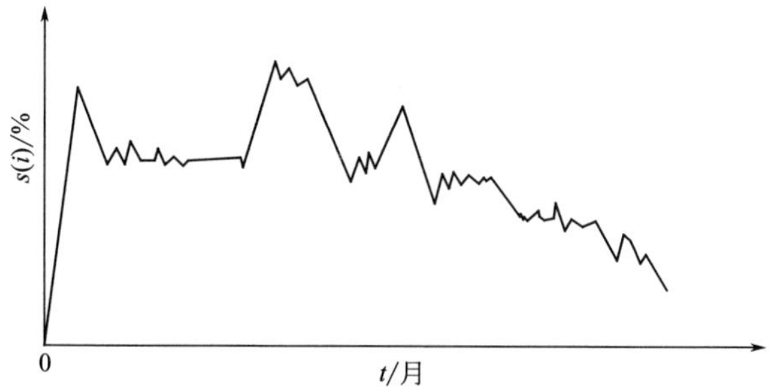

图 3-24 工程进度 $s(i)$ 折线示意

工程项目进度 S_t 随时间的变化大致为如图 3-25 所示曲线。

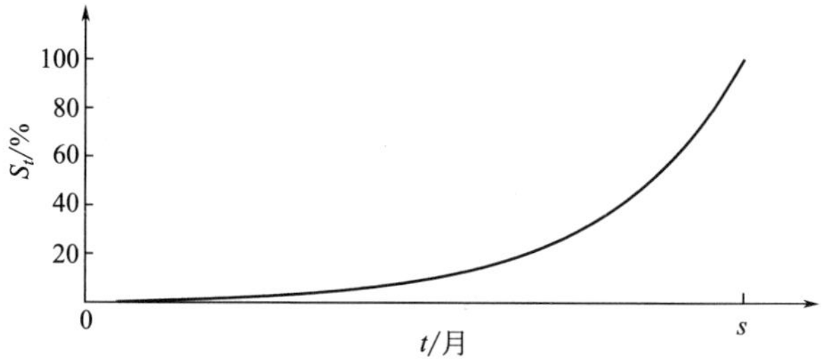

图 3-25 工程项目进度 S_t 曲线示意

3.4.4 $z=a(1+x)^{y-m}$ 变量值规划的几种情形

人们对 $z=a(1+x)^{y-m}$ 过程结果的期盼往往是：增长过程，z 尽可能大，x 尽可能大，y 尽可能小；递减过程（指 ξ 是递减的），z 尽可能小（预定时间点变量累计值较小），x 尽可能小（过程能更快速递减），y 尽可能小（用较少时间达到预定变量值）。

对于 $z=a(1+x)^{y-m}$ 过程主要涉及三种应用情形。

① 预测　根据过去 m 个月（年/季/周/天）的变量值，预测未来 $n-m$ 个月（年/季/周/天）的变量值。

② 规划一　根据过去 m 个月（年/季/周/天）变量值及规划要求（z 值范围），预计未来 $n-m$ 个月（年/季/周/天）变量值均值和未来第 n 月（年/季/周/天）的 z 值。

③ 规划二　根据过去 m 个月（年/季/周/天）的变量值，预计未来 z 值到达某数值需要的最短时间。

关于 $z=a(1+x)^{y-m}$ 的预测应用，本书不作讨论，下面仅讨论两种规划应用。

3.4.5 $z=a(1+x)^{y-m}$ 变量值规划模型

利用复合函数将 $z=a(1+x)^{y-m}$ 转化为 $s=uv$，$s=\ln\dfrac{z}{a}$，$u=\ln(1+x)$，$v=y-m$，

能使模型及模型求解变得直观明了。

(1) 规划模型一

$z=a(1+x)^{y-m}$，$s=uv$，$s=\ln\dfrac{z}{a}$，$u=\ln(1+x)$，$v=y-m$。

$$\min -u$$
$$\text{st.}\ v=p$$
$$s\geqslant q \text{ 或 } q\leqslant s\leqslant r$$
$$s=uv$$

(p、q、r 为已知常数)

若人们期盼过程是递减的，则将 $\min -u$ 换为 $\min u$，$s\geqslant q$ 或 $q\leqslant s\leqslant r$ 换为$s\leqslant q$。

(2) 规划模型二

$z=a(1+x)^{y-m}$，$s=uv$，$s=\ln\dfrac{z}{a}$，$u=\ln(1+x)$，$v=y-m$。

$$\min v$$
$$\text{st.}\ s=l$$
$$s=uv$$

(l 为已知常数)

3.4.6 $z=a(1+x)^{y-m}$变量值规划模型求解

上述模型比较简单。仅从模型看，求解也十分容易（尤其是模型一，几乎可以一眼看出解的结果），但结合过程数据及现实需要，模型求解并不容易（当然采用简单求解也是解决问题的一种方式）。求解思路和方法可以是多样的，总体来说，仍然可归结为两类基本方法：一类是利用变量值矩阵运算求解，即随机搜索法（或不确定性方法）求满意解；另一类是通过建立函数族求解，即函数族方法（或确定性方法）求最优解。随机搜索法主要用于 ξ 为随机变量的求解，也可适用于 ξ 为非随机变量的求解。函数族方法通常适用于 ξ 为非随机变量的求解，也可尝试 ξ 为随机变量的求解（在 x 与 y 或 z 与 y 显著相关时尝试）。

3.4.6.1 函数族法求解

函数族法可以不进行复合函数转化，直接建立 $z=a(1+x)^{y-m}$ 函数族求解，此时相应模型如下。

规划模型一

$$\min -x$$
$$\text{st.}\ y=p$$
$$z\geqslant q \text{ 或 } q\leqslant z\leqslant r$$
$$z=a(1+x)^{y-m}$$
$$x>0$$

(a、p、q、r 为已知常数)

若人们期盼过程是递减的，则将 $\min -x$ 换为 $\min x$，$z \geqslant q$ 换为 $z \leqslant q$。

规划模型二

$$\min y$$
$$\text{st.}\ z = l$$
$$z = a(1+x)^{y-m}$$
$$(a、l、m \text{ 为已知常数})$$

模型求解包括以下基本步骤。

(1) 计算 x、y、z 历史实际值

x、y、z 历史实际值见表 3-20。

表 3-20 x、y、z 历史实际值

变量	实际值						
y	2	3	…	j	…	$m-1$	m
z	c_2	c_3	…	c_j	…	c_{m-1}	c_m
x	d_2	d_3	…	d_j	…	d_{m-1}	d_m

(2) 建立 $z=a(1+x)^{y-m}$ 函数族

$z=a(1+x)^{y-m}$ 函数族表示为

$$\begin{cases} z=a(1+x)^{y-m} \quad x>0; y>0 \\ G(x,y)=x^2+A_1y^2+B_1xy+C_1x+D_1y+E_1=0 \\ H(x,z)=x^2+A_2z^2+B_2xz+C_2x+D_2z+E_2=0 \\ R(y,z)=y^2+A_3z^2+B_3yz+C_3y+D_3z+E_3=0 \end{cases}$$

根据需要可选择求解 $G(x, y)=0$ 或 $R(y, z)=0$ 或 $H(x, z)=0$，通常以选择求解 $G(x, y)=0$ 为宜。

(3) 求解 $G(x, y)=0$ 函数

选择表 3-20 中五组 x、y 实际值代入 $G(x, y)=0$，得到一个关于 A、B、C、D、E 的线性方程组，当 x、y 显著相关时（至少有三组数据严格满足方程），可确定 A、B、C、D、E，进而确定 $G(x, y)=0$ 函数。

$G(x, y)=0$ 函数可以变换为其他形式。

① $x=by+c+\frac{1}{2}\sqrt{fy^2+gy+h}$。

② $y=\alpha x+\beta+\frac{1}{2}\sqrt{\gamma x^2+\varepsilon x+\eta}$。

通过这种变换可以将 $z=a(1+x)^{y-m}$ 转化为一元函数，比如

$$z=a\left(1+by+c+\frac{1}{2}\sqrt{fy^2+gy+h}\right)^{y-m}$$

通过这种变换可以进行变量的计量单位换算，假定 $y=\alpha x+\beta+\frac{1}{2}\sqrt{\gamma x^2+\varepsilon x+\eta}$ 中

y 的计量单位为月，改变计量单位，函数发生以下变化。

① 如果把 y 的计量单位变为季，则函数为

$$y_1=3\alpha x+3\beta+\frac{3}{2}\sqrt{\gamma x^2+\varepsilon x+\eta}$$

② 如果把 y 的计量单位变为半年，则函数为

$$y_2=6\alpha x+6\beta+3\sqrt{\gamma x^2+\varepsilon x+\eta}$$

③ 如果把 y 的计量单位变为年，则函数为

$$y_3=12\alpha x+12\beta+6\sqrt{\gamma x^2+\varepsilon x+\eta}$$

④ 如果把 y 的计量单位变为天，则函数为

$$y_4=\frac{1}{30}\alpha x+\frac{1}{30}\beta+\frac{1}{60}\sqrt{\gamma x^2+\varepsilon x+\eta}$$

通过求解以上函数的反函数，得到不同计量单位的 $x=by+c+\frac{1}{2}\sqrt{fy^2+gy+h}$ 形式的 x、y 函数。

（4）规划模型一求解

$$y=p$$

$$x=bp+c+\frac{1}{2}\sqrt{fp^2+gp+h}$$

$$z=a(1+x)^{y-m}=a[1+bp+c+\frac{1}{2}\sqrt{fp^2+gp+h}]^{p-m}$$

若 $a\left[1+bp+c+\frac{1}{2}\sqrt{fp^2+gp+h}\right]^{p-m}\geqslant q$ 或 $q\leqslant a\left[1+bp+c+\frac{1}{2}\sqrt{fp^2+gp+h}\right]^{p-m}\geqslant r$，则

$\bar{\xi}=\frac{a}{p-m}\left[1+bp+c+\frac{1}{2}\sqrt{fp^2+gp+h}\right]^{p-m}$ 即为模型的解。

若 $a\left[1+bp+c+\frac{1}{2}\sqrt{fp^2+gp+h}\right]^{p-m}<q$，一方面，说明 $z\geqslant q$ 这个目标可能定得过高，有些脱离过程实际；另一方面，若一定要确立 $z\geqslant q$ 或 $q\leqslant z\leqslant r$ 这样的目标，则必须变更过程，变更 $G(x, y)=0$ 函数。

若 $y=p$，$q\leqslant z\leqslant r$，则 $q\leqslant a(1+x)^{p-m}\leqslant r$，$\sqrt[p-m]{\frac{q}{a}}-1\leqslant x\leqslant\sqrt[p-m]{\frac{r}{a}}-1$。

设 $\rho=\dfrac{\sqrt[p-m]{\frac{q}{a}}-1}{bp+c+\frac{1}{2}\sqrt{fp^2+gp+h}}$，$\tau=\dfrac{\sqrt[p-m]{\frac{r}{a}}-1}{bp+c+\frac{1}{2}\sqrt{fp^2+gp+h}}$，$G(x, y)=0$ 函数变更为

$$x=\rho by+\rho c+\frac{\rho}{2}\sqrt{fy^2+gy+h} \text{ 或 } x=\tau by+\tau c+\frac{\tau}{2}\sqrt{fy^2+gy+h}$$

$$z=a(1+x)^{y-m}=a\left(1+\rho bp+\rho c+\frac{\rho}{2}\sqrt{fp^2+gp+h}\right)^{p-m}$$

或

$$z=a(1+x)^{y-m}=a\left(1+\tau bp+\tau c+\frac{\tau}{2}\sqrt{fp^2+gp+h}\right)^{p-m}$$

模型解为

$$\bar{\xi}=\frac{a}{p-m}\left(1+\rho bp+\rho c+\frac{\rho}{2}\sqrt{fp^2+gp+h}\right)^{p-m}$$

或

$$\bar{\xi}=\frac{a}{p-m}\left(1+\tau bp+\tau c+\frac{\tau}{2}\sqrt{fp^2+gp+h}\right)^{p-m}$$

（5）规划模型二求解

$$x=by+c+\frac{1}{2}\sqrt{fy^2+gy+h}$$

$$z=a(1+x)^{y-m}=a\left(1+by+c+\frac{1}{2}\sqrt{fy^2+gy+h}\right)^{y-m}=l$$

解此方程即得到模型的解。

3.4.6.2 随机搜索法求解

（1）规划模型一求解

已知按时间先后顺序排列的 ξ 的 m 个时点的历史实际值，见表 3-21。

表 3-21 非负变量 ξ 实际值

变量	单位	月(年/季/周/天)						
		1	2	…	j	…	$m-1$	m
ξ		c_1	c_2	…	c_j	…	c_{m-1}	c_m

还已知 $y=n=2m$（n 可以不等于 $2m$，但最好采用 $n=2m$），$z\geqslant d$。求解步骤如下。

① 把 $y=n=2m$ 按历史实际值时间长度延续排列，见表 3-22。

表 3-22 变量按历史实际值时间长度延续排列

变量	单位	月(年/季/周/天)							
		1	…	m	$m+1$	…	$m+i$	…	n
ξ		c_1	…	c_m	ξ_1	…	ξ_i	…	ξ_n
z		c_1	…	$\sum_{j-1}^{m}c_j$	$\sum_{j-1}^{m}c_j+\xi_1$	…	$\sum_{j-1}^{m}c_j+\sum_{k=1}^{i}\xi_k$	…	$\sum_{j-1}^{m}c_j+\sum_{k=1}^{n-m}\xi_k$

② 计算并列出 x、y、z 实际值。x、y、z 实际值见表 3-20。

③ x、y、z 实际值转化为 u、v、s 实际值。u、v、s 实际值见表 3-23。

表 3-23 u、v、s 实际值

原变量	复合变量	转化关系	复合变量实际值				
y	v	$v=y$	2	…	j	…	m
z	s	$s=\ln\frac{z}{a}$	f_2	…	f_j	…	f_m
x	u	$u=\ln(1+x)$	g_2	…	g_j	…	g_m

表 3-23 用 C 矩阵表示为

$$C=\begin{pmatrix} v_j \\ s_j \\ u_j \end{pmatrix}=\begin{pmatrix} 2 & \cdots & j & \cdots & m \\ f_2 & \cdots & f_j & \cdots & f_m \\ g_2 & \cdots & g_j & \cdots & g_m \end{pmatrix} \quad j=2,3\cdots m$$

在确定 C 矩阵的同时换算约束条件。

④ 寻找足够数量可行解。在通常的 $z=xy$ 规划中，x 和 y 均不确定。但在 $s=uv$ 中，$v=n-m$ 是确定的。显然，如果再设定 s 上限，则 $s=$上限时的 u 即为模型的解，但规划不能如此进行，需要进行随机试验，从随机试验中选择较优是求解模型的基本思路，以下求解主要反映随机试验过程及择优方式。如果随机试验失败的概率很大，那么规划值实现的概率就会很小。作为过程控制的目标值需要有足够大的随机试验成功概率，否则，规划值很可能成为一纸空谈。随机试验成功或失败的概率除了受制于变量关系及约束外，在很大程度上还取决于搜索区间的制定，如何确定搜索区间是一个关键问题，搜索区间的制定涉及来自多方面的各种具体问题。以下简单介绍该模型搜索区间的制定方式，极不成熟，也无充分依据，在此只为了抛砖引玉，有兴趣的读者可做专题研究。

a. 搜索区间的制定。

$$\beta=\frac{c}{\frac{1}{m-2}\sum_{i=2}^{m} f_i} \qquad \gamma=\frac{c}{d}$$

搜索区间根据 β、$\frac{1}{\beta}$、$\sqrt{\beta}$、$\frac{1}{\sqrt{\beta}}$、γ、$\frac{1}{\gamma}$、$\sqrt{\gamma}$、$\frac{1}{\sqrt{\gamma}}$ 数值确定，$\varphi_1=\min\left\{\beta, \frac{1}{\beta}, \sqrt{\beta}, \frac{1}{\sqrt{\beta}}, \gamma, \frac{1}{\gamma}, \sqrt{\gamma}\frac{1}{\sqrt{\gamma}}\right\}$，$\varphi_2=\max\left\{\beta, \frac{1}{\beta}, \sqrt{\beta}, \frac{1}{\sqrt{\beta}}, \gamma, \frac{1}{\gamma}, \sqrt{\gamma}\frac{1}{\sqrt{\gamma}}\right\}$。大范围搜索，搜索区间为 $[\varphi_1, \varphi_2]$；小范围搜索，根据模型具体情况在以上数值中选择。比如采用小范围搜索，搜索区间定为 $\left[\frac{1}{\beta}, \frac{1}{\sqrt{\beta}}\right]$。

b. 以 $s\geqslant c$ 下限值替换 C 矩阵中 s_i，以 $v=2m-m=m$ 替换 C 矩阵中 v_i，得到 W_1 矩阵。

$$W_1=\begin{pmatrix} v_j \\ s_j \\ u_j \end{pmatrix}=\begin{pmatrix} m & \cdots & m & \cdots & m \\ c & \cdots & c & \cdots & c \\ g_2 & \cdots & g_j & \cdots & g_m \end{pmatrix}$$

c. 在 [0.05, 0.5] 之间随机产生 $m-1$ 个数 k_2，$k_3 \cdots k_m$（保留 2 位小数），当 $k=k_2+k_3\cdots+k_m \in \left[\frac{1}{\beta}, \frac{1}{\sqrt{\beta}}\right]$ 时，则输出 k_2，$k_3\cdots k_m$，否则不予输出，重新生成。

d. 对 W_1 矩阵进行运算：第 3 行各元素乘以 k_i，得到 W_2 矩阵。

$$W_2=\begin{pmatrix} v_j \\ s_j \\ u_j \end{pmatrix}=\begin{pmatrix} m & \cdots & m & \cdots & m \\ c & \cdots & c & \cdots & c \\ k_2 g_2 & \cdots & k_j g_j & \cdots & k_m g_m \end{pmatrix}$$

e. 在 W_2 矩阵中增加一列得到 W_3 矩阵。

$$W_3=\begin{pmatrix} v_j \\ s_j \\ u_j \end{pmatrix}=\begin{pmatrix} m & \cdots & m & \cdots & m & m \\ c & \cdots & c & \cdots & c & 0 \\ k_2 g_2 & \cdots & k_j g_j & \cdots & k_m g_m & 0 \end{pmatrix}$$

f. 对 W_3 矩阵做以下运算（第 3 行各列合计加到新增列），然后新增列第 1 行和第 3 行相乘加到第 2 行得到 W_4 矩阵。

$$W_4=\begin{pmatrix} v_j \\ s_j \\ u_j \end{pmatrix}=\begin{pmatrix} m & \cdots & m & \cdots & m & m \\ c & \cdots & c & \cdots & c & m\times\sum\limits_{j=2}^{m} k_j g_j \\ k_2 g_2 & \cdots & k_j g_j & \cdots & k_m g_m & \sum\limits_{j=2}^{m} k_j g_j \end{pmatrix}$$

g. 当 $m\sum\limits_{j=2}^{m} k_j g_j \geqslant c$ 时，则新增列 $\begin{pmatrix} m \\ m\sum\limits_{j=2}^{m} k_j g_j \\ \sum\limits_{j=2}^{m} k_j g_j \end{pmatrix}$ 为一个可行解，从 W_4 矩阵中选出该列，记录完成该列可行解选择所经历的随机数 k_1，$k_2\cdots k_5$ 生成次数（未落入和落入搜索区间次数合计）及 k_1，$k_2\cdots k_5$ 成功落入搜索区间次数，计算该组可行解选择事件中的两种概率。

$$p_1=\frac{1}{\text{随机数生成次数}} \quad p_2=\frac{1}{\text{随机数落入搜索区间次数}}$$

重复 c～g，直至选到 r 列为止，得到可行解矩阵 W。

$$W=\begin{pmatrix} v_l \\ s_l \\ u_l \end{pmatrix}=\begin{pmatrix} w_{11} & \cdots & w_{1l} & \cdots & w_{1r} \\ w_{21} & \cdots & w_{2l} & \cdots & w_{2r} \\ w_{31} & \cdots & w_{3l} & \cdots & w_{3r} \end{pmatrix} \quad l=1,2,\cdots r$$

⑤ 选择满意解。比较 W 矩阵中各列 s 值或 p_2、p_1 值，如果侧重 s 值则选择 u 值最大列为满意解，如果侧重 p_2、p_1 值则选择 p_2、p_1 值最大列为满意解。满意解为

$$\begin{pmatrix} v^* \\ s^* \\ u^* \end{pmatrix} = \begin{pmatrix} m \\ \lambda \\ \rho \end{pmatrix}$$

相应地，x、y、z 满意解为

$$\begin{pmatrix} y^* \\ z^* \\ x^* \end{pmatrix} = \begin{pmatrix} n \\ a\mathrm{e}^{\lambda} \\ e^{\rho}-1 \end{pmatrix}$$

⑥ 确定 ξ 均值为

$$\bar{\xi} = \frac{1}{n-m-2} a\mathrm{e}^{\lambda}$$

⑦ 列出规划表。规划表见表 3-24。

表 3-24　规划表

变量	单位	月(年/季/周/天)					
		$m+1$	$m+2$	…	$m+i$	…	n
ξ		$\frac{1}{m}\sum_{j-1}^{m} c_j$	$\frac{1}{n-m-2}a\mathrm{e}^{\lambda}$	…	$\frac{1}{n-m-2}a\mathrm{e}^{\lambda}$	…	$\frac{1}{n-m-2}a\mathrm{e}^{\lambda}$
z		$\frac{m+1}{m}\sum_{j-1}^{m} c_j$	$\frac{m+1}{m}\sum_{j-1}^{m} c_j + \bar{\xi}$	…	$\frac{m+1}{m}\sum_{j-1}^{m} c_j + (i-1)\bar{\xi}$	…	$\frac{m+1}{m}\sum_{j-1}^{m} c_j + (n-m-2)\bar{\xi}$

(2) 规划模型二求解

规划模型二求解与规划模型一大同小异，具体步骤如下。

①～③同模型一，n 为未知且约束为 $s=h$ ($z=d$)。

④ 寻找足够数量可行解。

a. 搜索区间的制定。

$$\beta = \frac{h}{\frac{1}{m-2}\sum_{i=2}^{m} f_i}$$

搜索区间根据 β 确定，通常可定为 $[0.95\sqrt{\beta}, 1.05\sqrt{\beta}]$。

b. 以 $s=h$ 替换 C 矩阵中 s_i，得到 W_1 矩阵。

$$W_1 = \begin{pmatrix} v_j \\ s_j \\ u_j \end{pmatrix} = \begin{pmatrix} 2 & \cdots & j & \cdots & m \\ h & \cdots & h & \cdots & h \\ g_2 & \cdots & g_j & \cdots & g_m \end{pmatrix}$$

c. 在 $[0.05, 0.5]$ 之间随机产生 $m-1$ 个数 k_2，$k_3 \cdots k_m$（保留 2 位小数），当 $k=k_2+k_3\cdots+k_m \in [0.95\sqrt{\beta}, 1.05\sqrt{\beta}]$ 时，则输出 k_2，$k_3\cdots k_m$，否则不予输出，重新生成。

d. W_1 矩阵进行运算：第 1 行和第 3 行各元素乘以 k_j，得到 W_2 矩阵。

$$W_2 = \begin{pmatrix} v_j \\ s_j \\ u_j \end{pmatrix} = \begin{pmatrix} 2k_2 & \cdots & jk_j & \cdots & mk_j \\ h & \cdots & h & \cdots & h \\ k_2 g_2 & \cdots & k_j g_j & \cdots & k_m g_m \end{pmatrix}$$

e. 在 W_2 矩阵中增加一个零列得到 W_3 矩阵。

$$W_3=\begin{pmatrix}v_j\\s_j\\u_j\end{pmatrix}=\begin{pmatrix}2k_2&\cdots&jk_j&\cdots&mk_m&0\\h&\cdots&h&\cdots&h&0\\k_2g_2&\cdots&k_jg_j&\cdots&k_mg_m&0\end{pmatrix}$$

f. 对 W_3 矩阵做以下运算（第 1 行各列合计加到新增列），第 3 行各列合计加到新增列．然后新增列第 1 行和第 3 行元素相乘加到第 2 行得到 W_4 矩阵。

$$W_4=\begin{pmatrix}v_j\\s_j\\u_j\end{pmatrix}=\begin{pmatrix}2k_2&\cdots&jk_j&\cdots&mk_m&\sum\limits_{j=2}^{m}jk_j\\h&\cdots&h&\cdots&h&\sum\limits_{j=2}^{m}jk_j\times\sum\limits_{j=2}^{m}k_jg_j\\k_2g_2&\cdots&k_jg_j&\cdots&k_mg_m&\sum\limits_{j=2}^{m}k_jg_j\end{pmatrix}$$

g. 当恰好遇到 $\sum\limits_{j=2}^{m}jk_j\times\sum\limits_{j=2}^{m}k_jg_j=h$ ，则新增列 $\begin{pmatrix}\sum\limits_{j=2}^{m}jk_j\\\sum\limits_{j=2}^{m}m\times\sum\limits_{j=2}^{m}k_jg_j\\\sum\limits_{j=2}^{m}k_jg_j\end{pmatrix}$ 为一个可行解，从 W_4 矩阵中选出该列。

重复 c～g，直至选到 r 列为止，得到可行解矩阵 W。

$$W=\begin{pmatrix}v_l\\s_l\\u_l\end{pmatrix}=\begin{pmatrix}w_{11}&\cdots&w_{1l}&\cdots&w_{1r}\\w_{21}&\cdots&w_{2l}&\cdots&w_{2r}\\w_{31}&\cdots&w_{3l}&\cdots&w_{3r}\end{pmatrix}\quad l=1,2,\cdots r$$

⑤ 选择满意解。比较 W 矩阵中各列 v 值，v 值最小者 $v=\alpha$ 为模型的解。

$$\begin{pmatrix}v^*\\s^*\\u^*\end{pmatrix}=\begin{pmatrix}\alpha\\h\\\rho\end{pmatrix}$$

以 $y=m$ 为开始时点计算，ξ 变量累计值达到 $z=d$（$s=h$）的最短时间为 $\alpha+1$。至此完成模型求解。

3.4.7 $z=a(1+x)^{y-m}$ 应用案例

3.4.7.1 案例基础资料、问题及问题解决方式

（1）案例基础资料

某企业 2019 年上半年营业收入见表 3-25。

表 3-25 某企业 2019 年上半年营业收入

变量名称	变量代号	单位	时间					
			1月	2月	3月	4月	5月	6月
营业收入	ξ	万元	2485	2367	2594	2408	2427	2268

该企业在 2018 年年底制订的 2019 年发展目标之一是：全年营业收入不低于 3 亿元。

（2）案例问题

① 根据上半年情况，如果下半年基本经营状况维持不变，预计全年营业收入是多少？能否实现目标？若不能实现，差距有多大？

② 若要实现目标，应如何规划下半年营业收入？若按照 2019 年 3 亿元规划，营业收入累计值要达到 20 亿元，至少需要几年（从 2019 年年初开始累计）？

③ 已知 2018 年全年营业收入为 25478 万元，保持目前经营发展趋势，若要实现营业收入翻番，至少需要几年（以 2018 年年末，2019 年年初为起点计）？

（3）问题解决方式

以上问题可以采用多种方式解决：简单方式、函数族法、随机搜索法等。

3.4.7.2 简单方式

案例问题可以采用以下简单方式解决：

① 营业收入月均值为 $\bar{\xi}=\dfrac{1}{6}\sum_{i=1}^{6}\xi_i=2424.83$ 万元，预计全年营业收入的可能值是 29098 万元。不能实现目标，差距为 902 万元。

② 若要实现目标，下半年月均营业收入不应低于 2575.17 万元。

以 2019 年全年营业收入 3 亿元计，2019 年比 2018 年增加 4522 万元，年增长率 17.75%，各年营业收入及累计值见表 3-26，自 2019 年年初开始累计，2023 年营业收入累计值能达到 20 亿元，需要 4.76 年。

表 3-26 各年营业收入及累计值

项目	2019 年	2020 年	2021 年	2022 年	2023 年
营业收入/万元	30000	35325	41595	48978	57672
年末营业收入累计/亿元	3.00	6.53	10.69	15.59	21.36

③ 若 2019 年营业收入为 29098 万元，则 2019 年比 2018 年增加 3620 万元，年增长率 14.2%。设需要 n 年营业收入能实现翻番，$(1+0.142)^n=2$，$n=5.22$ 年，2024 年营业收入能实现翻番。

若 2019 年营业收入为 3 亿元，2019 年比 2018 年增加 4522 万元，年增长率 17.75%。设需要 m 年营业收入能实现翻番，$(1+0.1775)^m=2$，$m=4.3$ 年，2023 年营业收入能实现翻番。

3.4.7.3　函数族法

（1）计算上半年 x、y、z 实际值

用 $z=c(1+x)^{y-1}$（c 为 1 月 ξ 值）计算 2019 年上半年 x、y、z 实际值，见表 3-27。

表 3-27　2019 年上半年 x、y、z 实际值

变量名称	变量代号	单位	数值					
时间	y	月	1	2	3	4	5	6
营业收入	ξ	万元	2485	2367	2594	2408	2427	2268
营业收入累计	z	万元	2485	4852	7446	9854	12281	14549
变化指标	x	—	—	0.9525	0.7310	0.5828	0.4910	0.4240

（2）求解 x，y 函数

设 $G(x、y)=x^2+Ay^2+Bxy+Cx+Dy+E=0$，将表 3-27 中 2～5 月数据代入方程，得到以下方程组。

$$\begin{cases}4A+1.905B+0.9525C+2D+E+0.9073=0\\9A+2.193B+0.731C+3D+E+0.5344=0\\16A+2.3312B+0.5828C+4D+E+0.3397=0\\25A+2.455B+0.491C+5D+E+0.2411=0\\36A+2.5438B+0.424C+6D+0.1798=0\end{cases}$$

解方程组，得 $A=0.0133$，$B=0.3459$，$C=-2.0866$，$D=0.2553$，$E=0.8788$。得到 x 和 y 函数 $G(x, y)=x^2+0.0133y^2+0.3459xy-2.0866x-0.2553y+0.8788=0$。

$G(x, y)=x^2+Ay^2+Bxy+Cx+Dy+E=0$ 可以转化为 $y=f(x)$ 及 $x=g(y)$ 形式。

$$y=\alpha x+\beta+\frac{1}{2}\sqrt{\gamma x^2+\varepsilon x+\eta}$$

$$x=by+c+\frac{1}{2}\sqrt{fy^2+gy+h}$$

$$x=-0.173y+1.0433+\frac{1}{2}\sqrt{0.0664y^2-0.4223y+0.8387}$$

$$y=-13x+9.6+\frac{1}{2}\sqrt{375.64x^2-370.91x+104.17}$$

现把 y 的计量单位变为半年，x 和 y 函数为

$$y_2=-78x+57.6+3\sqrt{375.64x^2-370.91x+104.17}$$

求反函数得到

$$x=-0.0282y_2+1.021+\frac{1}{2}\sqrt{0.001735{y_2}^2-0.0639y_2+0.7278}$$

这就是以半年为时间单位的变化指标函数，$y=2$，$x=1.3537$。

（3）解决案例问题

① 问题① 采用以下函数进行相关计算。

$$z=\alpha(1+x)^{y-1}$$

式中 z——y 时间 ξ 变量累计值；

x——以半年为时间单位的变化指标；

y——以半年为时间单位的时间值；

α——首个半年的变量合计值。

将 $\alpha=14549$、$y=2$、$x=1.3537$ 代入函数，则 $z=34244$。预计 2019 年全年营业收入是 34244 万元，下半年营业收入是 19695 万元。维持基本经营状况不变，可以实现目标。

② 问题② 根据问题①得到的结论，问题②的解决方法是：维持基本经营状况不变，保持目前经营发展趋势。要实现全年营业收入不低于 3 亿元，上半年的经营状况存在一定问题，但不存在大的问题（不需要变更过程）。

$z\geqslant 30000$ 的变量值规划：下半年按全年营业收入 34247 万元、半年营业收入 19698 万元、月均营业收入 3283 万元规划，具体规划值见表 3-28。

表 3-28 2019 年下半年 x、y、z、ξ 规划值

变量名称	变量代号	单位	数值					
时间	y	月	7	8	9	10	11	12
营业收入	ξ	万元	3283	3283	3283	3283	3283	3283
营业收入累计	z	万元	17832	21115	24398	27681	30964	34247
变化指标	x	—	0.2257	0.2047	0.1881	0.1745	0.1631	0.1534

按照 2019 年全年 3 亿元规划，设需要 r 个半年，营业收入累计值达到 20 亿元。

仍沿用 y 的计量单位为半年的函数。

$$x=-0.0282y_2+1.021+\frac{1}{2}\sqrt{0.001735{y_2}^2-0.0639y_2+0.7278}$$

$$z=\alpha(1+x)^{y-1}$$

$$20=\frac{3}{2}\times\left(2.021-0.0282r+\frac{1}{2}\sqrt{0.001735r^2-0.0639r+0.7278}\right)^{r-1}$$

解方程得 $r=4.189$，营业收入累计值达到 20 亿元需要 2.09 年。即自 2019 年年初开始累计，2021 年 2 月能实现营业收入累计值达到 20 亿元。

③ 问题③ 需要计算全年营业收入为 50956 万元的时间。

设需要 n 个半年$\left(m\text{ 年，}n=\dfrac{m}{2}\right)$，全年营业收入能实现翻番（达到 50956 万元）。

经过 n 个半年营业收入累计值为 $z_n=14549\times(1+x)^{n-1}$，经过 $n-2$ 个半年营业收入累计值为 $z_{n-2}=14549\times(1+x)^{n-3}$，$z_n-z_{n-2}=50956$。

$$z_n = 14549\times\left(1-0.0282n+1.021+\frac{1}{2}\sqrt{0.001735n^2-0.0639n+0.7278}\right)^{n-1}$$

$$z_{n-2} = 14549\times\left[1-0.0282(n-2)+1.021+\frac{1}{2}\sqrt{0.001735(n-2)^2-0.0639(n-2)+0.7278}\right]^{n-3}$$

解此方程（用 Excel 设置方程求解）得 $n=2.73$，$m=1.37$，2020 年下半年可以实现营业收入能翻番。该计算方式要求 $n\geqslant3$，由于计算结果 $n=2.73<3$，本例情况特殊，采用以上方式求解存在问题，改用以下方式计算。

$$(1+x)^{n-1}=2$$

$$(1-0.0282n+1.021+\frac{1}{2}\sqrt{0.001735n^2-0.0639n+0.7278})^{n-1}=2$$

解得 $n=2.7486$，$m=1.38$，2020 下半年可以实现营业收入能翻番。

3.4.7.4 随机搜索法

问题①和③的解决方式及结论同简单方式。问题②中第一个问题用规划模型一解决，问题②中第二个问题用规划模型二解决。

（1）2019 年营业收入不低于 3 亿元的规划模型及模型求解

2019 年 2～6 月变量值转换见表 3-29。

表 3-29　2019 年 2～6 月变量实际值转换

原变量	复合变量	转化关系	复合变量数值				
x	u	$u=\ln(1+x)$	0.6691	0.5487	0.4592	0.3994	0.3535
y	v	$v=y-m$	1	2	3	4	5
z	s	$s=\ln\frac{z}{a}$	0.6691	1.0974	1.3776	1.5978	1.7672

原约束条件 $z_n\geqslant30000-14549$ 转化为 $s\geqslant1.8274$。模型求解与前述 3.2.3.3 小节中 $z=xy$ 变量值规划案例中的（3）实现 A 产品全年销售收入不低于 9000 万元的规划基本相同。模型及求解可以参照 3.2.3.3 小节中的案例。

模型为：

$$\begin{gathered}\min -u\\ \text{st. } s\geqslant1.8274\\ s=uv\\ v=5\\ u>0\end{gathered}$$

2019 年 2～5 月复合变量实际值矩阵为

$$C=\begin{pmatrix}u_i\\ v_i\\ s_i\end{pmatrix}=\begin{pmatrix}0.6691 & 0.5487 & 0.4592 & 0.3994 & 0.3535\\ 1 & 2 & 3 & 4 & 5\\ 0.6691 & 1.0974 & 1.3776 & 1.5976 & 1.7672\end{pmatrix}$$

以 $s\geqslant1.8274$ 下限值替换 C 矩阵中 s_i，以 $v=5$ 替换 v_i，得到 W_1 矩阵。

$$W_1=\begin{pmatrix}u_i\\v_i\\s_i\end{pmatrix}=\begin{pmatrix}0.6691 & 0.5487 & 0.4592 & 0.3994 & 0.3535\\5 & 5 & 5 & 5 & 5\\1.8274 & 1.8274 & 1.8274 & 1.8274 & 1.8274\end{pmatrix}$$

$\beta=\dfrac{1.8274}{1.3018}=1.4037$，$\dfrac{1}{\beta}=0.7124$，搜索区间定为$\left[\dfrac{0.95}{\beta},\dfrac{1.05}{\beta}\right]=[0.6768,0.7480]$。

① 在 [0.05，0.5] 之间随机产生 5 个数 k_2，$k_3\cdots k_6$（保留 2 位小数），当 $k=k_2+k_3\cdots+k_6\in[0.6768,0.7480]$ 时，则输出 k_2，$k_3\cdots k_6$，否则不予输出，重新生成。

随机生成结果：k_2，$k_3\cdots k_6$为 0.12、0.28、0.08、0.15、0.10。

对 W_1 矩阵进行运算：第 1 行各元素乘以 k_i，得到 W_2矩阵。

$$W_2=\begin{pmatrix}0.0803 & 0.1536 & 0.0367 & 0.0599 & 0.0353\\5 & 5 & 5 & 5 & 5\\1.8274 & 1.8274 & 1.8274 & 1.8274 & 1.8274\end{pmatrix}$$

② 在 W_2矩阵中增加一列得到 W_3矩阵。

$$W_3=\begin{pmatrix}0.0803 & 0.1536 & 0.0367 & 0.0599 & 0.0353 & 0\\5 & 5 & 5 & 5 & 5 & 5\\1.8274 & 1.8274 & 1.8274 & 1.8274 & 1.8274 & 0\end{pmatrix}$$

③ 对 W_3矩阵做以下运算（第 1 行各列合计加到新增列），然后新增列第 1 行和第 2 行相乘加到第 3 行得到 W_4矩阵。

$$W_4=\begin{pmatrix}0.0803 & 0.1536 & 0.0367 & 0.0599 & 0.0353 & 0.3659\\5 & 5 & 5 & 5 & 5 & 5\\1.8274 & 1.8274 & 1.8274 & 1.8274 & 1.8274 & 1.8296\end{pmatrix}$$

④ 新增列 $s=1.8296>1.8274$，因此新增列$\begin{pmatrix}0.3659\\5\\1.8296\end{pmatrix}$为一个可行解，从 W_4矩阵中选出该列，记录完成该列可行解选择所经历的随机数 k_2，$k_3\cdots k_6$生成次数（未落入和落入搜索区间次数合计）及 k_2，$k_3\cdots k_6$成功落入搜索区间次数，计算该组可行解选择事件中的两种概率。

$$p_1=\frac{1}{\text{随机数生成次数}}\quad p_2=\frac{1}{\text{随机数落入搜索区间次数}}$$

重复①～④，直至选到 10 列为止，得到可行解矩阵 W。

$$W=\begin{pmatrix}0.3659 & 0.3672 & 0.3683 & 0.3707 & 0.3711 & 0.3685 & 0.3656 & 0.3677 & 0.3651 & 0.3679\\5 & 5 & 5 & 5 & 5 & 5 & 5 & 5 & 5 & 5\\1.8296 & 1.8362 & 1.8417 & 1.8537 & 1.8556 & 1.8427 & 1.8282 & 1.8387 & 1.8257 & 1.8395\end{pmatrix}$$

⑤ 选择满意解。本例侧重 s 值（z 值），不以概率大小为选择依据。比较 W 矩阵中各列 u 值，选择 u 值最大列为满意解，满意解为

$$\begin{pmatrix} u^* \\ v^* \\ s^* \end{pmatrix} = \begin{pmatrix} \rho \\ m \\ \lambda \end{pmatrix} = \begin{pmatrix} 0.3711 \\ 5 \\ 1.8556 \end{pmatrix}$$

相应地 x、y、z 满意解为

$$\begin{pmatrix} x^* \\ y^* \\ z^* \end{pmatrix} = \begin{pmatrix} e^{\rho}-1 \\ n \\ a e^{\lambda} \end{pmatrix} = \begin{pmatrix} 0.4493 \\ 12 \\ 15509 \end{pmatrix}$$

⑥ 确定 ξ 均值（8～12 月）。

$$\bar{\xi} = \frac{1}{n-m-2} a e^{\lambda} = \frac{15509}{5} = 3102 \approx 3100$$

⑦ 列出规划表。2019 年营业收入规划值见表 3-30。

表 3-30　2019 年营业收入规划值

变量名称	代号	单位	月(年/季/周/天)					
			7	8	9	10	11	12
营业收入	ξ	万元	2425	3100	3100	3100	3100	3100
累计营业收入	z	万元	16974	20074	23174	26274	29374	32474

(2) 累计营业收入到达 20 亿元的时间求解

模型为 $z=a(1+x)^{y-m}$，$s=uv$，$s=\ln\dfrac{z}{a}$，$u=\ln(1+x)$，$v=y-m$。

$$\min v$$
$$\text{st. } s=4.4125$$
$$s=uv$$

① 按历史实际值时间长度延续排列的变量值见表 3-31。

表 3-31　按历史实际值时间长度延续排列的变量值

变量	单位	月(年/季/周/天)							
		1	…	6	6+1	…	$6+i$	…	n
ξ		2485	…	2268	ξ_1	…	ξ_i	…	ξ_{n-6}
z		2485	…	14549	$14549+\xi_1$	…	$14549+\sum_{k=1}^{i}\xi_k$	…	$14549+\sum_{k=1}^{n-6}\xi_k=200000$

② 变量转化。变量转化见表 3-32。

表 3-32　变量转化

原变量	复合变量	转化关系	复合变量数值					
x	u	$u=\ln(1+x)$	0.6691	0.5487	0.4592	0.3994	0.3535	u_n
y	v	$v=y-1$	1	2	3	4	5	$n-1$
z	s	$s=\ln\dfrac{z}{a}$	0.6691	1.0974	1.3776	1.5978	1.7672	4.4125

③ 符合变量实际值矩阵为

$$C=\begin{pmatrix}u_i\\v_i\\s_i\end{pmatrix}=\begin{pmatrix}0.6691 & 0.5487 & 0.4592 & 0.3994 & 0.3535\\1 & 2 & 3 & 4 & 5\\0.6691 & 1.0974 & 1.3776 & 1.5976 & 1.7672\end{pmatrix}$$

④ 寻找足够数量可行解

a. 搜索区间的制定

s 变化范围 $s=4.4125$。

v 变化范围 $[4.76\times12\times0.7，4.76\times12\times1.3]=[39.98，74.26]$。

u 变化范围 $\left[\dfrac{4.4125}{74.26}，\dfrac{4.4125}{39.98}\right]=[0.05942，0.1104]$。

b. 以 $s=4.4125$ 替换 C 矩阵中 s_i，得到 W_1 矩阵。

$$W_1=\begin{pmatrix}u_i\\v_i\\s_i\end{pmatrix}=\begin{pmatrix}0.6691 & 0.5487 & 0.4592 & 0.3994 & 0.3535\\1 & 2 & 3 & 4 & 5\\4.4125 & 4.4125 & 4.4125 & 4.4125 & 4.4125\end{pmatrix}$$

c. 在 $[0.0087，0.087]$ 之间随机产生 5 个数 k_2，$k_3\cdots k_6$（保留 3 位小数），当 $k=k_2+k_3\cdots+k_6\in[0.1234，0.2263]$ 时，则输出 k_2，$k_3\cdots k_6$，否则不予输出，重新生成。

随机生成结果：k_2，$k_3\cdots k_6=0.018$、0.038、0.053、0.046、0.032。

在 $[0.95，9.5]$ 之间随机产生 5 个数 q_2，$q_3\cdots q_6$（保留 3 位小数），当 $q=q_2+q_3\cdots+q_6\in[13.3，24.7]$ 时，则输出 q_2，$q_3\cdots q_6$，否则不予输出，重新生成。

随机生成结果：q_2，$q_3\cdots q_6=8.235$、7.637、4.872、1.373、1.430。

d. 对 W_1 矩阵进行运算：第 1 行各元素乘以 k_j 和第 2 行各元素乘以 q_j，得到 W_2 矩阵。

$$W_2=\begin{pmatrix}u_i\\v_i\\s_i\end{pmatrix}=\begin{pmatrix}0.6691\times0.018 & 0.5487\times0.038 & 0.4592\times0.053 & 0.3994\times0.046 & 0.3535\times0.032\\1\times8.235 & 2\times7.637 & 3\times4.872 & 4\times1.373 & 5\times1.43\\4.4125 & 4.4125 & 4.4125 & 4.4125 & 4.4125\end{pmatrix}$$

e. 在 W_2 矩阵中增加一个零列得到 W_3 矩阵。

$$W_3=\begin{pmatrix}u_i\\v_i\\s_i\end{pmatrix}=\begin{pmatrix}0.012 & 0.0209 & 0.0243 & 0.0184 & 0.0113 & 0\\8.235 & 15.274 & 14.616 & 5.492 & 7.15 & 0\\4.4125 & 4.4125 & 4.4125 & 4.4125 & 4.4125 & 0\end{pmatrix}$$

f. 对 W_3 矩阵做以下运算（第 1 行各列合计加到新增列，第 2 行各列合计加到新增列，然后新增列第 1 行和第 2 行元素相乘加到第 3 行得到 W_4 矩阵。

$$W_3=\begin{pmatrix}u_i\\v_i\\s_i\end{pmatrix}=\begin{pmatrix}0.012 & 0.0209 & 0.0243 & 0.0184 & 0.0113 & 0.0869\\8.235 & 15.274 & 14.616 & 5.492 & 7.15 & 50.767\\4.4125 & 4.4125 & 4.4125 & 4.4125 & 4.4125 & 4.4125\end{pmatrix}$$

g. 新增列第 3 行恰好等于 4.4125，新增列 $\begin{pmatrix}0.0869\\50.767\\4.4125\end{pmatrix}$ 为一个可行解，从 W_4 矩阵中选出该列。

重复 c～g，直至选到 10 列为止，得到可行解矩阵 W。

$$W=\begin{pmatrix}u_l\\v_l\\s_l\end{pmatrix}=\begin{pmatrix}0.0869 & 0.0917 & 0.094 & 0.106 & 0.0856 & 0.0991 & 0.0895 & 0.101 & 0.0973 & 0.0877\\50.767 & 48.117 & 46.942 & 41.64 & 51.534 & 44.526 & 49.302 & 43.688 & 45.349 & 50.314\\4.4125 & 4.4125 & 4.4125 & 4.4125 & 4.4125 & 4.4125 & 4.4125 & 4.4125 & 4.4125 & 4.4125\end{pmatrix}$$

$$l=1,2\cdots10$$

⑤ 选择满意解。比较 W 矩阵中各列 v 值，v 值最小者 $v=41.64$ 为模型的解。

$$\begin{pmatrix}u^*\\v^*\\s^*\end{pmatrix}=\begin{pmatrix}0.106\\41.64\\4.4125\end{pmatrix}$$

营业收入累计值达到 20 亿元的最短时间为 42.64 个月（3.55 年），即以 2019 年年初开始累计，2022 年 7 月营业收入累计值达到 20 亿元。

第4章 生产制造过程控制案例

生产制造是人们获得物品的主要方式，这种方式自人类诞生之初即已存在。由于人们对物品的需求与时递增，不断变化，生产制造过程不仅是历史最悠久的古老过程，也是一种经久不衰、不断迭代、不断膨胀、必不可少的社会过程。生产制造过程与人的关系较为密切，用它来验证和演示前述方具有普遍的现实意义。

4.1 案例资料

某厂生产A、B、C、D四种产品，设计生产能力为A产品100万吨/年；B产品40万吨/年；C产品20万吨/年；D产品10万吨/年。生产采用每日三班轮换制。试对该厂2018年生产过程进行策划和控制。本案例为虚拟案例而非实例，全部数据均来自虚拟。

4.2 过程变量集和函数集分析

工厂生产经营有三个基本环节：生产、销售和供给。销售主要取决于市场，生产主要取决于企业，供给取决于企业和市场。生产应充分考虑市场需求和市场供给，因为需求决定生产，生产依赖供给。生产过程的策划和控制应将销售及供给环节的主要变量纳入其中。

4.2.1 主要变量识别

(1) 销售环节的主要变量

销量、销售价格、销售收入、用户满意度（好评率）、投诉频数、地区1市场份额、地区2市场份额、地区3市场份额。

(2) 生产环节的主要变量

年产量、月产量、日产量、生产时间、合格品率、优级品率、生产工人人数。

(3) 供给环节的主要变量

主要原材料 1 价格、主要原材料 2 价格、主要原材料 1 采购数量、主要原材料 2 采购数量、主要原材料 1、2 之外的其他采购金额、全部采购金额。

(4) 企业财务管理中的主要变量

经营收入、经营成本、税金、利润；保证生产、销售、采购各环节正常运转的流动资金；生产成本、销售成本、材料成本、人工成本、管理成本、固定成本、可变成本；单位产品经营成本、单位产品生产成本、单位产品销售成本。

4.2.2 过程函数集

从整个工厂生产经营来说，过程存在四个基本函数集：财务管理函数集、销售管理函数集、生产管理函数集、采购管理函数集。

(1) 财务管理函数集

$$R_f(1)=\{x_1,x_2,x_3,x_4 \mid x_1=x_2-x_3-x_4\}$$

式中 x_1——利润；

x_2——经营收入；

x_3——经营成本；

x_4——税金。

(2) 销售管理函数集

$$R_f(2)=\{x_5 \sim x_{13} \mid x_5=x_6x_7+x_8x_9+x_{10}x_{11}+x_{12}x_{13}\}$$

式中 x_5——销售收入；

x_6——A 产品销售价格；

x_7——A 产品销售数量；

x_8——B 产品销售价格；

x_9——B 产品销售数量；

x_{10}——C 产品销售价格；

x_{11}——C 产品销售数量；

x_{12}——D 产品销售价格；

x_{13}——D 产品销售数量。

(3) 生产管理函数集

$$R_f(3)=\{x_{14} \sim x_{25} \mid x_{16}=x_{14}x_{15};x_{19}=x_{17}x_{18};x_{22}=x_{20}x_{21};x_{25}=x_{23}x_{24}\}$$

式中 x_{14}——A 产品月生产时间；

x_{15}——A 产品日产量；

x_{16}——A 产品月产量；

x_{17}——B 产品月生产时间；

x_{18}——B 产品日产量；

x_{19}——B 产品月产量；

x_{20}——C 产品月生产时间；

x_{21}——C 产品日产量；

x_{22}——C 产品月产量；

x_{23}——D 产品月生产时间；

x_{24}——D 产品日产量；

x_{25}——D 产品月产量。

(4) 采购管理函数集

$$R_f(4)=\{x_{26}\sim x_{42}\,|\,x_{26}=x_{27}x_{28}+x_{29}x_{30}\cdots x_{39}x_{40}+x_{41}x_{42}\}$$

式中 x_{26}——主要原材料采购金额；

x_{27}——A 产品原材料 1 价格；

x_{28}——A 产品原材料 1 采购数量；

x_{29}——A 产品原材料 2 价格；

x_{30}——A 产品原材料 2 采购数量；

x_{31}——B 产品原材料 1 价格；

x_{32}——B 产品原材料 1 采购数量；

x_{33}——B 产品原材料 2 价格；

x_{34}——B 产品原材料 2 采购数量；

x_{35}——C 产品原材料 1 价格；

x_{36}——C 产品原材料 1 采购数量；

x_{37}——C 产品原材料 2 价格；

x_{38}——C 产品原材料 2 采购数量；

x_{39}——D 产品原材料 1 价格；

x_{40}——D 产品原材料 1 采购数量；

x_{41}——D 产品原材料 2 价格；

x_{42}——D 产品原材料 2 采购数量。

4.2.3 过程变量集

变量集具体变量可根据实际需要确定，本例按一般需要设定。

(1) 财务管理变量集

$$R_v(1)=\{y_1, y_2\cdots y_{20}, y_{21}\}$$

式中 y_1——生产环节流动资金；

y_2——销售环节流动资金；

y_3——采购环节流动资金；

y_4——其他流动资金；

y_5——生产成本；

y_6——销售成本；

y_7——材料成本；

y_8——人工成本；

y_9——管理成本；
y_{10}——A 产品单位经营成本；
y_{11}——A 产品单位生产成本；
y_{12}——A 产品单位销售成本；
y_{13}——B 产品单位经营成本；
y_{14}——B 产品单位生产成本；
y_{15}——B 产品单位销售成本；
y_{16}——C 产品单位经营成本；
y_{17}——C 产品单位生产成本；
y_{18}——C 产品单位销售成本；
y_{19}——D 产品单位经营成本；
y_{20}——D 产品单位生产成本；
y_{21}——D 产品单位销售成本。

（2）销售管理变量集

$$R_v(2)=\{y_{22},y_{23}\cdots y_{32},y_{33}\}$$

式中 y_{22}——A 产品用户满意度；
y_{23}——A 产品投诉频数；
y_{24}——A 产品在地区 1 的市场份额；
y_{25}——B 产品用户满意度；
y_{26}——B 产品投诉频数；
y_{27}——B 产品在地区 1 的市场份额；
y_{28}——C 产品用户满意度；
y_{29}——C 产品投诉频数；
y_{30}——C 产品在地区 1 的市场份额；
y_{31}——D 产品用户满意度；
y_{32}——D 产品投诉频数；
y_{33}——D 产品在地区 1 的市场份额。

（3）生产管理变量集

$$R_v(3)=\{y_{34},y_{35}\cdots y_{44},y_{45}\}$$

式中 y_{34}——A 产品生产工人人数；
y_{35}——A 产品合格品率；
y_{36}——A 产品优级品率；
y_{37}——B 产品生产工人人数；
y_{38}——B 产品合格品率；
y_{39}——B 产品优级品率；
y_{40}——C 产品生产工人人数；
y_{41}——C 产品合格品率；
y_{42}——C 产品优级品率；

y_{43}——D产品生产工人人数；

y_{44}——D产品合格品率；

y_{45}——D产品优级品率。

（4）采购管理变量集

$$R_v(4)=\{y_{46},\ y_{47}\}$$

式中 y_{46}——全部采购金额；

y_{47}——主要原材料1、2之外的其他采购金额。

4.3 生产过程表示

根据上述识别结果，该生产制造过程表示如下。

××厂生产制造过程 P：

$$R_f=\{R_f(1),R_f(2),R_f(3),R_f(4)\};\ [t_0,t_{12}]$$

$$R_v=\{R_v(1),R_v(2),R_v(3),R_v(4)\};\ [t_0,t_{12}]$$

$$R_f(1)=\{x_1,x_2,x_3,x_4 \mid x_1=x_2-x_3-x_4\}$$

$$R_f(2)=\{x_5\sim x_{13} \mid x_5=x_6x_7+x_8x_9+x_{10}x_{11}+x_{12}x_{13}\}$$

$$R_f(3)=\{x_{14}\sim x_{25} \mid x_{14}=x_{15}x_{16};x_{17}=x_{18}x_{19};x_{20}=x_{21}x_{22};x_{23}=x_{24}x_{25}\}$$

$$R_f(4)=\{x_{26}\sim x_{41} \mid x_{26}=x_{27}x_{28}+x_{29}x_{30}\cdots x_{38}x_{39}+x_{40}x_{41}\}$$

$$R_v(1)=\{y_1,y_2\cdots y_{20},y_{21}\}$$

$$R_v(2)=\{y_{22},y_{23}\cdots y_{32},y_{33}\}$$

$$R_v(3)=\{y_{34},y_{35}\cdots y_{44},y_{45}\}$$

$$R_v(4)=\{y_{46},y_{47}\}$$

式中 t_0——2018年1月1日；

t_{12}——2018年12月31日。

函数变量见表4-1，变量集变量见表4-2。

表4-1 函数变量

序号	变量	名称	计量单位	备注
1	x_1	利润	万元	
2	x_2	经营收入	万元	
⋮	⋮	⋮	⋮	
40	x_{40}	D产品原材料2价格	元/t	
41	x_{41}	D产品原材料2购进数	t	

表4-2 变量集变量

序号	变量	名称	计量单位	备注
1	y_1	生产环节流动资金	万元	
2	y_2	销售环节流动资金	万元	
⋮	⋮	⋮	⋮	

续表

序号	变量	名称	计量单位	备注
43	y_{46}	全部采购金额	万元	
44	y_{47}	主要原材料1、2之外的其他采购金额	万元	

4.4 过程变量值规划

过程变量值规划的主要依据是：

① 企业方针和发展战略；

② 2017年年末签（拟）订的销售合同及采购合同；

③ 2018年市场调查与预测（2017年年末完成）；

④ 2016年及2017年两年的历史数据。

变量值规划的一般顺序是：

① $R_f(2)$、$R_v(2)$；

② $R_f(1)$、$R_v(1)$；

③ $R_f(3)$、$R_v(3)$；

④ $R_f(4)$、$R_v(4)$。

在具备条件的情况下，变量值规划可采用第3章介绍的随机搜索法和函数族方法来完成。当不具备上述方法的实施条件时，变量值规划也可采用一般性预测预估方法来实现。在第3章中介绍了不少随机搜索法和函数族方法的案例，本章不再重复讨论。以下规划结果采用一般性预测预估方法得到。

4.4.1 $R_f(2)$、$R_v(2)$ 变量值规划

(1) $R_f(2)$ 变量值规划

根据A、B、C、D四种产品2017年年末订单合同、2018年市场调查及分析预测报告，结合工厂近两年生产情况，采用预估法，确定A、B、C、D四种产品的销售价格和销售数量，见表4-3。

表4-3 2018年产品销售价格及销售数量规划

产品	A			B			C			D			A、B、C、D销售收入合计
变量名称	销售价格	销售数量	销售收入	销售价格	销售数量	销售收入	销售价格	销售数量	销售收入	销售价格	销售数量	销售收入	
变量代号	x_6	x_7	x_6x_7	x_8	x_9	x_8x_9	x_{10}	x_{11}	$x_{10}x_{11}$	x_{12}	x_{13}	$x_{12}x_{13}$	x_5
计量单位	元/t	万吨	万元	元/t	万吨	万元	元/t	万吨	万元	元/t	万吨	万元	万元
规划值（月均）	405	6.1542	2492	384	2.6744	1027	440	1.2517	551	475	0.7225	343	4413
规划值（全年）	—	73.8504	29909	—	32.0928	12324	—	15.0204	6609	—	8.67	4118	52960

有了表 4-3 数据相当于得到 $A(2)$ 矩阵，即 $R_f(2)$ 的规划结果。

$$A(2)_{9\times13}=\begin{pmatrix}0 & 4413 & 4413 & \cdots & 4413 & 4413\\0 & 405 & 405 & \cdots & 405 & 405\\0 & 6.1542 & 6.1542 & \cdots & 6.1542 & 6.1542\\0 & 384 & 384 & \cdots & 384 & 384\\0 & 2.6744 & 2.6744 & \cdots & 2.6744 & 2.6744\\0 & 440 & 440 & \cdots & 440 & 440\\0 & 1.2517 & 1.2517 & \cdots & 1.2517 & 1.2517\\0 & 475 & 475 & \cdots & 475 & 475\\0 & 0.7225 & 0.7225 & \cdots & 0.7225 & 0.7225\end{pmatrix}$$

(2) $R_v(2)$ 变量值规划

根据 A、B、C、D 四种产品 2018 年市场调查及分析预测报告、企业 2018 年发展战略，结合工厂近两年实际情况，采用预估法，确定 A、B、C、D 四种产品的的用户满意度、投诉频次、地区 1 市场份额等变量规划值，见表 4-4。

表 4-4　2018 年用户满意度、投诉频次、地区 1 市场份额变量规划值

产品	变量名称	变量代号	单位	规划值(全年)	规划值(月均)	备注
A	用户满意度	y_{22}	%	95	95	
	投诉频次	y_{23}	次	6	0.5	
	地区 1 市场份额	y_{24}	%	30	30	
B	用户满意度	y_{25}	%	95	95	
	投诉频次	y_{26}	次	4	0.33	
	地区 1 市场份额	y_{27}	%	25	25	
C	用户满意度	y_{28}	%	95	95	
	投诉频次	y_{29}	次	3	0.25	
	地区 1 市场份额	y_{30}	%	22	22	
D	用户满意度	y_{31}	%	95	95	
	投诉频次	y_{32}	次	3	0.25	
	地区 1 市场份额	y_{33}	%	20	20	

有了表 4-4 的数据相当于得到了 $G(2)$ 矩阵（省略表述），即 $R_v(2)$ 的规划结果。

4.4.2 $R_f(1)$、$R_v(1)$ 变量值规划

(1) $R_f(1)$ 变量值规划

根据 $R_f(2)$ 数据、2018 年企业发展战略，结合工厂近两年财务管理数据，采用预估法，确定工厂 2018 年利润、经营收入、经营成本、税金等变量规划值见表 4-5。

表 4-5　2018 年利润、经营收入、经营成本、税金等变量规划值

变量名称	变量代号	单位	规划值(全年)	规划值(月均)	备注
利润	x_1	万元	3480	290	
经营收入	x_2	万元	52960	4413	
经营成本	x_3	万元	39328	3277	
税金	x_4	万元	10152	846	

有了表 4-5 的数据相当于得到了 $A(1)$ 矩阵（省略表述），即 $R_f(1)$ 的规划结果。

（2）$R_v(1)$ 变量值规划

根据 $R_f(2)$、$R_f(1)$ 数据，结合工厂近两年财务管理数据，采用预估法，确定工厂 2018 年生产环节、销售环节、采购环节流动资金及其他流动资金等变量规划值，见表 4-6。

表 4-6　生产环节、销售环节、采购环节流动资金及其他流动资金等变量规划值

变量名称	变量代号	单位	规划值
生产环节流动资金	y_1	万元	955
销售环节流动资金	y_2	万元	164
采购环节流动资金	y_3	万元	1860
其他流动资金	y_4	万元	934

根据 $R_f(2)$、$R_f(1)$ 数据、结合工厂近两年财务管理数据，采用预估法，确定工厂 2018 年生产成本、销售成本、材料成本、人工成本、管理成本等变量规划值，见表 4-7。

表 4-7　生产成本、销售成本、材料成本、人工成本、管理成本等变量规划值

变量名称	变量代号	单位	规划值(全年)	规划值(月均)	备注
生产成本	y_5	万元	37362	3114	
销售成本	y_6	万元	1966	164	
材料成本	y_7	万元	17934	1495	
人工成本	y_8	万元	6745	562	
管理成本	y_9	万元	4956	513	

根据 $R_f(2)$、$R_f(1)$ 数据，结合工厂近两年财务管理数据，采用预估法，确定工厂 2018 年产品单位成本变量规划值，见表 4-8。

表 4-8　产品单位成本变量规划值

产品	变量名称	变量代号	单位	规划值(全年平均)	备注
A	单位经营成本(含税)	y_{10}	元/t	381	
	单位生产成本(含税)	y_{11}	元/t	299	
	单位销售成本(含税)	y_{12}	元/t	82	

续表

产品	变量名称	变量代号	单位	规划值（全年平均）	备注
B	单位经营成本(含税)	y_{13}	元/t	359	
	单位生产成本(含税)	y_{14}	元/t	279	
	单位销售成本(含税)	y_{15}	元/t	80	
C	单位经营成本(含税)	y_{16}	元/t	403	
	单位生产成本(含税)	y_{17}	元/t	316	
	单位销售成本(含税)	y_{18}	元/t	96	
D	单位经营成本(含税)	y_{19}	元/t	435	
	单位生产成本(含税)	y_{20}	元/t	331	
	单位销售成本(含税)	y_{21}	元/t	104	

有了表 4-6～表 4-8 的数据相当于得到了 $G(1)$ 矩阵（省略表述），即 $R_v(1)$ 的规划结果。

4.4.3 $R_f(3)$、$R_v(3)$ 变量值规划

(1) $R_f(3)$ 变量值规划

根据 $R_f(2)$、$R_v(1)$ 数据，结合工厂近两年生产管理数据，采用预估法，确定工厂 2018 年月生产时间、日产量、月产量等变量规划值，见表 4-9。

表 4-9 月生产时间、日产量、月产量等变量规划值

产品	变量名称	变量代号	单位	规划值	备注
A	月生产时间	x_{14}	d	30	连续 150d 后停产 15d
	日产量	x_{15}	t	2245	
	月产量	x_{16}	t	67350	
B	月生产时间	x_{17}	d	30	连续 150d 后停产 15d
	日产量	x_{18}	t	975	
	月产量	x_{19}	t	29250	
C	月生产时间	x_{20}	d	30	连续 150d 后停产 15d
	日产量	x_{21}	t	457	
	月产量	x_{22}	t	13710	
D	月生产时间	x_{23}	d	30	连续 150d 后停产 15d
	日产量	x_{24}	t	264	
	月产量	x_{25}	t	7920	

有了表 4-9 的数据相当于得到了 $A(3)$ 矩阵（省略表述），即 $R_f(3)$ 的规划结果。

(2) $R_v(3)$ 变量值规划

根据企业 2018 年发展战略、$R_v(2)$ 规划数据，结合工厂近两年生产情况，采用

预估法，确定工厂 2018 年产品合格品率、优级品率等变量规划值，见表 4-10。

表 4-10 产品合格品率、优级品率等变量规划值

产品	变量名称	变量代号	单位	规划值	备注
A	生产工人人数	y_{34}	人	360	每天三班合计
	合格品率	y_{35}	%	99.50	
	优级品率	y_{36}	%	70	
B	生产工人人数	y_{37}	人	150	每天三班合计
	合格品率	y_{38}	%	99.50	
	优级品率	y_{39}	%	70	
C	生产工人人数	y_{40}	人	78	每天三班合计
	合格品率	y_{41}	%	99.50	
	优级品率	y_{42}	%	75	
D	生产工人人数	y_{43}	人	54	每天三班合计
	合格品率	y_{44}	%	99.50	
	优级品率	y_{45}	%	80	

需要说明的是，合格品率指生产过程的产品合格率。不合格产品严禁进入产品成品库，严禁销售，即销售过程的合格品率为 100%。

有了表 4-10 的数据相当于得到了 $G(3)$ 矩阵（省略表述），即 $R_v(3)$ 的规划结果。

4.4.4 $R_f(4)$、$R_v(4)$ 变量值规划

（1）$R_f(4)$ 变量值规划

根据 $R_f(3)$ 规划结果、2018 年市场调查及分析预测报告，结合工厂近两年实际采购情况，采用预估法，确定主要原材料采购价格、数量、金额等变量规划值，见表 4-11。

表 4-11 主要原材料采购价格、数量、金额等变量规划值

产品	变量名称	变量代号	单位	规划值		备注
				月均	全年合计	
A	原材料 a_1 价格	x_{27}	元/t	55	—	
	原材料 a_1 采购数量	x_{28}	t	56574	622314	
	原材料 a_2 价格	x_{29}	元/t	80	—	
	原材料 a_2 采购数量	x_{30}	t	44451	488961	
B	原材料 b_1 价格	x_{31}	元/t	56	—	
	原材料 b_1 采购数量	x_{32}	t	22815	250965	
	原材料 b_2 价格	x_{33}	元/t	94	—	
	原材料 b_2 采购数量	x_{34}	t	19788	217668	

续表

产品	变量名称	变量代号	单位	规划值		备注
				月均	全年合计	
C	原材料 c_1 价格	x_{35}	元/t	58	—	
	原材料 c_1 采购数量	x_{36}	t	9323	102553	
	原材料 c_2 价格	x_{37}	元/t	118	—	
	原材料 c_2 采购数量	x_{38}	t	11379	125169	
D	原材料 d_1 价格	x_{39}	元/t	58	—	
	原材料 d_1 采购数量	x_{40}	t	4980	54780	
	原材料 d_2 价格	x_{41}	元/t	157	—	
	原材料 d_2 采购数量	x_{42}	t	7286	80146	
ABCD	主要原材料采购金额	x_{26}	万元	1312	14434	

有了表 4-11 的数据相当于得到了 $A(4)$ 矩阵（省略表述），即 $R_f(4)$ 的规划结果。

(2) $R_v(4)$ 变量值规划

根据 $R_v(1)$、$R_f(3)$、$R_f(4)$ 规划结果，结合工厂近两年生产及采购情况，采用预估法，确定全部采购金额及主要原材料（1、2）之外的其他采购金额变量规划值，见表 4-12。

表 4-12 全部采购金额、主要原材料之外的其他采购金额变量规划值

变量名称	变量代号	单位	规划值		备注
			月均	全年合计	
全部采购金额	y_{46}	万元	1630	17930	
主要原材料之外的采购金额	y_{47}	万元	318	3498	

有了表 4-12 的数据相当于得到了 $G(4)$ 矩阵（省略表述），即 $R_v(4)$ 的规划结果。

4.5 过程控制框架

4.5.1 基本控制框架

某厂生产制造过程控制基本框架见图 4-1。该框架中，竖线共 13 条，横线共 12 条，每条竖线与每条横线形成的交点均为控制点，共有 156 个控制点。全年生产制造过程控制主要围绕这 156 个控制点实施控制。由于生产制造过程具有产品数目不多、定员定岗、生产线固定、原材料、燃料的使用及来源基本固定、生产环境基本固定等特点，使得函数集控制和变量集控制成为过程控制的主要内容。如果函数集和变量集较为全面、完善，通过函数集控制和变量集控制可以在很大程度上实现对事物集的控制。关于事物集控制不作更多讨论。

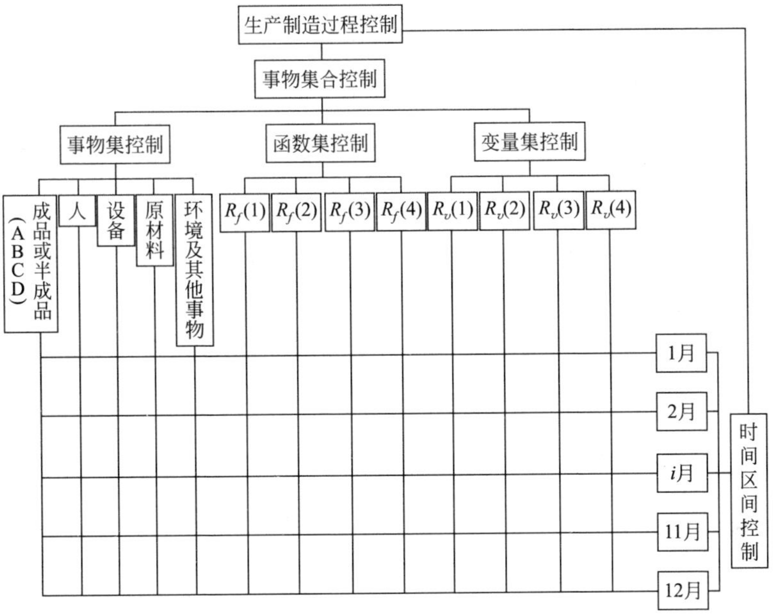

图 4-1 某厂生产制造过程控制基本框架

4.5.2 函数集变量集控制框架

在现实过程控制中，函数集变量集控制框架见图 4-2。变量不仅按函数变量和非函数变量划分，更主要是按其归属的管控部门明确区分。财务、销售、生产、采购四个基本管控部门分别同时有不同的函数集控制和变量集控制。

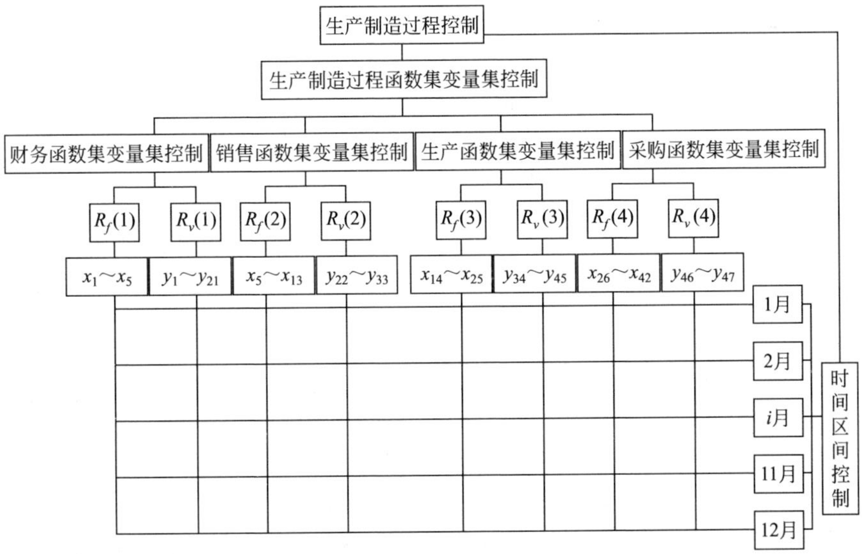

图 4-2 函数集变量集控制框架

通常情况，整个系统全年控制点数目为 8×12=96(个)。特殊情况下，可对 $R_f(1)$、$R_f(2)$、$R_f(3)$、$R_f(4)$ 做个别或局部展开，针对关键变量实施专项变量控制，此时，控制点数目会随专项变量数目有不同程度增加。

4.6 过程月控制

过程月控制指整个生产过程控制需要针对四个函数集 $R_f(1)$、$R_f(2)$、$R_f(3)$、$R_f(4)$ 和四个变量集 $R_v(1)$、$R_v(2)$、$R_v(3)$、$R_v(4)$ 以月为控制周期分别实施系统全面控制。各类函数集、变量集控制的方法和步骤基本相同，为能较深入地讨论过程月控制问题，以下仅以 $R_f(3)$、$R_v(3)$ 为例进行阐述。

4.6.1 $R_f(3)$ 月控制

4.6.1.1 2018 年 1 月 $R_f(3)$ 控制

(1) 确定 2018 年 1 月 $R_f(3)$ 计划值

根据销售部门的信息反馈，2018 年 1 月 A、B、C、D 四种产品的销售数量均完全执行 $R_f(2)$ 销售规划数据，没有调整，因此生产数量也无需调整，按 $R_f(3)$ 生产规划数据进行生产，即在 2018 年 1 月，$R_f(3)$ 计划值=规划值。得到 $B(3)$ 矩阵中第 1 列向量。

$$\begin{pmatrix} x_{141}^{p} \\ x_{151}^{p} \\ \vdots \\ \vdots \\ \vdots \\ \vdots \\ \vdots \\ \vdots \\ \vdots \\ \vdots \\ x_{241}^{p} \\ x_{251}^{p} \end{pmatrix} = \begin{pmatrix} x_{141}^{*} \\ x_{151}^{*} \\ \vdots \\ \vdots \\ \vdots \\ \vdots \\ \vdots \\ \vdots \\ \vdots \\ \vdots \\ x_{241}^{*} \\ x_{251}^{*} \end{pmatrix} = \begin{pmatrix} 30 \\ 2245 \\ 67350 \\ 30 \\ 975 \\ 29250 \\ 30 \\ 457 \\ 13710 \\ 30 \\ 264 \\ 7920 \end{pmatrix}$$

计划值应根据生产实际情况在规划值基础上进行动态调整，调整方法归纳如下。

$$\text{累计偏差} = \sum \text{实际值} - \sum \text{规划值}$$

$$\text{月偏差} = \text{实际值} - \text{计划值}$$

当累计偏差为负时，计划值=规划值−累计偏差或本月计划值=本月规划值−上月月偏差或计划值=规划值，式中月偏差也为负。

当累计偏差未超过5%时，计划值=规划值。

当累计偏差超过5%时，计划值=规划值$-\frac{1}{2}\times$累计偏差或计划值=规划值$-\frac{1}{n}\times$累计偏差($n>2$)。

(2) 统计2018年1月$R_f(3)$实际值

根据2018年1月生产实际情况，统计$R_f(3)$实际值，见表4-13，得到$C(3)$矩阵中第1列向量。

表4-13 2018年1月实际产量统计

产品	变量名称	变量代号	单位	1月实际值
A	月生产时间	x_{14}	d	30
	日产量(平均)	x_{15}	t	2448
	月产量	x_{16}	t	73440
B	月生产时间	x_{17}	d	30
	日产量(平均)	x_{18}	t	945
	月产量	x_{19}	t	28350
C	月生产时间	x_{20}	d	30
	日产量(平均)	x_{21}	t	440
	月产量	x_{22}	t	13200
D	月生产时间	x_{23}	d	30
	日产量(平均)	x_{24}	t	295
	月产量	x_{25}	t	8850

$$\begin{pmatrix} x_{141}^{a} \\ x_{151}^{a} \\ \vdots \\ \vdots \\ \vdots \\ \vdots \\ \vdots \\ \vdots \\ \vdots \\ \vdots \\ x_{241}^{a} \\ x_{251}^{a} \end{pmatrix} = \begin{pmatrix} 30 \\ 2448 \\ 73440 \\ 30 \\ 945 \\ 28350 \\ 30 \\ 440 \\ 13200 \\ 30 \\ 295 \\ 8850 \end{pmatrix}$$

(3) 计算 2018 年 1 月 $R_f(3)$ 偏差值

根据 2018 年 1 月 $R_f(3)$ 实际值与计划值，可计算 $R_f(3)$ 偏差值，得到$D(3)$矩阵中第 1 列向量。

$$\begin{pmatrix} \Delta x_{141} \\ \Delta x_{151} \\ \vdots \\ \vdots \\ \vdots \\ \vdots \\ \vdots \\ \vdots \\ \vdots \\ \vdots \\ \vdots \\ \Delta x_{241} \\ \Delta x_{251} \end{pmatrix} = \begin{pmatrix} 0 \\ 203 \\ 6090 \\ 0 \\ -30 \\ -900 \\ 0 \\ -17 \\ -510 \\ 0 \\ 31 \\ 930 \end{pmatrix}$$

$R_f(3)$ 偏差结果表明：A 产品 1 月实际日均产量比计划多了 203t，实际月产量比计划多了 6090t；B 产品 1 月实际日均产量比计划少了 30t，实际月产量比计划少了 900t；C 产品 1 月实际日均产量比计划少了 17t，实际月产量比计划少了 510t；D 产品 1 月实际日均产量比计划多了 31t，实际月产量比计划多了 930t。

$R_f(3)$ 偏差导致的后果：产品单位成本上升（当实际产量低于盈亏平衡点时会导致亏损），严重时还会影响销售，导致销售合同不能履行或不能严格履行。实际产量高于计划产量，有利有弊，一方面说明生产效率较高，有利于降低产品单位成本；另一方面，会增加产品库存数量，增加仓储成本，加大质量风险，严重时会影响企业资金流动性，导致资金积压，加大企业经营风险。

因此，对于 $R_f(3)$ 的控制策略是：最好不出现负偏差，不允许过大的正偏差。

针对 $R_f(3)$ 1 月偏差情况，做如下过程改进。

① 加大 A、D 产品的销售力度，使 A、D 产品的富余产量（能）能得到发挥并及时消化。

② 若 A、D 产品的销售数量不能提高，则自 2 月或 3 月起严格控制并减少 A、D 产品的生产数量。

③ 若 A、D 产品的销售数量可以提高，则自 2 月或 3 月起修改 A、D 产品的生产数量规划值。

④ 进一步查找 B、C 产品产量偏低原因，争取自下月起消除负偏差。

(4) 计算 2018 年 1 月 $R_f(3)$ 相对偏差

根据 $R_f(3)$ 偏差值及计划值，可计算 $R_f(3)$ 相对偏差，得到 $F(3)$ 矩阵中第 1 列向量。

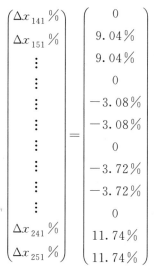

$$
\begin{pmatrix} \Delta x_{141}\% \\ \Delta x_{151}\% \\ \vdots \\ \vdots \\ \vdots \\ \vdots \\ \vdots \\ \vdots \\ \vdots \\ \vdots \\ \Delta x_{241}\% \\ \Delta x_{251}\% \end{pmatrix} = \begin{pmatrix} 0 \\ 9.04\% \\ 9.04\% \\ 0 \\ -3.08\% \\ -3.08\% \\ 0 \\ -3.72\% \\ -3.72\% \\ 0 \\ 11.74\% \\ 11.74\% \end{pmatrix}
$$

（5）2018 年 1 月生产过程状态评价

针对产量，工厂制定控制标准和评价标准，见表 4-14 和表 4-15。

表 4-14 产量控制标准

项目	控制范围
日产量相对偏差	(−1.5%,5%]
月产量相对偏差	(−0.5%,3%]

表 4-15 过程（产量）状态评价标准

项目	正常状态	轻度衰减	中度衰减	严重衰减	轻度增长	中度增长	过度增长
日产量相对偏差	(−1.5%,5%]	(−1.5%,0)	(−5%,−1.5%]	超过−5%	(0,3%]	(3%,10%]	超过 10%
月产量相对偏差	(−0.5%,3%]	(−0.5%,−1.5%]	(−1.5%,−3%]	超过−3%	(0,1.5%]	(1.5,5%]	超过 5%

根据本月实际产量，按照企业过程状态（产量）评价标准，2018 年 1 月生产过程状态（产量）评价见表 4-16。

表 4-16 2018 年 1 月生产过程状态（产量）评价

产品	月产量相对偏差/%	生产状态(产量)
A	9.04	过度增长
B	−3.08	严重衰减
C	−3.72	严重衰减
D	11.74	过度增长

2018 年 1 月生产过程处于不良状态，需要进行改进。

1月B、C产品产量偏低存在以下主要原因。

① 生产线管理不够严格，部分工人存在工作松懈情况。

② B产品生产线上U设备出现短暂运转状况不良情况，C产品生产线上W设备出现短期运转状况不良情况。

③ B产品原材料2及C产品原材料1质量离散性过大，不同程度地延长B、C产品的生产时间。

④ B、C产品均存在物流（主要是原材料）效率偏低的情况。

针对B、C产品生产过程，制定以下过程改进的具体措施。

① 加强生产线管理，严格工作纪律，对屡教不改的工人按企业管理制度给予经济处罚乃至行政处分。

② 抽派3名机修维护技工，对U、W设备实施专门监测与维护。

③ 向采购部门反馈B产品原材料2、C产品原材料1的质量离散性问题，争取在下批次采购中由采购部门解决这个问题。

④ 优化调整B、C产品原材料物流运输方式。

4.6.1.2　2018年2月 $R_f(3)$ 控制

（1）确定2018年2月 $R_f(3)$ 计划值

在没有得到A、D产品销售数量可否提高的确切信息之前，2月A、D产品的生产数量暂不调整，执行规划数据。C、D产品的生产数量应适当增加，以弥补上月产量亏欠。2018年2月 $R_f(3)$ 计划值见表4-17，即得到 $B(3)$ 矩阵中第2列向量。

$$\begin{pmatrix} x_{142}^{p} \\ x_{152}^{p} \\ \vdots \\ \vdots \\ \vdots \\ \vdots \\ \vdots \\ \vdots \\ \vdots \\ \vdots \\ x_{242}^{p} \\ x_{252}^{p} \end{pmatrix} = \begin{pmatrix} 30 \\ 2245 \\ 67350 \\ 30 \\ 1005 \\ 30150 \\ 30 \\ 482 \\ 14460 \\ 30 \\ 264 \\ 7920 \end{pmatrix}$$

表4-17　2018年2月 R_f（3）计划值

产品	变量名称	变量代号	单位	2月计划值
A	月生产时间	x_{14}	d	30
	日产量(平均)	x_{15}	t	2245
	月产量	x_{16}	t	67350

续表

产品	变量名称	变量代号	单位	2月计划值
B	月生产时间	x_{17}	d	30
	日产量(平均)	x_{18}	t	1005
	月产量	x_{19}	t	30150
C	月生产时间	x_{20}	d	30
	日产量(平均)	x_{21}	t	482
	月产量	x_{22}	t	14460
D	月生产时间	x_{23}	d	30
	日产量(平均)	x_{24}	t	264
	月产量	x_{25}	t	7920

（2）统计 2018 年 2 月 $R_f(3)$ 实际值

根据 2018 年 2 月生产实际情况，统计 $R_f(3)$ 实际值见表 4-18，得到 $C(3)$ 矩阵中第 2 列向量。

表 4-18　2018 年 2 月实际产量统计表

变量名称	变量代号	单位	2月实际值
月生产时间	x_{14}	d	30
日产量(平均)	x_{15}	t	2284
月产量	x_{16}	t	68520
月生产时间	x_{17}	d	30
日产量(平均)	x_{18}	t	1012
月产量	x_{19}	t	30360
月生产时间	x_{20}	d	30
日产量(平均)	x_{21}	t	491
月产量	x_{22}	t	14730
月生产时间	x_{23}	d	30
日产量(平均)	x_{24}	t	271
月产量	x_{25}	t	8130

$$\begin{pmatrix} x_{142}^{a} \\ x_{152}^{a} \\ \vdots \\ \vdots \\ \vdots \\ \vdots \\ \vdots \\ \vdots \\ \vdots \\ \vdots \\ x_{242}^{a} \\ x_{252}^{a} \end{pmatrix} = \begin{pmatrix} 30 \\ 2284 \\ 68520 \\ 30 \\ 1012 \\ 30360 \\ 30 \\ 491 \\ 14730 \\ 30 \\ 271 \\ 8130 \end{pmatrix}$$

（3）计算 2018 年 2 月 $R_f(3)$ 偏差值

根据 2018 年 2 月 $R_f(3)$ 实际值与计划值，可计算 $R_f(3)$ 偏差值，得到$D(3)$矩阵中第 2 列向量。

$$\begin{pmatrix} \Delta x_{142} \\ \Delta x_{152} \\ \vdots \\ \vdots \\ \vdots \\ \vdots \\ \vdots \\ \vdots \\ \vdots \\ \vdots \\ \Delta x_{242} \\ \Delta x_{252} \end{pmatrix} = \begin{pmatrix} 0 \\ 39 \\ 1170 \\ 0 \\ 7 \\ 210 \\ 0 \\ 9 \\ 270 \\ 0 \\ 7 \\ 210 \end{pmatrix}$$

$R_f(3)$ 偏差结果表明：A、B、C、D 四种产品均未出现负偏差，都存在少量正偏差，1 月存在的几个问题都已解决，2 月生产过程得到有效控制。

（4）计算 2018 年 2 月 $R_f(3)$ 相对偏差

根据 $R_f(3)$ 偏差值及计划值，可计算 $R_f(3)$ 相对偏差，得到 $F(3)$ 矩阵中第 2 列向量。

$$\begin{pmatrix} \Delta x_{142}\% \\ \Delta x_{152}\% \\ \vdots \\ \vdots \\ \vdots \\ \vdots \\ \vdots \\ \vdots \\ \vdots \\ \vdots \\ \Delta x_{242}\% \\ \Delta x_{252}\% \end{pmatrix} = \begin{pmatrix} 0 \\ 1.74\% \\ 1.74\% \\ 0 \\ 0.7\% \\ 0.7\% \\ 0 \\ 1.87\% \\ 1.87\% \\ 0 \\ 2.65\% \\ 2.65\% \end{pmatrix}$$

（5）2018 年 2 月生产过程状态评价

根据本月实际产量，按照企业过程状态（产量）评价标准，2018 年 2 月生产过程状态（产量）评价见表 4-19。

表 4-19　2018 年 2 月生产过程状态（产量）评价

产品	月产量相对偏差/%	生产状态(产量)
A	1.74	中度增长

续表

产品	月产量相对偏差/%	生产状态(产量)
B	0.7	轻度增长
C	1.87	中度增长
D	2.65	中度增长

2018 年 2 月生产过程处于良好状态。

4.6.1.3　2018 年 3～12 月 $R_f(3)$ 控制

逐月进行计划值确定、实际值统计、偏差计算、偏差分析、过程改进直至过程结束。最后得到 $B(3)$、$C(3)$、$D(3)$、$F(3)$ 四个完整矩阵，这四个矩阵不仅详细描述和记载工厂 2018 年生产过程（产量方面）的基本情况，而且也是 2018 年过程最终结果评价（产量方面）的重要依据。

4.6.2　$R_v(3)$ 月控制

4.6.2.1　2018 年 1 月 $R_v(3)$ 控制

对于 $R_v(3)$，通常，计划值＝规划值，即 G（3）矩阵与 H（3）相等。在极少情况下，生产工人人数的计划值需要在规划值的基础上做适当调整，其他变量几乎无需改变。

（1）$R_v(3)$ 实际值

根据 2018 年 1 月生产统计，$R_v(3)$ 实际值见表 4-20，得到 $Q(3)$ 矩阵第 1 列向量。

表 4-20　2018 年 1 月产品质量及生产工人人数统计

产品	变量名称	变量代号	单位	实际值	备注
A	生产工人人数(平均)	y_{34}	人	357	每天三班合计
	合格品率	y_{35}	%	99.95	
	优级品率	y_{36}	%	71	
B	生产工人人数(平均)	y_{37}	人	150	每天三班合计
	合格品率	y_{38}	%	97.33	
	优级品率	y_{39}	%	69	
C	生产工人人数(平均)	y_{40}	人	78	每天三班合计
	合格品率	y_{41}	%	97.28	
	优级品率	y_{42}	%	68	
D	生产工人人数(平均)	y_{43}	人	54	每天三班合计
	合格品率	y_{44}	%	99.58	
	优级品率	y_{45}	%	73	

$$\begin{pmatrix} y^a_{341} \\ y^a_{351} \\ \vdots \\ \vdots \\ \vdots \\ \vdots \\ \vdots \\ \vdots \\ \vdots \\ \vdots \\ y^a_{441} \\ y^a_{451} \end{pmatrix} = \begin{pmatrix} 357 \\ 99.95\% \\ 71\% \\ 150 \\ 97.33\% \\ 69\% \\ 78 \\ 97.28\% \\ 68\% \\ 54 \\ 99.58\% \\ 73\% \end{pmatrix}$$

(2) 计算 2018 年 1 月 $R_v(3)$ 偏差值

根据 2018 年 1 月 $R_v(3)$ 实际值与计划值，可计算 $R_v(3)$ 偏差值，得到 $U(3)$ 矩阵中第 1 列向量。

$$\begin{pmatrix} \Delta y_{341} \\ \Delta y_{351} \\ \vdots \\ \vdots \\ \vdots \\ \vdots \\ \vdots \\ \vdots \\ \vdots \\ \vdots \\ \Delta y_{441} \\ \Delta y_{451} \end{pmatrix} = \begin{pmatrix} -3 \\ 0.45\% \\ 1\% \\ 0 \\ -2.17\% \\ -1\% \\ 0 \\ -2.22\% \\ -7\% \\ 0 \\ 0.08\% \\ -7\% \end{pmatrix}$$

$R_v(3)$ 偏差结果表明：2018 年 1 月 A、B、C、D 生产线上生产工人实际人数与规划数吻合，A、D 产品合格率略高于规划值，B、C 产品合格率低于规划值，A 产品优级品率略高于规划值，B、C、D 产品优级品率低于规划值。

(3) 计算 2018 年 1 月 $R_v(3)$ 相对偏差

根据 2018 年 1 月 $R_v(3)$ 偏差值与规划值，可计算 $R_v(3)$ 相对偏差，得到 $V(3)$ 矩阵中第 1 列向量。

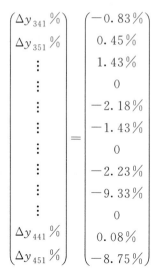

$$\begin{pmatrix} \Delta y_{341}\% \\ \Delta y_{351}\% \\ \vdots \\ \vdots \\ \vdots \\ \vdots \\ \vdots \\ \vdots \\ \vdots \\ \vdots \\ \Delta y_{441}\% \\ \Delta y_{451}\% \end{pmatrix} = \begin{pmatrix} -0.83\% \\ 0.45\% \\ 1.43\% \\ 0 \\ -2.18\% \\ -1.43\% \\ 0 \\ -2.23\% \\ -9.33\% \\ 0 \\ 0.08\% \\ -8.75\% \end{pmatrix}$$

(4) 2018 年 1 月生产过程质量状态评价

针对产品质量，工厂制定控制标准和过程（质量）状态评价标准，见表 4-21 和表 4-22

表 4-21 质量控制标准

变量	控制要求
合格品率/%	≥99.5
优级品率/%	≥65

表 4-22 过程（质量）状态评价标准

项目	正常状态	轻度不良	中度不良	严重不良	良好状态
合格品率相对偏差	[0,0.3%]	(−0.5%,0)	(−1%,−0.5%]	超过−1%	0.3%以上
优级品率相对偏差	(−5%,5%]	(−7.5%,−5%]	(−10%,−7.5%]	超过−10%	5%以上

注：相对偏差指实际值相对规划（计划）值的偏差率，而非实际值相对控制标准下限的偏差率。

根据生产过程质量数据，按照过程（质量）状态评价标准，2018 年 1 月产品质量状态评价见表 4-23。

表 4-23 2018 年 1 月产品质量状态评价

产品	合格品率相对偏差/%	优级品率相对偏差/%	质量状态
A	0.45	1.43	良好状态
B	−2.18	−1.43	严重不良状态
C	−2.23	−9.33	严重不良状态
D	0.08	−8.75	中度不良状态

2018 年 1 月产品质量状态分析表明：B、C 产品合格品率出现较大负偏差，C、D 产品优级品率相对负偏差较大，B、C 产品质量均处于严重不良状态，D 产品质量

处于中度不良状态。为此，需要查明原因，进行过程改进。

B、C产品合格品率及C、D产品优级品率较低的主要原因如下。

① B产品原材料2及C产品原材料1质量离散性过大。采购人员对原材料质量把关不严。

② 质量检验监测不力、不及时，对原材料质量检验的抽检数不足，质检部门对原材料质量把关不严。当发现原材料质量离散性过大时，质检部门未及时向上级反映情况并采取措施预防质量问题的产生。

③ B产品生产线上U设备运转状况不良，C产品生产线上W设备运转状况不良。

④ B、C、D产品生产线上工人质量意识薄弱，责任心不强。

⑤ D产品生产线上第L工序未完全严格按照规程操作，过分注重效率（省时）导致质量水平下降。

针对B、C、D产品不良质量状态的具体改进措施如下。

① B、C产品合格品率出现负偏差直接导致B、C产品单位成本上升，给企业带来一定经济损失。除加强对职工质量意识教育外，还需对责任人进行一定经济处罚：取消采购部门所有人员2018年1月绩效工资；取消质量检验部门所有人员2018年1月绩效工资；取消B、C生产线所有人员2018年1月绩效工资；对采购部门处以5000元罚款；对质量检验部门处以3000元罚款；对负责B产品原材料2及C产品原材料1采购的具体经办人处以1000元/人罚款。

② 加强质量检验监测管理，严格检验监测制度。

③ 抽派3名机修维护技工，对U、W设备实施专门监测与维护。

④ 对本批次购进但尚未使用的B产品原材料2及C产品原材料1进行质量预处理，尽可能降低其质量离散程度。

⑤ 由采购部门负责在下批次采购时彻底消除B产品原材料2及C产品原材料1的质量离散性过大的问题。

⑥ 取消D产品生产线所有人员2018年1月绩效工资。

4.6.2.2 2018年2月$R_v(3)$控制

(1) $R_v(3)$实际值

根据2018年2月生产统计，$R_v(3)$实际值见表4-24，得到$Q(3)$矩阵第2列向量。

表4-24 2018年2月产品质量及生产工人人数统计

产品	变量名称	变量代号	单位	实际值	备注
A	生产工人人数(平均)	y_{34}	人	357	每天三班合计
	合格品率	y_{35}	%	99.94	
	优级品率	y_{36}	%	72	
B	生产工人人数(平均)	y_{37}	人	153	每天三班合计
	合格品率	y_{38}	%	99.98	
	优级品率	y_{39}	%	76	

续表

产品	变量名称	变量代号	单位	实际值	备注
C	生产工人人数(平均)	y_{40}	人	78	每天三班合计
	合格品率	y_{41}	%	99.99	
	优级品率	y_{42}	%	77	
D	生产工人人数(平均)	y_{43}	人	54	每天三班合计
	合格品率	y_{44}	%	99.99	
	优级品率	y_{45}	%	84	

$$\begin{pmatrix} y_{341}^{a} \\ y_{351}^{a} \\ \vdots \\ \vdots \\ \vdots \\ \vdots \\ \vdots \\ \vdots \\ \vdots \\ \vdots \\ y_{441}^{a} \\ y_{451}^{a} \end{pmatrix} = \begin{pmatrix} 357 \\ 99.94\% \\ 72\% \\ 153 \\ 99.98\% \\ 76\% \\ 78 \\ 99.99\% \\ 77\% \\ 54 \\ 99.99\% \\ 84\% \end{pmatrix}$$

(2) 计算 2018 年 2 月 $R_v(3)$ 偏差值

根据 2018 年 2 月 $R_v(3)$ 实际值与计划值，可计算 $R_v(3)$ 偏差值，得到 $U(3)$ 矩阵中第 2 列向量。

$$\begin{pmatrix} \Delta y_{341} \\ \Delta y_{351} \\ \vdots \\ \vdots \\ \vdots \\ \vdots \\ \vdots \\ \vdots \\ \vdots \\ \vdots \\ \Delta y_{441} \\ \Delta y_{451} \end{pmatrix} = \begin{pmatrix} -3 \\ 0.44\% \\ 2\% \\ 3 \\ 0.48\% \\ 6\% \\ 0 \\ 0.49\% \\ 2\% \\ 0 \\ 0.49\% \\ 4\% \end{pmatrix}$$

$R_v(3)$ 偏差结果表明：2018 年 1 月 A、B、C、D 生产线上生产工人实际人数与规划数基本吻合，A、B、C、D 产品合格率及优级品率均高于规划值。

(3) 计算 2018 年 2 月 $R_v(3)$ 相对偏差

根据 2018 年 2 月 $R_v(3)$ 偏差值与规划值，可计算 $R_v(3)$ 相对偏差，得到$V(3)$ 矩阵中第 2 列向量。

$$\begin{pmatrix} \Delta y_{341}\% \\ \Delta y_{351}\% \\ \vdots \\ \vdots \\ \vdots \\ \vdots \\ \vdots \\ \vdots \\ \vdots \\ \vdots \\ \Delta y_{441}\% \\ \Delta y_{451}\% \end{pmatrix} = \begin{pmatrix} -0.83\% \\ 0.44\% \\ 2.86\% \\ 2\% \\ 0.48\% \\ 8.57\% \\ 0 \\ 0.49\% \\ 2.67\% \\ 0 \\ 0.49\% \\ 5\% \end{pmatrix}$$

(4) 2018 年 2 月生产过程质量状态评价

根据生产过程质量数据，按照过程（质量）状态评价标准，2018 年 2 月产品质量状态评价见表 4-25。

表 4-25 2018 年 2 月产品质量状态评价

产品	合格品率相对偏差/%	优级品率相对偏差/%	质量状态
A	0.44	2.86	良好状态
B	0.48	8.57	良好状态
C	0.49	2.67	良好状态
D	0.49	5	良好状态

2018 年 2 月产品质量处于良好状态，1 月存在的问题已全部解决，过程（质量）得到明显改善。

4.6.2.3 2018 年 3～12 月 $R_v(3)$ 控制

逐月进行实际值统计、偏差计算、偏差分析、过程改进直至过程结束。最后得到 $Q(3)$、$U(3)$、$V(3)$ 三个完整矩阵，这三个矩阵不仅详细描述和记载工厂 2018 年生产过程（质量）的基本情况，而且也是 2018 年过程最终结果评价（质量）的重要依据。

关于生产过程，还存在许多需要控制的方面，比如，生产安全、节能、环保、资源利用等。本案例未讨论这些内容，感兴趣的读者可以尝试用函数集和变量集来解决这些方面的控制问题。

4.7 生产经营过程最终结果评价

生产经营过程最终结果评价可以采用两种基本方式。

（1）分别评价方式

先从财务、销售、生产、采购四个方面分别进行评价，然后设置各方面权重进行总体、全面评价。

（2）统一评价方式

直接设置评价指标（来自财务、销售、生产、采购各个方面）及权重进行总体、全面评价。

本案例采用分别评价方式。

4.7.1 全面全过程数据

全面全过程数据是过程最终结果评价的基本依据，包括财务、销售、生产、采购四个方面。

（1）财务数据

$R_f(1)$、$R_v(1)$ 2018 年全年数据，即 $A(1)$、$B(1)$、$C(1)$、$D(1)$、$F(1)$、$G(1)$、$H(1)$、$Q(1)$、$U(1)$、$V(1)$ 共 10 个矩阵。

（2）销售数据

$R_f(2)$、$R_v(2)$ 2018 年全年数据，即 $A(2)$、$B(2)$、$C(2)$、$D(2)$、$F(2)$、$G(2)$、$H(2)$、$Q(2)$、$U(2)$、$V(2)$ 共 10 个矩阵。

（3）生产数据

$R_f(3)$、$R_v(3)$ 2018 年全年数据，即 $A(3)$、$B(3)$、$C(3)$、$D(3)$、$F(3)$、$G(3)$、$H(3)$、$Q(3)$、$U(3)$、$V(3)$ 共 10 个矩阵。

（4）采购数据

$R_f(4)$、$R_v(4)$ 2018 年全年数据，即 $A(4)$、$B(4)$、$C(4)$、$D(4)$、$F(4)$、$G(4)$、$H(4)$、$Q(4)$、$U(4)$、$V(4)$ 共 10 个矩阵。

采用分别评价方式，每个方面的评价方法和步骤基本相同，本例只针对生产结果评价展开介绍，其余方面只展示全面评价需要的评价结论。因此，上述 40 个矩阵只介绍生产数据的十个矩阵：$A(3)$、$B(3)$、$C(3)$、$D(3)$、$F(3)$、$G(3)$、$H(3)$、$Q(3)$、$U(3)$、$V(3)$。其余财务数据、销售数据、采购数据的 30 个矩阵与生产数据的格式完全相同，在此省略具体详细介绍。为方便阅读，生产数据的十个矩阵以附录形式汇编于本书附录二。

4.7.2 生产结果评价

4.7.2.1 生产结果膨胀与缩减性评价

生产结果膨胀与缩减性以 A、B、C、D 四种产品全年累计产量为评价指标，即

$\sum x_{16}$、$\sum x_{19}$、$\sum x_{22}$、$\sum x_{25}$，统计计算结果见表 4-26。

表 4-26 生产结果膨胀与缩减性评价计算

指标名称	指标代号	单位	预期(规划值)	实际值	偏差	偏差率/%
A 产品全年产量	$\sum x_{16}$	t	740850	747765	6915	0.93
B 产品全年产量	$\sum x_{19}$	t	321750	322530	780	0.24
C 产品全年产量	$\sum x_{22}$	t	150810	151425	615	0.41
D 产品全年产量	$\sum x_{25}$	t	87120	88785	1665	1.91

表 4-26 中数据表明，与预期相比，A、B、C、D 四种产品的产量均为轻度膨胀，即 2018 年生产过程（产量）是膨胀过程。

4.7.2.2 生产结果对预期的满足性评价

（1）评价指标

生产结果对预期的满足性评价设置三组共 12 个指标：

① A、B、C、D 四种产品全年产量 $\sum x_{16}$、$\sum x_{19}$、$\sum x_{22}$、$\sum x_{25}$；

② A、B、C、D 四种产品全年平均合格品率 $\bar{y}_{35}$、$\bar{y}_{38}$、$\bar{y}_{41}$、$\bar{y}_{44}$；

③ A、B、C、D 四种产品全年平均优级品率 $\bar{y}_{36}$、$\bar{y}_{39}$、$\bar{y}_{42}$、$\bar{y}_{45}$。

（2）指标权重

指标权重设置的基本思路（原则）：A、B、C、D 四种产品均各占 25%，产量权重占 40%，质量权重占 60%，平均合格品率占质量权重的 70%，平均优级品率占质量权重的 30%。根据以上原则，指标权重设置见表 4-27。

表 4-27 指标权重设置

产品	A			B			C			D		
序号	1	2	3	4	5	6	7	8	9	10	11	12
指标名称	年产量	年均合格品率	年均优级品率	年产量	年均合格品率	年均优级品率	年产量	年均合格品率	年均优级品率	年产量	年均合格品率	年均优级品率
指标代号	$\sum x_{16}$	$\bar{y}_{35}$	$\bar{y}_{36}$	$\sum x_{19}$	$\bar{y}_{38}$	$\bar{y}_{39}$	$\sum x_{22}$	$\bar{y}_{41}$	$\bar{y}_{42}$	$\sum x_{25}$	$\bar{y}_{44}$	$\bar{y}_{45}$
权重	0.1	0.105	0.045	0.1	0.105	0.045	0.1	0.105	0.045	0.1	0.105	0.045

（3）指标评分标准

评分采用 100 分制，具体评分标准见表 4-28。

表 4-28 生产过程评分标准

产品	A			B			C			D		
序号	1	2	3	4	5	6	7	8	9	10	11	12
指标名称	年产量	年均合格品率	年均优级品率	年产量	年均合格品率	年均优级品率	年产量	年均合格品率	年均优级品率	年产量	年均合格品率	年均优级品率
指标代号	$\sum x_{16}$	$\bar{y}_{35}$	$\bar{y}_{36}$	$\sum x_{19}$	$\bar{y}_{38}$	$\bar{y}_{39}$	$\sum x_{22}$	$\bar{y}_{41}$	$\bar{y}_{42}$	$\sum x_{25}$	$\bar{y}_{44}$	$\bar{y}_{45}$
满分分值/分	10	10.5	4.5	10	10.5	4.5	10	10.5	4.5	10	10.5	4.5
等于规划值得分/分	8	8.4	3.6	8	8.4	3.6	8	8.4	3.6	8	8.4	3.6
高于规划值加分	实际相对偏差每偏差1%在8分的基础上加0.2分，至满分为止	实际相对偏差每偏差0.1%在8.4分的基础上加0.42分	实际相对偏差每偏差1%在3.6分的基础上加0.03分	实际相对偏差每偏差1%在8分的基础上加0.2分，至满分为止	实际相对偏差每偏差0.1%在8.4分的基础上加0.42分	实际相对偏差每偏差1%在3.6分的基础上加0.03分	实际相对偏差每偏差1%在8分的基础上加0.2分，至满分为止	实际相对偏差每偏差0.1%在8.4分的基础上加0.42分	实际相对偏差每偏差1%在3.6分的基础上加0.03分，至满分为止	实际相对偏差每偏差1%在8分的基础上加0.2分，至满分为止	实际相对偏差每偏差0.1%在8.4分的基础上加0.42分	实际相对偏差每偏差1%在3.6分的基础上加0.03分，至满分为止
低于规划值扣分	实际相对偏差每偏差−1%在8分的基础上减1分，至0分为止	实际相对偏差每偏差−0.1%在8.4分的基础上减0.2分，至0分为止	实际相对偏差每偏差−1%在3.6分的基础上减0.06分，至0分为止	实际相对偏差每偏差−1%在8分的基础上减1分，至0分为止	实际相对偏差每偏差−0.1%在8.4分的基础上减0.2分，至0分为止	实际相对偏差每偏差−1%在3.6分的基础上减0.06分，至0分为止	实际相对偏差每偏差−1%在8分的基础上减1分，至0分为止	实际相对偏差每偏差−0.1%在8.4分的基础上减0.2分，至0分为止	实际相对偏差每偏差−1%在3.6分的基础上减0.06分，至0分为止	实际相对偏差每偏差−1%在8分的基础上减1分，至0分为止	实际相对偏差每偏差−0.1%在8.4分的基础上减0.2分，至0分为止	实际相对偏差每偏差−1%在3.6分的基础上减0.06分，至0分为止

(4) 过程评价标准

过程评价标准见表 4-29。该标准为工厂内通用标准，适合生产、销售、财务、采购各方面评价及总体全面评价。

表 4-29 过程评价标准

评价结论	理想过程	较好过程	满足预期过程	轻度不满足预期过程	中度不满足预期过程	严重不满足预期过程	极差过程
得分值范围	(95,100]	(85,95]	(80,85]	(75,80]	(65,75]	(55,65]	[0,55]

(5) 2018 年生产过程结果评价

2018 年生产过程结果评价见表 4-30。

表 4-30 2018 年生产过程结果评价

产品	A			B			C			D		
序号	1	2	3	4	5	6	7	8	9	10	11	12
指标名称	产量(全年)	合格品率(年均)	优级品率(年均)	产量(全年)	合格品率(年均)	优级品率(年均)	产量(全年)	合格品率(年均)	优级品率(年均)	产量(全年)	合格品率(年均)	优级品率(年均)
指标代号	$\sum x_{16}$	$\bar{y}_{35}$	$\bar{y}_{36}$	$\sum x_{19}$	$\bar{y}_{38}$	$\bar{y}_{39}$	$\sum x_{22}$	$\bar{y}_{41}$	$\bar{y}_{42}$	$\sum x_{25}$	$\bar{y}_{44}$	$\bar{y}_{45}$
相对偏差/%	0.93	0.03	2.14	0.24	−0.05	3.10	0.41	−0.04	1.11	1.91	0.06	−3.34
满分/分	10	10.5	4.5	10	10.5	4.5	10	10.5	4.5	10	10.5	4.5
实际得分/分	8.19	8.53	3.66	8.10	8.30	3.69	8.17	8.32	3.63	8.38	8.43	3.40
合计得分/分	80.80											

按照过程评价标准，2018 年生产过程属于满足预期过程。

4.7.3 财务结果评价

2018 年财务结果评分见表 4-31。

表 4-31 2018 年财务结果评分

项目	序号						
	1	2	3	4	5	6	7
指标名称	利润(全年)	经营收入(全年)	经营成本(全年含税)	A 产品单位经营成本(年均)	B 产品单位经营成本(年均)	C 产品单位经营成本(年均)	D 产品单位经营成本(年均)

续表

项目	序号						
	1	2	3	4	5	6	7
指标代号	$\sum x_1$	$\sum x_2$	$\sum (x_3+x_4)$	$\bar{y}_{10}$	$\bar{y}_{13}$	$\bar{y}_{16}$	$\bar{y}_{19}$
权重	0.3	0.2	0.1	0.1	0.1	0.1	0.1
满分/分	30	20	10	10	10	10	10
实际得分/分	26.00	18.55	8.60	8.75	8.24	8.39	8.68
合计得分/分	87.21						

按照过程评价标准，2018 年工厂经营属于较好过程。

4.7.4 销售结果评价

2018 年销售结果评价见表 4-32。

表 4-32 2018 年销售结果评价

产品	A			B			C			D		
序号	1	2	3	4	5	6	7	8	9	10	11	12
指标名称	销售价格（年均）	年销量	用户满意度(年均)	销售价格（年均）	年销量	用户满意度(年均)	销售价格（年均）	年销量	用户满意度(年均)	销售价格（年均）	年销量	用户满意度(年均)
指标代号	$\bar{x}_6$	$\sum x_7$	$\bar{y}_{22}$	$\bar{x}_8$	$\sum x_9$	$\bar{y}_{25}$	$\bar{x}_{10}$	$\sum x_{11}$	$\bar{y}_{28}$	$\bar{x}_{12}$	$\sum x_{13}$	$\bar{y}_{31}$
权重	0.075	0.125	0.05	0.075	0.125	0.05	0.075	0.125	0.05	0.075	0.125	0.05
满分/分	7.50	12.50	5.00	7.50	12.50	5.00	7.50	12.50	5.00	7.50	12.50	5.00
实际得分/分	6.55	11.84	4.25	6.73	10.86	4.09	6.61	10.33	4.21	6.97	11.18	4.40
合计得分/分	88.02											

按照过程评价标准，2018 年工厂销售属于较好过程。

4.7.5 采购结果评价

2018 年采购结果评价见表 4-33。

表 4-33 2018 年采购结果评价

产品	全部			A		B		C		D	
序号	1	2	3	4	5	6	7	8	9	10	11
指标名称	全部采购金额（全年）	主要原材料采购金额(全年)	其他采购金额（全年）	原材料1价格（年均）	原材料2价格（年均）	原材料1价格（年均）	原材料2价格（年均）	原材料1价格（年均）	原材料2价格（年均）	原材料1价格（年均）	原材料2价格（年均）
指标代号	$\sum y_{46}$	$\sum x_{26}$	$\sum y_{47}$	$\bar{x}_{27}$	$\bar{x}_{29}$	$\bar{x}_{31}$	$\bar{x}_{33}$	$\bar{x}_{35}$	$\bar{x}_{37}$	$\bar{x}_{39}$	$\bar{x}_{41}$
权重	0.35	0.1	0.15	0.05	0.05	0.05	0.05	0.05	0.05	0.05	0.05
满分/分	35.00	10.00	15.00	5.00	5.00	5.00	5.00	5.00	5.00	5.00	5.00
实际得分/分	25.47	8.14	11.93	4.20	4.31	3.95	4.38	4.62	4.33	4.65	4.17
合计得分/分	80.15										

按照过程评价标准，2018 年工厂采购属于满足预期过程。

4.7.6 生产经营过程最终结果全面评价

根据财务、销售、生产、采购四个方面的评分，可进行工厂生产经营过程最终结果全面评价，各方面权重及评分情况见表 4-34。

表 4-34 2018 年工厂生产经营结果全面评分

评价方面	财务	销售	生产	采购
单独评价得分/分	87.21	88.02	80.08	80.15
权重	0.35	0.30	0.25	0.1
满分/分	35	30	25	10
实际得分/分	30.49	26.41	20.02	8.01
总计得分/分	84.93			

按照过程评价标准，2018 年工厂生产经营全面评价为：满足预期过程，接近较好过程。

第5章 施工过程控制案例

工程项目建设过程是一类典型的长期复杂过程，是最常见也最有必要采用系统方法实施控制的一类过程。在工程项目建设过程的所有阶段中，施工阶段（施工过程）的过程控制问题尤其重要也尤为突出。以此类过程为例来介绍前述方法的应用，具有普遍的现实意义。不仅如此，用此类过程对前述方法进行演示还可以进一步说明和验证方法的可行性、实用性、系统性，通过案例还可以发现前述方法在实际应用中存在的具体问题和不足，进而为更好地完善和修正该方法提供一些依据。本章采用一个虚拟的房屋建筑工程案例进行阐述。

5.1 案例基础资料

5.1.1 工程项目概况及建设概况

(1) 工程项目名称及构成概况

工程项目名称：×××商住、办公综合建设项目，项目构成概况见表5-1。

表5-1 工程项目名称及构成概况

序号	单位(项)工程名称	功能性质	建筑面积/m^2	层数	总高/m
1	1号楼	办公楼	A_1	地下 m_1 层 地上 n_1 层	h_1
2	2号楼	商住楼	A_2	地下 m_2 层 地上 n_2 层	h_2
3	3号楼	商住楼	A_3	地下 m_3 层 地上 n_3 层	h_3
4	附属工程	会所、配电等	A_3	$1\sim n_4$ 层	
5	1～3号楼及附属工程的全部室内安装工程		A		

续表

序号	单位(项)工程名称	功能性质	建筑面积/m²	层数	总高/m
6	室外工程	市政配套、场区道路、广场、停车、园林绿化、景观等			
合计			A		

(2) 项目提出与建成时间

项目于××××年×月×日正式提出，于××××年×月×日竣工验收。

(3) 项目建设及参建单位

项目建设及参建单位是：

①建设单位：×××房地产开发公司。

②设计单位：×××设计院。

③施工单位：×××建设集团。

④监理单位：×××监理有限公司。

⑤造价咨询：×××工程造价咨询有限公司。

⑥供货单位：包括各类设备、设施、主要材料在内的若干家经销商和厂商。供货单位仅指与建设单位有合同关系的供货单位。

(4) 项目投资及建设期概况

① 策划与决策阶段的投资估算及建设期规划　工程项目总投资估算 I^0 万元，其中建安工程估算投资 I_A^0 万元。拟定建设期为 n 年，各阶段时间分配见图 5-1。

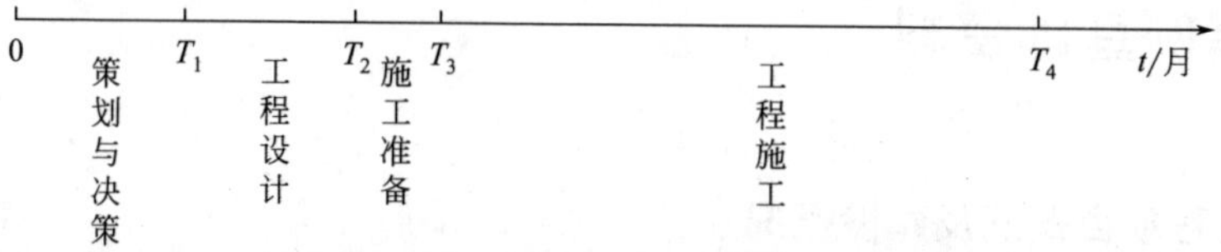

图 5-1　策划阶段的工程项目建设时间轴

② 建安工程合同造价及工期计划　经过工程施工招投标，×××建设集团为该项目施工总承包中标人。施工总承包合同定价为 C_0 万元，比投资估算中建安工程估算造价偏差 ΔI_A 万元。开工前的工程项目建设时间轴见图 5-2。

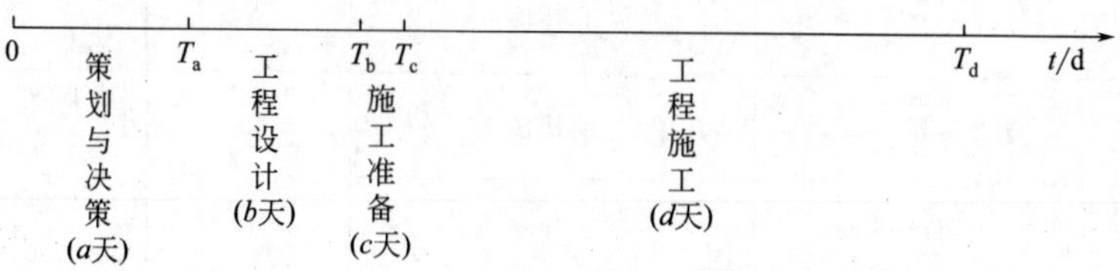

图 5-2　开工前的工程项目建设时间轴

③ 工程竣工交付后的实际投资及实际建设期概况　工程竣工交付后建安工程

结算造价为 C^a 万元，比合同价增加 ΔC 万元，增加（减少）p_1%。项目最终实际总投资为 I^a 万元，比投资估算变化 ΔI 万元，增加（减少）p%。项目实际建设期为 n^a 天，比原计划缩短（延长）Δn 天，缩短（延长）q%。项目实际施工工期为 d^a 天，比计划提前（延后）Δd 天，提前（延后）q_1%。项目最终评定为年度市优质工程。

5.1.2 工程项目施工概况

（1）开工前施工计划概况

开工前的项目施工时间轴见图 5-3。

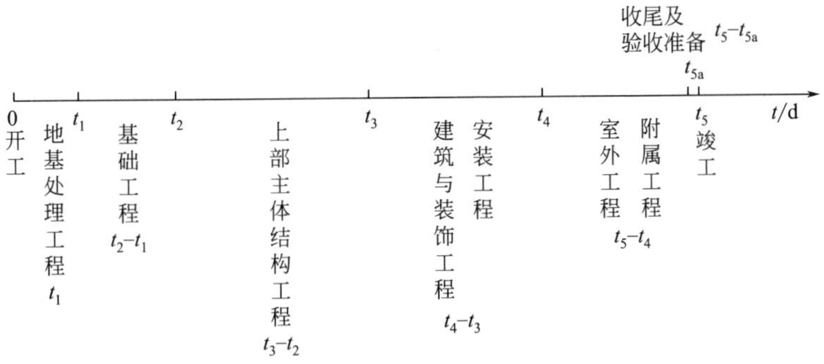

图 5-3 开工前的项目施工时间轴

项目施工分为五个阶段：地基处理工程、基础工程、上部主体结构工程、建筑与装饰装修及安装工程、室外及附属工程。每个阶段都有明确的开始和结束时间，其中建筑与装饰装修及安装工程、室外及附属工程可以穿插施工，开始时间可以提前，但结束时间不能推后。

场地“七通一平”工程已在施工准备阶段完成，不在施工总承包范围。

基础工程仅指自土方开挖至±0.00 的结构工程，±0.00 下的建筑、装饰、安装等工程内容包含在建筑装饰装修及安装工程阶段。

建筑装饰装修及安装工程指 3 个单体建筑中除结构工程外的其余全部工程内容。安装工程中的前期预埋及准备工作穿插在前两个阶段中进行，此阶段中的安装工程仅指土建基本完成后可以全面展开施工的工程。

室外及附属工程指除 3 个单体建筑外项目所包含的其余全部工程。

（2）竣工实际概况

项目施工实际时间轴见图 5-4。实际工期为 d^a 天，比原计划提前（延迟）了 m 个月。

影响施工过程结果的主要因素包括：施工单位内部生产组织管理体系、作业体系、质量管理体系、安全管理体系、施工成本管理体系、建设单位施工过程控制体系、监理单位施工过程控制体系。

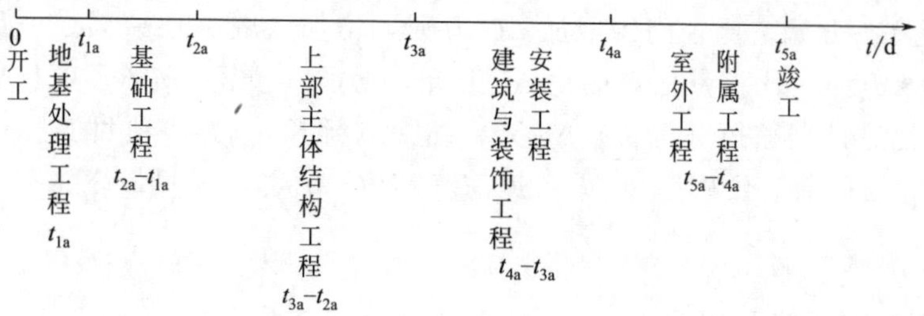

图 5-4　项目施工实际时间轴

5.1.3　上部主体结构工程施工概况

上部主体结构工程计划工期 f^p 天，实际工期 f^a 天，实际比计划提前 Δf。主体结构工程中的钢筋工程全为隐蔽工程，每个施工部位在进行混凝土浇筑之前必须经过隐蔽验收，监理单位能否积极并及时配合验收是影响工期的一个重要因素。结构施工涉及大量技术细节问题，其中许多问题需要设计人员配合甚至到现场解决，设计人员能否及时配合以及设计、施工、监理之间是否良好协作是问题能否顺利、及时解决的关键，这个因素也是影响工期的重要因素。

上部主体结构工程（乃至全部工程）可以采用流水作业法施工，在 3 栋楼之间以及楼层之间形成流水作业。1 号楼在施工模板的同时 2 号楼、3 号楼安装钢筋或浇筑混凝土，1 号楼在安装钢筋的同时 2 号楼、3 号楼安装模板或浇筑混凝土，1 号楼在浇筑混凝土的同时 2 号楼、3 号楼安装模板或安装钢筋。

垂直运算问题是施工中需要重点解决的问题。外架搭设、模板选用、混凝土选用、钢筋加工方式也是影响施工的全局性问题。采用商品混凝土比现场配制混凝土有许多益处，应当首先考虑。若采用商品混凝土施工，现场通常还需设置小型混凝土搅拌站以满足少量的、急需的、临时的需要。钢筋加工应在钢筋加工车间进行，若现场没有条件设置钢筋加工车间，应在现场附近租地（房）设置。

后述内容中，施工过程的基本事物集合和基本控制框架以工程项目为例进行一般阐述。施工过程控制点控制与评价、施工过程结果评价以上部主体结构工程为例进行详细阐述。变量值规划在第 3 章中进行过详细介绍，案例涉及的规划值优化问题本章省略叙述。

施工过程存在多个管理主体，建设、施工、监理是三大基本主体。不同控制主体，控制对象或控制侧重点不同，过程事物集合不尽相同，控制体系不尽相同。下面仅以建设单位为基本控制主体进行阐述。

5.2　建设单位的施工过程控制

5.2.1　工程项目施工过程基本事物集合

（1）工程项目施工过程基本事物集

用基本事物集，工程项目施工过程表示如下。

×××商住、办公综合建设项目施工过程 P：

$$R_t=\{A,B,C,D,E,F,G,H,I,J,K\};[t_0,t_5]$$

$$[t_0,t_5]:[t_0,t_1],[t_1,t_2],[t_2,t_3],[t_3,t_4],[t_4,t_5]$$

事物代号与事物的对应见表 5-2，时间区间与日历时间对应见表 5-3。

表 5-2　事物代号与事物的对应

序号	事物代号	事物名称
1	A	过程产品
2	B	甲供材
3	C	施工合同
4	D	监理合同
5	E	造价咨询合同
6	F	供货合同
7	G	进度
8	H	质量
9	I	安全
10	J	工程成本
11	K	施工风险

过程产品指按阶段划分的分部或分项工程。比如，地基处理工程阶段的过程产品为现浇混凝土桩，基础工程的过程产品为钢筋混凝土构件以及土方挖、运、填。上部主体结构工程的过程产品为钢筋混凝土构件，建筑与装饰工程安装工程的过程产品数目较多，包括砌体、抹灰、防水、门窗、幕墙、涂料、墙砖、地砖……给水、排水、电气、消防……，室外及附属工程的过程产品数目也比较多，包括场地、道路、绿化、景观……给水、排水、电气、消防……作为建设单位的控制，过程产品应具有高度综合性，不宜定得过细，一定要确保控制数目在较少范围，只有这样才能保证控制的有效性。当不能确保过程产品能够进行高度综合时，可灵活选取几种主要的、重要的分部或分项工程作为过程产品。这里的过程产品不需要执行 WBS 的 100%原则。

甲供材指建设单位自行采购的设备、设施和材料。在管理力量允许的条件下，甲供材应尽可能详细并实施严格控制，因为虽然监理、施工可以协助建设单位对甲供材的质量、数量等方面实施控制，但从责任划分来说，一旦甲供材出问题，建设单位是最主要的责任人（就现场几个管理主体来说）。

在工程施工中，建设单位对所有参建单位进行统一领导、指挥、协调和控制。建设团队、施工团队、监理团队、咨询人员、设计人员、供货人员相互之间的协作配合对工程施工有很大影响。施工合同、监理合同、咨询合同、供货合同不仅是建设单位进行人员调度和人员管理的主要依据，同时也是平衡解决矛盾和冲突的有力武器。因此各种合同是施工过程的主要事物。这里列示合同为主要事物而未直接列示各种团队和人员，是因为合同比团队和人员有更丰富的内涵，合同不仅主要包含合同主体（单位、团队和人员），还规定（约定）了单位、团队、人员各自的权利、义务、责任以及法度、罚则等，对人的行为乃至活动有深刻的约束和影响。用合同比单纯用团队和人员作为过程主要事物更具现实意义。

进度、质量、安全、工程成本、施工风险是施工过程的抽象事物，是描述施工过程情况或过程结果的最主要事物，也是人们熟知并广泛采用的技术和管理术语。这几个抽象事物是变量集和函数集产生的基础，是过程变量的主要来源地。

表 5-3　时间区间与日历时间的对应（开工前计划）

序号	阶段名称	时间区间	区间时长/d	时点	日历时间
1	地基处理工程	$[t_0,t_1]$	t_1-t_0	t_0	××年×月×日
				t_1	××年×月×日
2	基础工程	$[t_1,t_2]$	t_2-t_1	t_2	××年×月×日
3	上部主体结构工程	$[t_2,t_3]$	t_3-t_2	t_3	××年×月×日
4	建筑与装饰工程、安装工程	$[t_3,t_4]$	t_4-t_3	t_4	××年×月×日
5	室外及附属工程	$[t_4,t_5]$	t_5-t_4	t_5	××年×月×日

（2）工程项目施工过程基本函数集

用基本函数集，工程项目施工过程表示如下。

×××商住、办公综合建设项目施工过程 P：

$$R_f=\{R_f(1),R_f(2),R_f(3),R_f(4)\};[t_0,t_5]$$

$$R_f(1)=\{x_1,x_2,x_3 \mid F(x_1,x_2,x_3)=0\}$$

$$R_f(2)=\{x_4\sim x_9 \mid x_4=x_5+x_6+x_7+x_8+x_9\}$$

$$R_f(3)=\{x_1,x_{10} \mid x_1=ax_{10}\}(a\ \text{为常数})$$

$$R_f(4)=\{x_{11}\sim x_{13} \mid x_{11}=x_{12}x_{13}\}$$

工程项目基本函数变量见表 5-4。

表 5-4　工程项目基本函数变量

序号	变量代号	变量名称	变量含义	备注
1	x_1	工程进度	某控制期工程进度，该控制期完成的工程造价（预算价格计算）与全部工程预算造价之比	全部工程通常指整个工程项目，也可能指某个阶段。某控制期通常指某月或某个阶段
2	x_2	工程质量	某控制期工程质量，通常采用优良率	
3	x_3	工程造价	某控制期工程造价，该控制期完成的全部工作内容的工程造价	
4	x_4	工程成本	某控制期建设单位项目部发生于项目的全部费用支出	项目层次的工程成本

续表

序号	变量代号	变量名称	变量含义	备注
5	x_5	项目部费用支出	某控制期建设单位项目部费用支出，主要指工资和管理办公费用等	
6	x_6	应付工程款	某控制期建设单位应向施工单位支付的全部工程款	
7	x_7	应付甲供材款	某控制期建设单位根据购销合同应向供货单位支付的材料款	
8	x_8	应付监理费	某控制期建设单位应向监理单位支付的监理费	
9	x_9	应付其他费	上述费用之外的其他应付费用，比如造价咨询费	
10	x_{10}	已完工程预算造价	按预算价格计算的某控制期完成的工程造价	
11	x_{11}	应付甲供材金额	某控制期建设单位应向供货单位支付的材料款的全部金额	
12	x_{12}	甲供材数量	某控制期甲供材数量	
13	x_{13}	甲供材价格	某控制期甲供材价格	

以上函数变量中，x_{11}、x_{12}、x_{13}纳入甲供材控制系统另行控制。$x_1 \sim x_{10}$可采用两种方式控制：①全部按月控制；②$x_4 \sim x_9$按月控制，其余按$[t_0, t_1]$、$[t_1, t_2]$、$[t_2, t_3]$、$[t_3, t_4]$、$[t_4, t_5]$控制，即$x_1 \sim x_3$、x_{10}中的每个变量只控制开始和结束两个时点。无论采用何种控制方式，在t_1、t_2、t_3、t_4、t_5时点均应与变量集汇编形成阶段性综合报告。

(3) 工程项目施工过程基本变量集

用基本变量集，工程项目施工过程表示如下。

×××商住、办公综合建设项目施工过程 P：

$$R_v = \{y_k\}, k=1,2,\cdots 27; [t_0, t_5]$$

工程项目基本变量集变量含义见表 5-5。

表 5-5 工程项目基本变量集变量含义

序号	变量代号	变量名称	变量含义	备注
1	y_1	过程产品数量	某控制期完成的过程产品数量	某控制期通常指某月
2	y_2	施工团队人数	某控制期施工管理团队人数	由监理单位统计
3	y_3	监理团队人数	某控制期监理团队人数	由建设单位统计

续表

序号	变量代号	变量名称	变量含义	备注
4	y_4	生产工人人数	某控制期生产工人总数(该月平均数)	由监理单位统计
5	y_5	累计工程进度	某控制期期末累计工程进度	
6	y_6	施工管理违约次数	某控制期施工团队不听从建设单位指挥,擅自施工造成不良后果出现次数	由建设单位记录,当事人签字确认
7	y_7	监理违约次数	某控制期监理人员不按合同规定配合隐蔽验收以及设备、材料验收等出现的次数(时间、服务不满足)	由建设单位记录,当事人签字确认
8	y_8	造价咨询人员违约次数	造价人员不按合同规定配合工程造价审核违约的次数(时间、工作成果、服务不满足)	由建设单位记录,当事人签字确认
9	y_9	供货人员违约次数	某控制期供货人员不按合同规定供货的违约次数(时间、数量、质量、服务等)	由建设单位记录,当事人签字确认
10	y_{10}	设计变更次数	某控制期发生的设计变更次数	执行设计变更程序
11	y_{11}	设计变更金额	某控制期发生的设计变更导致工程造价增加或减少的金额	
12	y_{12}	施工索赔次数	某控制期发生的施工索赔次数	执行施工索赔程序
13	y_{13}	施工索赔金额	某控制期发生的施工索赔金额	
14	y_{14}	建设单位向有关单位的索赔次数	某控制期建设单位向供货、施工、设计等单位的索赔次数	执行有关索赔程序
15	y_{15}	建设单位向有关单位的索赔金额	某控制期建设单位向供货、施工、设计等单位的索赔金额	
16	y_{16}	甲供材质量缺陷频次	某控制期甲供材出现质量缺陷的频次。质量缺陷指小的、轻微的质量问题;有严重质量问题的材料,施工现场一律拒收,供货无效	由建设或监理或施工提出,经各方核实认定后当事人签字确认
17	y_{17}	质量事故数量	某控制期发生的质量事故次数	执行质量事故处理程序
18	y_{18}	较大质量问题数目	某控制期出现较大质量问题的次数	由监理单位记录,当事人签字确认

续表

序号	变量代号	变量名称	变量含义	备注
19	y_{19}	安全事故次数	某控制期发生的安全事故次数	执行安全事故处理程序
20	y_{20}	人的不安全行为次数	某控制期发生的人的不安全行为次数	由建设单位或监理单位记录，当事人签字确认
21	y_{21}	物的不安全状态数目	某控制期出现的物的不安全状态次数	由建设单位或监理单位记录，当事人签字确认
22	y_{22}	危险源数目	某控制期出现的危险源数目	由建设单位或监理单位记录，当事人签字确认
23	y_{23}	安全隐患数目	某控制期出现的安全隐患数目	由建设单位或监理单位记录，当事人签字确认
24	y_{24}	突发事件数目	某控制期发生的突发事件数目	由建设单位或监理单位统计
25	y_{25}	异常气候频次	某控制期出现的异常气候频次	由监理单位统计
26	y_{26}	异常地质、异常水文频次	某控制期出现的异常地质、异常水文频次	由监理单位统计
27	y_{27}	自然灾害频次	某控制期出现的自然灾害频次	由监理单位统计

变量集变量全部按月控制，在 $t_1 \sim t_5$ 时点与函数集汇编形成阶段性报告。

（4）函数集变量集控制的有关制度和程序

函数集变量集控制需要一系列制度和工作程序来保障，这些制度和程序主要包括以下内容。

① 函数集变量规划值、计划值的计算、核实、认定程序。

② 变量集变量规划值、计划值的计算、核实、认定程序。

③ 函数集变量实际值的计算、核实、认定程序。

④ 变量集变量实际值的计算、核实、认定程序。

⑤ 工程进度、工程质量、工程造价实际值的计算、核实、认定程序。

⑥ 工程进度、工程质量、工程造价偏差的处理程序。

⑦ 工程成本实际值的计算、核实、认定程序。

⑧ 工程成本实际值偏差的处理程序。

⑨ 工程款支付程序。

⑩ 甲供材款项支付程序。

⑪ 甲供材收货及验收程序。

⑫ 甲供材数量、质量偏差的处理程序。

⑬ 过程产品计划与实际数量的计算、核实、认定及偏差处理程序。

⑭ 施工管理违约的认定和处理程序。

⑮ 监理违约的认定和处理程序。

⑯ 造价咨询违约的认定和处理程序。

⑰ 供货单位违约的认定和处理程序。

⑱ 设计变更程序。

⑲ 施工索赔程序。

⑳ 建设单位向有关单位的索赔程序。

㉑ 甲供材质量缺陷的认定和处理程序。

㉒ 质量事故的报告、调查核实、处理制度。

㉓ 较大质量问题的认定和处理程序。

㉔ 安全事故报告、调查核实、处理制度（执行国家现行法律法规）。

㉕ 人的不安全行为的认定和处理程序。

㉖ 物的不安全状态的认定和处理程序。

㉗ 危险源的认定和处理程序。

㉘ 安全隐患的认定和处理程序。

㉙ 突发事件的认定和一般处理程序。

㉚ 异常气候的一般处理程序。

㉛ 异常地质、异常水文的报告、核实认定和一般处理程序。

㉜ 自然灾害的一般处理程序。

在过程控制中执行相关制度和程序有利有弊。一方面，执行相关制度和程序有利于让所有人都知道开展某项工作或遇到某个问题时该怎么办？工作方法、途径、步骤是什么？需要注意哪些事项？自己的行为是否与制度相冲突？即执行制度和程序能更充分地保证工作质量。另一方面，执行复杂的工作程序会明显降低工作效率，通常会导致管理工作量增加，使管理工作变得机械而缺少灵活性。因此过程控制中制度和程序的制定应在工作质量和工作效率之间以及原则性和灵活性之间寻求一种平衡。制度和程序并非越多越好，更不是越细越好。关键工作没有制度和程序不行，一般工作执行复杂程序反而误事。一个项目具体采用哪些制度和程序需根据项目情况及项目管理需要确定。在确保工作质量的前提下，程序制定应尽可能简捷、简化、务实、高效。对一般性工作，尽可能不规定工作程序。工作程序的采用只有几种基本情况：①这项工作是关键性工作，必须严格控制；②若没有明确的程序，这项工作很难开展，很多人不知道该怎么办；③这项工作的工作质量经常达不到要求，而主要原因是工作程序问题。

5.2.2 工程项目施工过程基本控制框架

5.2.2.1 工程项目施工过程基本控制框架基本情况

工程项目施工过程的基本控制框架见图 5-5。

在这个框架中，竖向共有 51 条线（事物集 11 条、函数集 13 条、变量集 27 条），横向共有 15 条线（如果按月控制则需增加 m 条）。竖线与横线相交形成765 个交点。

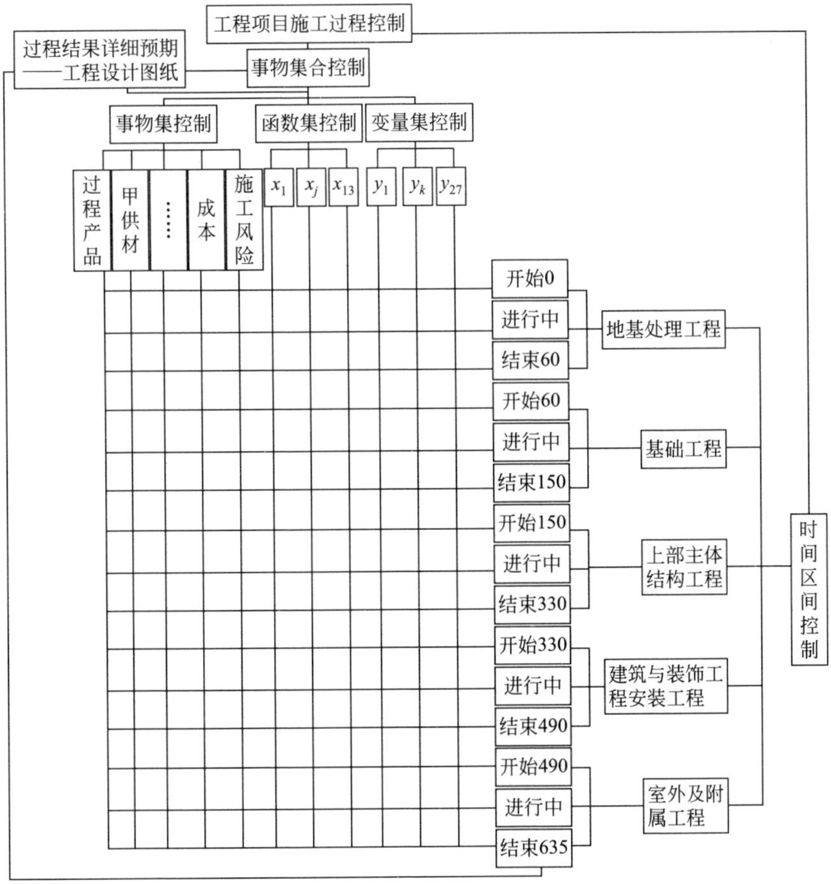

图 5-5 工程项目施工过程的基本控制框架

765 个交点是该工程项目施工过程的控制点。每个点的变量值及事物集情况反映过程在该时点的状态或一定时段的状况。过程控制应主要针对这 765 个控制点进行全面的预防、跟踪、检查、检测、监测、计量、核实、更正和改进。

控制点数目对项目管理工作量有决定性影响，对管理成本有较大影响。控制点数目越多，项目管理工作量越大，管理成本越高；反之项目管理工作量越小，管理成本越低。控制点数目取决于变量数目和控制期时长。控制点数目可以根据项目情况和项目管理需要由项目经理（团队）灵活掌握。当控制点数目过多，管理精力不济时，可以适当减少变量数目或延长控制期时长。当控制点数目偏少，管理精力充沛时，可以适当增加变量数目或缩短控制期时长。

每月（某时段）的函数集变量集报告（计划、实际、偏差）及相关事项的核实、认定、处理等系列资料是该月（该时段）过程控制的反映。报告和相关资料不仅反映过程的阶段性结果，还记录了过程控制的具体情况。

在现实应用中，图 5-5 尚达不到实际操作的需要，因为图中过程产品、甲供材、供货合同均以单个事物表示，而这几种事物实际都是几个子集合而并非单个事物。欲有效控制过程产品、甲供材和供货合同，需要对这几部分内容做进一步展开。过程产品、甲供材、供货合同展开后，控制点数目以及函数集变量集均会发生一些变化。

5.2.2.2　过程产品的展开及过程产品控制框架

通常，需要对过程产品进行两级展开。根据工程项目，基本事物集如下。

$$R_t=\{A,B,C,D,E,F,G,H,I,J,K\}$$

过程产品的第一级展开是

$$A=\{A_1,A_2,A_3,A_4,A_5\}$$

式中　A_1——地基处理工程的过程产品；

A_2——基础工程的过程产品；

A_3——上部主体结构工程的过程产品；

A_4——建筑与装饰工程、安装工程的过程产品；

A_5——室外及附属工程的过程产品。

第二级展开是

$$A_1=\{A_1(i_1)\},i_1=1,2\cdots m_1$$

$$A_2=\{A_2(i_2)\},i_2=1,2\cdots m_2$$

$$A_3=\{A_3(i_3)\},i_3=1,2\cdots m_3$$

$$A_4=\{A_4(i_4)\},i_4=1,2\cdots m_4$$

$$A_5=\{A_5(i_5)\},i_5=1,2\cdots m_5$$

就本例而言，如下所示。

$A_1=\{A_1(i_1)\}=$\{现浇混凝土桩\}，$i_1=1$

$A_2=\{A_2(i_2)\}=\{A_2(1),A_2(2),A_2(3),A_2(4)\}=$\{挖土,运土,填土,钢筋混凝土构件\}$i_2=1,2,3,4$

$A_3=\{A_3(i_3)\}=$\{钢筋混凝土构件\}，$i_3=1$

$A_4=\{A_4(i_4)\}=$\{砌体,抹灰,防水,门窗,幕墙,涂料……给水,排水,电气,消防,智能……\}$i_4=1,2\cdots20$，比如，控制20种过程产品

$A_5=\{A_5(i_5)\}=$\{场地,道路,景观,绿化……给水,排水,消防,智能……\}

$i_5=1,2\cdots20$，比如，控制20种过程产品

工程项目的过程产品是一个复杂的构成体，过程控制需要有另外专门的控制框架，其基本控制框架见图5-6。

过程产品的控制框架是阶梯形的，控制点用圆圈表示，有圆圈的交点才是控制的，否则不是。以$i_1=1$，$i_2=1,2,3,4$，$i_3=1$，$i_4=1,2\cdots20$，$i_5=1,2\cdots20$计算，控制点数目为$N=(1+4+1+20+20)\times3=138$(个)。

过程产品展开后，函数集不变，变量集发生以下改变。

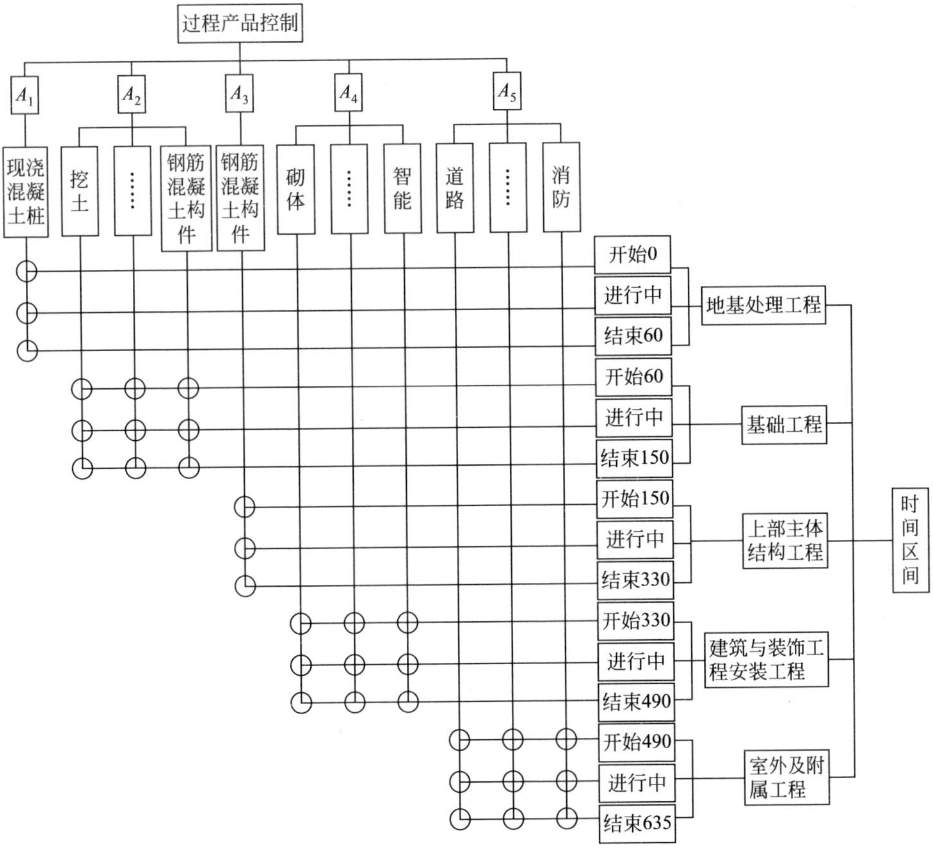

图 5-6　过程产品基本控制框架

原变量集中 y_1 变为 $y_1(i_1)$、$y_1(i_2)$、$y_1(i_3)$、$y_1(i_4)$、$y_1(i_5)$，其余不变。

式中　$y_1\ (i_1)$ ——地基处理工程的过程产品数量；

$y_1\ (i_2)$ ——基础工程的过程产品数量；

$y_1\ (i_3)$ ——上部主体结构工程的过程产品数量；

$y_1\ (i_4)$ ——建筑与装饰安装工程的过程产品数量；

$y_1\ (i_5)$ ——室外及附属工程的过程产品数量。

就本例而言，如下所示。

$$y_1(i_1)=y_1=\text{现浇混凝土桩数量}$$

$$y_1(i_2)=\begin{pmatrix} y_1^1 \\ y_1^2 \\ y_1^3 \\ y_1^4 \end{pmatrix}=\begin{pmatrix} \text{挖土方数量} \\ \text{运土方数量} \\ \text{填土方数量} \\ \text{钢筋混凝土方量} \end{pmatrix}$$

$$y_1(i_3)=y_1=\text{钢筋混凝土方量}$$

$$y_1(i_4)=\begin{pmatrix} y_1^1 \\ \vdots \\ y_1^{i_4} \\ \vdots \\ y_1^{20} \end{pmatrix}=\begin{pmatrix} \text{砌体数量} \\ \vdots \\ \text{幕墙数量} \\ \vdots \\ \text{电梯数量} \end{pmatrix}$$

$$y_1(i_5)=\begin{pmatrix} y_1^1 \\ \vdots \\ y_1^{i_5} \\ \vdots \\ y_1^{20} \end{pmatrix}=\begin{pmatrix} \text{场地混凝土面积} \\ \vdots \\ \text{乔木数量} \\ \vdots \\ \text{室外消火栓数量} \end{pmatrix}$$

从过程产品的展开可以看出，由于装修工程、安装工程、室外及附属工程的过程产品的综合性不强，对这三类工程实施全面的数量控制有较大难度，方法存在明显的实施障碍。只能选取主要的、有限的几种过程产品实施重点控制。但对土建工程的过程产品，实施全范围数量控制基本没有障碍。

5.2.2.3 甲供材的展开及甲供材控制框架

对于甲供材，可以采用多种方式和多种级数进行展开。具体展开方式和展开级数根据项目情况和项目管理需要确定。与过程产品的展开类似，一般也按区别不同时间区间分多级展开。工程项目基本事物集如下。

$$R_t=\{A,B,C,D,E,F,G,H,I,J,K\}$$

对甲供材的第一级展开是

$$B=\{B_1,B_2,B_3,B_4,B_5\}$$

式中 B_1——地基处理工程的甲供材；

B_2——基础工程的甲供材；

B_3——上部主体结构工程的甲供材；

B_4——建筑与装饰工程、安装工程的甲供材；

B_5——室外及附属工程的甲供材。

第二级展开是

$$B_1=\{B_1(j_1)\},\ j_1=1,2\cdots r_1$$
$$B_2=\{B_2(j_2)\},\ j_2=1,2\cdots r_2$$
$$B_3=\{B_3(j_3)\},\ j_3=1,2\cdots r_3$$
$$B_4=\{B_4(j_4)\},\ j_4=1,2\cdots r_4$$
$$B_5=\{B_5(j_5)\},\ j_5=1,2\cdots r_5$$

就本例而言，如下所示。

$B_1=\{\phi\}$

$B_2=\{\phi\}$

$B_3=\{\phi\}$

$B_4=\{B_4(i_4)\}=\{$玻璃，石材，墙砖，地砖，涂料……给水泵，风机，配电柜，电梯……$\}i_4=1,2\cdots40$，比如，控制40种甲供材

$A_5=\{A_5(i_5)\}=\{$广场砖，石材，景观石，乔木，灌木，草坪……给水管，排水管，门禁系统……$\}i_5=1,2\cdots30$，比如，控制30种甲供材

工程项目的甲供材种类较多，数目众多，而且甲供材控制是施工过程控制中事物集控制的主要内容，甲供材控制需要有另外专门的控制框架，其基本控制框架见图5-7。为便于工作更好地开展，在实际应用中可以把甲供材和供货合同两部分组成另外的控制内容，建立一个专门的、相对独立的控制系统。

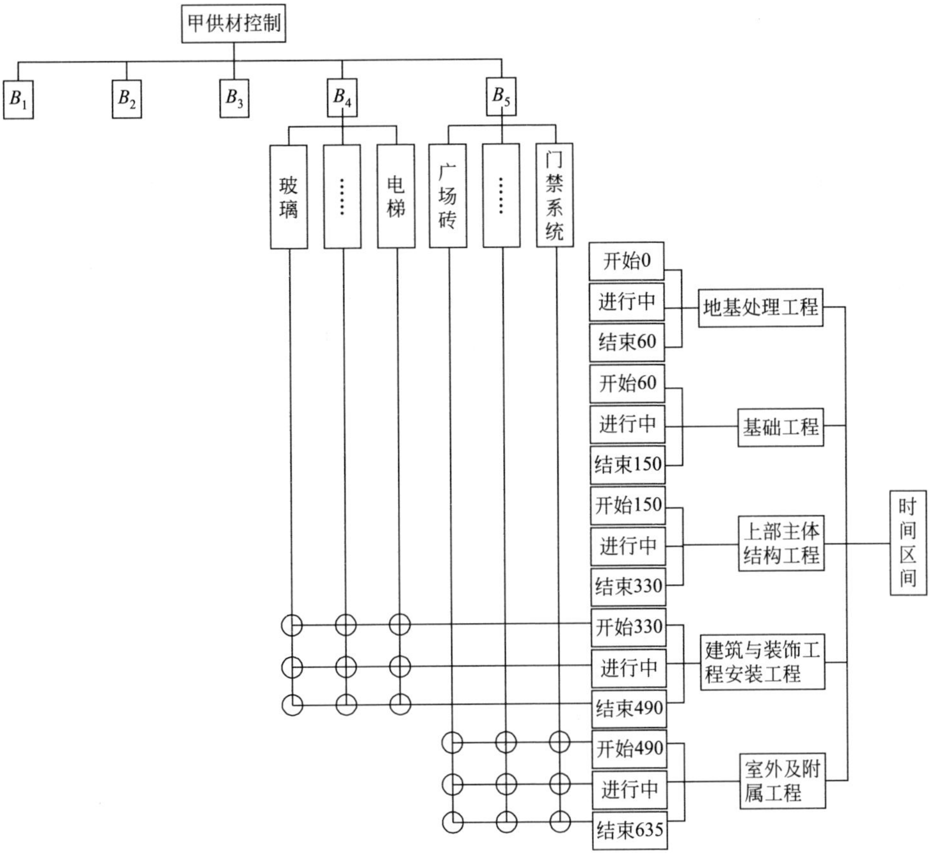

图5-7 甲供材基本控制框架

图5-7所示的控制框架是结合本案例的控制框架，如果$B_1\neq\{\phi\}$，$B_2\neq\{\phi\}$，$B_3\neq\{\phi\}$，则框架中应画出相应的竖线和横线。

甲供材的控制框架也是阶梯形的，控制点用圆圈表示，有圆圈的交点才是控制点，否则不是。以$i_4=1,2\cdots40$、$i_5=1,2\cdots30$计算，控制点数目为$N=(40+30)\times3=210$（个）。

甲供材另设独立控制系统后，工程项目施工过程控制中变量集不变，函数集发生以下改变。

$$R_f=\{R_f(1),R_f(2),R_f(3)\}$$
$$R_f(1)=\{x_1,x_2,x_3|F(x_1,x_2,x_3)=0\}$$
$$R_f(2)=\{x_4\sim x_9|x_4=x_5+x_6+x_7+x_8+x_9\}$$
$$R_f(3)=\{x_1,x_{10}|x_1=ax_{10}\}(a\text{ 为常数})$$

取消原函数集中 $R_f(4)$，其余不变。相应地，取消函数变量 x_{11}、x_{12}、x_{13}。

在甲供材的独立控制系统中，$R_f(4)$ 有如下改变。

原 $R_f(4)=\{x_{11}\sim x_{13}|x_{11}=x_{12}x_{13}\}$变为

$$R_f(4)=\{R_f^1(4),R_f^2(4),R_f^3(4),R_f^4(4),R_f^5(4)\}$$
$$R_f^1(4)=\{x_{11}(j_1),x_{12}(j_1),x_{13}(j_1)|x_{11}(j_1)=x_{12}(j_1)\times x_{13}(j_1)\}\quad j_1=1,2\cdots r_1$$
$$R_f^2(4)=\{x_{11}(j_2),x_{12}(j_2),x_{13}(j_2)|x_{11}(j_2)=x_{12}(j_2)\times x_{13}(j_2)\}\quad j_2=1,2\cdots r_2$$
$$R_f^3(4)=\{x_{11}(j_3),x_{12}(j_3),x_{13}(j_3)|x_{11}(j_3)=x_{12}(j_3)\times x_{13}(j_3)\}\quad j_3=1,2\cdots r_3$$
$$R_f^4(4)=\{x_{11}(j_4),x_{12}(j_4),x_{13}(j_4)|x_{11}(j_4)=x_{12}(j_4)\times x_{13}(j_4)\}\quad j_4=1,2\cdots r_4$$
$$R_f^5(4)=\{x_{11}(j_5),x_{12}(j_5),x_{13}(j_5)|x_{11}(j_5)=x_{12}(j_5)\times x_{13}(j_5)\}\quad j_5=1,2\cdots r_5$$

①原 x_{11}变为 $x_{11}(j_1)$、$x_{11}(j_2)$、$x_{11}(j_3)$、$x_{11}(j_4)$、$x_{11}(j_5)$。

式中 $x_{11}(j_1)$ ——地基处理工程的第 j_1 种甲供材的应付甲供材金额，$j_1=1,2\cdots r_1$；

$x_{11}(j_2)$ ——基础工程的第 j_2 种甲供材的应付甲供材金额，$j_2=1,2\cdots r_2$；

$x_{11}(j_3)$ ——上部主体结构工程的第 j_3 种甲供材的应付甲供材金额，$j_3=1,2\cdots r_3$；

$x_{11}(j_4)$ ——建筑与装饰工程、安装工程的第 j_4 种甲供材的应付甲供材金额，$j_4=1,2\cdots r_4$；

$x_{11}(j_5)$ ——室外及附属工程的第 j_5 种甲供材的应付甲供材金额，$j_5=1,2\cdots r_5$。

就本例而言，如下所示。

$$x_{11}(j_1)=0$$
$$x_{11}(j_2)=0$$
$$x_{11}(j_3)=0$$

$$x_{11}(j_4)=\begin{pmatrix}x_{11}^1\\ \vdots\\ x_{11}^{j_4}\\ \vdots\\ x_{11}^{40}\end{pmatrix}=\begin{pmatrix}\text{玻璃应付款金额}\\ \vdots\\ \text{地砖应付款金额}\\ \vdots\\ \text{电梯应付款金额}\end{pmatrix}$$

$$x_{11}(j_5)=\begin{pmatrix} x_{11}^{1} \\ \vdots \\ x_{11}^{j_4} \\ \vdots \\ x_{11}^{30} \end{pmatrix}=\begin{pmatrix} \text{广场砖应付款金额} \\ \vdots \\ \text{灌木应付款金额} \\ \vdots \\ \text{门禁系统应付款金额} \end{pmatrix}$$

② 原 x_{12} 变为 $x_{12}(j_1)$、$x_{12}(j_2)$、$x_{12}(j_3)$、$x_{12}(j_4)$、$x_{12}(j_5)$。

式中 $x_{12}(j_1)$——地基处理工程的第 j_1 种甲供材数量，$j_1=1$，$2\cdots r_1$；

$x_{12}(j_2)$——基础工程的第 j_2 种甲供材数量，$j_2=1$，$2\cdots r_2$；

$x_{12}(j_3)$——上部主体结构工程的第 j_3 种甲供材数量，$j_3=1$，$2\cdots r_3$；

$x_{12}(j_4)$——建筑与装饰工程、安装工程的第 j_4 种甲供材数量，$j_4=1$，$2\cdots r_4$；

$x_{11}(j_5)$——室外及附属工程的第 j_5 种甲供材数量，$j_5=1$，$2\cdots r_5$。

就本例而言，如下所示。

$$x_{12}(j_1)=0$$

$$x_{12}(j_2)=0$$

$$x_{12}(j_3)=0$$

$$x_{12}(j_4)=\begin{pmatrix} x_{12}^{1} \\ \vdots \\ x_{12}^{j_4} \\ \vdots \\ x_{12}^{40} \end{pmatrix}=\begin{pmatrix} \text{玻璃数量} \\ \vdots \\ \text{地砖数量} \\ \vdots \\ \text{电梯数量} \end{pmatrix}$$

$$x_{12}(j_5)=\begin{pmatrix} x_{12}^{1} \\ \vdots \\ x_{12}^{j_4} \\ \vdots \\ x_{12}^{30} \end{pmatrix}=\begin{pmatrix} \text{广场砖数量} \\ \vdots \\ \text{灌木数量} \\ \vdots \\ \text{门禁系统数量} \end{pmatrix}$$

③ 原 x_{13} 变为 $x_{13}(j_1)$、$x_{13}(j_2)$、$x_{13}(j_3)$、$x_{13}(j_4)$、$x_{13}(j_5)$。

式中 $x_{13}(j_1)$——地基处理工程的第 j_1 种甲供材价格，$j_1=1$，$2\cdots r_1$；

$x_{13}(j_2)$——基础工程的第 j_2 种甲供材价格，$j_2=1$，$2\cdots r_2$；

$x_{13}(j_3)$——上部主体结构工程的第 j_3 种甲供材价格，$j_3=1$，$2\cdots r_3$；

$x_{13}(j_4)$——建筑与装饰工程、安装工程的第 j_4 种甲供材价格，$j_4=1$，$2\cdots r_4$；

$x_{13}(j_5)$——室外及附属工程的第 j_5 种甲供材价格，$j_5=1$，$2\cdots r_5$。

就本例而言，如下所示。

$$x_{13}(j_4)=\begin{pmatrix}x_{13}^{1}\\ \vdots\\ x_{13}^{j_4}\\ \vdots\\ x_{13}^{40}\end{pmatrix}=\begin{pmatrix}\text{玻璃价格}\\ \vdots\\ \text{地砖价格}\\ \vdots\\ \text{电梯价格}\end{pmatrix}$$

$$x_{13}(j_5)=\begin{pmatrix}x_{13}^{1}\\ \vdots\\ x_{13}^{j_4}\\ \vdots\\ x_{13}^{30}\end{pmatrix}=\begin{pmatrix}\text{广场砖价格}\\ \vdots\\ \text{灌木价格}\\ \vdots\\ \text{门禁系统价格}\end{pmatrix}$$

从甲供材的展开可以看出，对于很多材料，采用二、三级展开不能满足控制需要。当二、三级展开不能满足控制需要时，采用四级甚至更多级展开来实现。

5.2.2.4　供货合同的展开及供货合同控制框架

供货合同的展开与过程产品的展开类似，采用二级或三级展开一般能满足控制需要。工程项目基本事物集如下。

$$R_t=\{A,B,C,D,E,F,G,H,I,J,K\}$$

供货合同的第一级展开是

$$F=\{F_1,F_2,F_3,F_4,F_5\}$$

式中　F_1——地基处理工程中的供货合同；

F_2——基础工程中的供货合同；

F_3——上部主体结构工程中的供货合同；

F_4——建筑与装饰工程、安装工程中的供货合同；

F_5——室外及附属工程中的供货合同。

供货合同的这种分类看似存在问题，因为合同的订立时间以及合同的履行期限与上述类别划分并不完全对应，但这种分类对于过程控制来说是有好处的。该分类是按甲供材的主要供货时间（到货进场时间），即合同的主要履行期间进行分类。

供货合同的第二级展开与过程产品的二级展开类似，在此省略叙述。

供货合同的控制框架与甲供材的控制框架基本相同，通常需要与甲供材的控制框架相融合形成一个整体，在此省略讨论。

5.2.3　上部主体结构工程施工过程控制点控制

如果施工过程控制点控制是按月进行，则施工过程控制点控制也可称为施工过程月控制。施工过程月控制与评价是施工过程控制最本质的部分，是最体现实际实施与实际操作的过程控制内容，是一项对过程阶段性结果乃至最终结果有决定性影响的工作。如果说之前的一系列工作都是在为过程控制做铺垫、打基础，那么施工过程月控制算是真正进入了过程控制的实质性工作。

5.2.3.1　施工过程月控制的基本活动内容与顺序

施工过程月控制的基本活动遵循 PDCA 循环原理，一个月为一个循环周期。施工过程月控制与评价的基本活动内容与顺序见图 5-8。

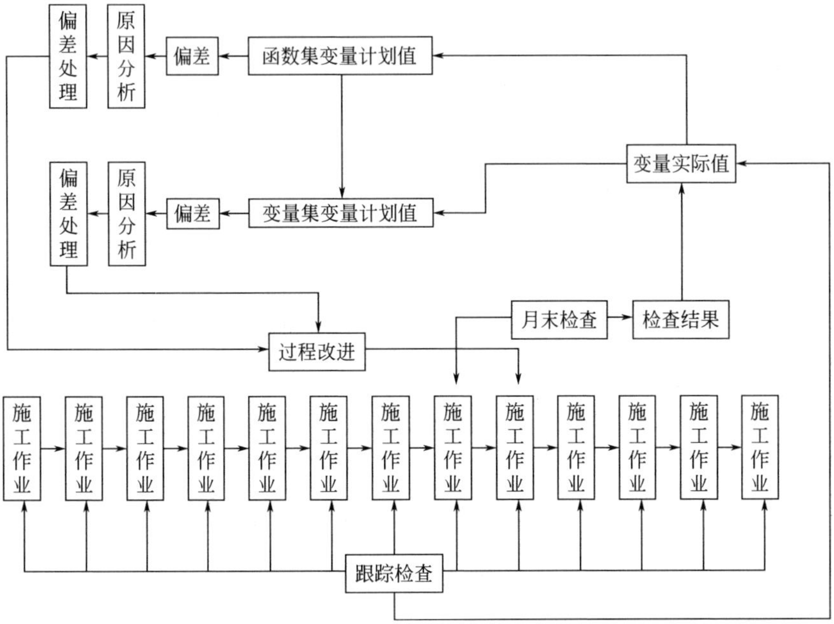

图 5-8　施工过程月控制与评价的基本活动内容与顺序

在图 5-8 中，除施工作业外的其余全部工作是施工过程月控制的基本活动内容。在该图中主要说明以下几点。

① 控制系统与作业系统是完全不同的两个系统，应该予以明确区分。作业系统犹如一部（套）运转的机器，一旦启动就很难停下来，也不应该随便让它停歇。不要因为控制工作的开展而过多影响施工作业的正常进行。除特殊情况（比如发生事故或非常严重的质量安全问题需要停工整顿）外，应保证施工作业的连续性。控制系统对作业系统的影响应集中在两个方面：一方面是作业活动的改进；另一方面是使作业活动更加顺利地开展。应当尽可能减少负面影响。

② 函数集变量集计划对施工作业具有战略性、指导性、指令性作用。有些内容是指导性的，有些内容是指令性的。施工单位的具体计划首先应满足这一计划的要求，然后再考虑其他具体内容。

③ 跟踪检查是日常工作，必不可少，是获取许多变量实际值的主要途径。

④ 月末检查是定期检查。检查日期一般比变量值报告生成日期提前 3～5d。参加人员一般包括：建设、监理、咨询、施工等人员。检查内容：函数集变量集需要的内容。主要包括：工程实际形象进度检查、过程产品全面质量检查、施工安全全面检查

等。检查结论是变量值计算的主要依据，应当及时形成（当日或次日）。

⑤ 函数集变量集计划值的形成由本月实际情况及下月计划情况决定，应保持适时的动态变化。PDCA 循环中，计划先于行动，主要指行动之前要先做好计划，而非计划好之后才行动。同样地，在施工过程中，计划人员不能存有计划好之后才行动这种想法。有没有计划，施工作业都不能停下来。从这点可看出，施工过程对计划的时间性有较高的要求，尤其对于需要费时费力、内容精细的计划来说，制订计划是一种具有挑战性的工作。

⑥ 过程改进应当及时落实到施工作业中并对改进结果进行跟踪核实。跟踪检查做出的过程更正和改进在图 5-8 中没有反映，该项工作不能忽略。

有关偏差原因分析方法、偏差处理方式方法的文献很多，有的文献介绍的方法比较全面也很实用，对这些内容不再赘述。此外，过程阶段性完工检查（不属于月控制内容，但也是过程控制中的一种主要检查形式）在图中未反映，这项工作很重要，必不可少。过程阶段性完工检查结果是过程阶段性完工报告形成的基本依据，是阶段性过程结果评价的基础。

5.2.3.2 施工过程月控制函数集向量（矩阵）

除检查、偏差原因分析、偏差处理、过程改进等工作外，施工过程月控制的其余活动用 5 个函数集矩阵和 5 个变量集矩阵来反映。5 个函数集矩阵是：月控制规划值矩阵、月控制计划值矩阵、月控制实际值矩阵、月控制偏差值矩阵、月控制偏差率矩阵。

(1) 月控制规划值矩阵——A 矩阵

引用第 2 章中关于变量矩阵的约定，月控制规划值矩阵为

$$\mathrm{A}=\begin{pmatrix} x_{1i}^{0} \\ \vdots \\ x_{ji}^{0} \\ \vdots \\ x_{10i}^{0} \end{pmatrix}=\begin{pmatrix} a_{11} & \cdots & a_{1i} & \cdots & a_{1n} \\ \vdots & \cdots & \vdots & \cdots & \vdots \\ a_{j1} & \cdots & a_{ji} & \cdots & a_{jn} \\ \vdots & \cdots & \vdots & \cdots & \vdots \\ a_{101} & \cdots & a_{10i} & \cdots & a_{10n} \end{pmatrix} \quad i=1,2\cdots n;\ j=1,\ 2\cdots 10$$

式中 x_{ji}^{0}——第 i 月的第 j 个规划函数变量；

a_{ji}——第 i 月的第 j 个函数变量的规划值。

$i=1$，$2\cdots n$ 表示施工过程分 n 个月控制（最后一个月可能不为 30d，不足 30d 仍按一个控制期考虑）；$j=1$，$2\cdots 10$ 表示函数变量数目，即 $x_1 \sim x_{10}$。月控制规划值矩阵是整个过程（上部主体结构施工）在每个月的各个变量目标值（应实现值），整个矩阵在过程开始前一次性完成。一般需要对 $x_1 \sim x_{10}$ 逐个进行计算。在 10 个变量中，有的变量各月相等，有的变量各月不等或不尽相等。

① x_1 规划值　x_1 表示某控制期工程进度，该控制期完成的工程造价（预算价格计算）与全部工程预算造价之比，用一个表达式概括。

$$x_1(i)=\frac{\alpha_i}{\alpha}\times 100\% \text{或} x_1(i)=\frac{\alpha_i}{C_0}\times 100\% \quad i=1,2\cdots n$$

相应地，第 1 个月的工程进度为

$$x_1(1)=\frac{\alpha_1}{\alpha}\times 100\%=a_{11} \text{或} x_1(1)=\frac{\alpha_1}{C_0}\times 100\%=a_{11}$$

式中 α_1——第 1 个月规划完成的工程造价；

α——上部主体结构的预算造价；

C_0——施工总承包合同价。

α_1 需根据形象进度计划（或横道图或网络图都可以）计算，上部主体结构工程施工形象进度计划见表 5-6。

表 5-6 上部主体结构工程施工形象进度计划

序号	时间	形象进度			工作内容		
		1 栋	2 栋	3 栋	1 栋	2 栋	3 栋
1	第 1 月	完成至 4 层墙柱混凝土浇筑	完成至 4 层楼板混凝土浇筑	完成至 4 层墙柱混凝土浇筑	1～4 层墙柱；2～4 层楼板	1～3 层墙柱；2～4 层楼板	1～4 层墙柱；2～4 层楼板
2	第 2 月	完成至 8 层楼板混凝土浇筑	完成至 7 层楼板混凝土浇筑	完成至 7 层墙柱混凝土浇筑	5～7 层墙柱；5～8 层楼板	4～6 层墙柱；5～7 层楼板	5～7 层墙柱；5～7 层楼板
i	第 i 月	……	……	……	……	……	……
$n-1$	第 $n-1$ 月	……	……	……	……	……	……
n	第 n 月	封顶	封顶	封顶	屋面及……	屋面及……	屋面及……

根据表 5-6，造价人员通过 BIM(建筑信息模型)，可以快速提取第 1 月（直至各月）规划完成的工程量，然后导入计价软件得到 α_1。通过 BIM 抽取模型中上部主体结构工程量，然后导入计价软件得到 α，从而完成 a_{11} 的计算。

α_i 各月不同或不尽相同，需按月分别计算。

② x_2 规划值　x_2 表示某控制期工程质量，用优良率反映。各月 x_2 规划值为 a_{2i}，a_{2i} 通常可直接设定且各月相同，比如，设定 $a_{2i}=85\%$。

③ x_3 规划值　x_3 表示某控制期内完成的全部工作内容的工程造价。x_3 的规划值为 a_{3i}，通常 $a_{3i}=\alpha_i$。

④ x_4 规划值　x_4 为某控制期建设单位项目部发生于项目的全部费用支出，$x_4=x_5+x_6+x_7+x_8+x_9$。

x_4 规划值为 a_{4i}，$a_{4i}=a_{5i}+a_{6i}+a_{7i}+a_{8i}+a_{9i}$。

a_{4i} 各月不同或不尽相同，需按月分别计算。

⑤ x_5 规划值　x_5 为某控制期建设单位项目部费用支出，主要包括工资和管理办公费用等。x_5 规划值为 a_{5i}，a_{5i} 执行经企业领导层核定批准的金额。

a_{5i}可以设定为各月均同。

⑥ x_6 规划值　x_6 为某控制期建设单应向施工单位支付的全部工程款。x_6 规划值为 a_{6i}，通常 $a_{61}=\alpha_i$。

这个变量还需要特别说明，在计算工程成本时，应付工程款按工程造价全额计取。在合同履行中，应付工程款按合同约定计算，一般不超过工程造价的 70%。合同履行中的应付工程款执行工程款支付程序。

⑦ x_7 规划值　x_7 为应付甲供材款，某控制期建设单应向供货单位支付的材料款。x_7 规划值为 a_{7i}。

$$a_{7i}=\sum_{j=1}^{n}\beta_{ij}\gamma_{ij}\ ,\ j=1,2\cdots n$$

式中　β_{ij}——第 i 月第 j 种材料的收货数量；

γ_{ij}——第 i 月第 j 种材料的价格；

n——第 i 月共收 n 种材料。

这个变量与应付工程款类似，在计算工程成本时，应付甲供材款按上述方式全额计取。在合同履行中，应付甲供材款按合同约定计算，一般需要扣留一定比例。合同履行中的应付甲供材款执行甲供材款项支付程序。

⑧ x_8 规划值　x_8 为某控制期建设单应向监理单位支付的监理费。x_8 规划值为 a_{81}，a_{81}按监理合同计取。

⑨ x_9 规划值　x_9 为 x_5～x_8 未包含的发生于项目的其他应付费用，比如造价咨询费。x_9 规划值为 a_{9i}。

⑩ x_{10}规划值　x_{10}为按预算价格计算的某控制期完成的工程造价。x_{10}等同于 x_1 计算中的工程造价。这个变量的设置主要针对已完工程，针对实际值，强调按预算价格计算。主要是为了区别于工程成本中的工程造价 x_6，区别于按预算价格计算还是按实际价格计算的工程造价 x_3。区分包含设计变更和不包含设计变更，包含施工索赔和不包含施工索赔等内容。工程成本中的工程造价 x_6 应当包括设计变更和施工索赔，如果合同约定材料价格可以调整，还应包括材料实际价格变化部分。x_3 通常可以不包含设计变更和施工索赔，如果材料价格允许调整则包含材料实际价格变化部分。在规划中，x_3、x_6、x_{10}不易区分，对于 x_3、x_6、x_{10}的实际值，可以也应当明确区分。x_{10}的规划值为 a_{10i}，$a_{10i}=\alpha_i$。

(2) 月控制计划值矩阵——B 矩阵

月控制计划值矩阵为

$$B=\begin{pmatrix} x_{1i} \\ \vdots \\ x_{ji} \\ \vdots \\ x_{10i} \end{pmatrix}=\begin{pmatrix} b_{11} & \cdots & b_{1i} & \cdots & b_{1n} \\ \vdots & \cdots & \vdots & \cdots & \vdots \\ b_{j1} & \cdots & b_{ji} & \cdots & b_{jn} \\ \vdots & \cdots & \vdots & \cdots & \vdots \\ b_{101} & \cdots & b_{10i} & \cdots & b_{10n} \end{pmatrix}\quad i=1,2\cdots n;\ j=1,2\cdots 10$$

式中　x_{ji}——第 i 月的第 j 个函数变量；

b_{ji}——第 i 月的第 j 个函数变量的计划值。

B 矩阵需根据过程实际情况逐月拟定，矩阵按列逐月得到，直至过程结束的前一个月才能得到完整矩阵。每月拟定月计划值向量为

$$\boldsymbol{B_i}=\begin{pmatrix} b_{1i} \\ \vdots \\ b_{ji} \\ \vdots \\ b_{10i} \end{pmatrix}$$

① 第 1 个月的计划值　第 1 个月的计划值等于第 1 个月规划值。

$$B_1=\begin{pmatrix} b_{11} \\ \vdots \\ b_{j1} \\ \vdots \\ b_{101} \end{pmatrix}=A_1=\begin{pmatrix} a_{11} \\ \vdots \\ a_{j1} \\ \vdots \\ a_{101} \end{pmatrix}$$

② 第 2 个月的计划值　第 2 月的计划值需根据第 2 月的规划值和第 1 个月的实际值（偏差值）确定，计划应保持适时的动态变化。一般情况下，可采用以下基本方法调整。

第 2 月的计划值＝第 2 月规划值±第 1 月偏差值

该调整主要针对不利偏差，对有利偏差则顺推或不做调整。举两个例子，如下所示。

a. 第 1 月的工程进度 x_1 的规划计划值为 15%，实际值为 12%（不利偏差），第 2 月的工程进度 x_1 的规划值为 13%，则第 2 月 x_1 的计划值应为

$$b_{21}=13\%+3\%=16\% \text{或} b_{21}>16\%$$

b. 第 1 月的工程进度 x_1 的规划计划值为 15%，实际值为 17%（有利偏差），第 2 月的工程进度 x_1 的规划值为 13%，则第 2 月 x_1 的计划值可以调整为

$$b_{21}=15\%\sim17\% \text{或} b_{21}=13\%$$

按 $b_{21}=15\%\sim17\%$ 做顺推调整的理由是更正规划中错误，让计划更符合实际。

按 $b_{21}=13\%$ 不做调整的理由是过程符合目标要求。

③ 第 i 月的计划值　第 i 月的计划值需根据第 i 月的规划值和第 $i-1$ 月的累计偏差参考第 $i-1$ 月的实际值确定，计划应保持适时的动态变化。一般情况下，可采用以下基本方法调整。

第 i 月的计划值＝第 i 月规划值±第 $i-1$ 月累计偏差值

当然，上述处理方式只是一种基本思路，在计划实际制订中还需要具有灵活性，月计划制订需要根据偏差发生的实际情况综合考虑。首先，有的偏差属于不可避免偏差，比如设计变更、不可预见事件、异常气候、异常地质水文、突发事件、自然灾害

等导致的成本偏差，对于不可避免偏差则不能采用上述方式调整计划值，只能接受偏差的客观事实。其次，不能对所有变量都一概而论，对有的变量，比如 x_5 和 x_9，需要根据实际情况客观对待和处理。再者，由于意外原因（比如停工数日），某月的偏差太大，如果全部在下月一次补回难度太大（甚至不可能），则可采用分期分批多月消化。

（3）月控制实际值矩阵——C 矩阵

月控制实际值矩阵为

$$C=\begin{pmatrix} x_{1i}^{a} \\ \vdots \\ x_{ji}^{a} \\ \vdots \\ x_{10i}^{a} \end{pmatrix}=\begin{pmatrix} c_{11} & \cdots & c_{1i} & \cdots & c_{1n} \\ \vdots & \cdots & \vdots & \cdots & \vdots \\ c_{j1} & \cdots & c_{ji} & \cdots & c_{jn} \\ \vdots & \cdots & \vdots & \cdots & \vdots \\ c_{101} & \cdots & c_{10i} & \cdots & c_{10n} \end{pmatrix} \quad i=1,2\cdots n;\ j=1,2\cdots 10$$

式中 x_{ji}^{a}——第 i 月的第 j 个函数变量；

c_{ji}——第 i 月的第 j 个函数变量的实际值。

C 矩阵与 B 矩阵完全一一对应，两个矩阵行和列的数目完全相同，差别仅在于 B 矩阵数值来源于计划，C 矩阵数值来源于实际。B 矩阵数值计算完成时间在上月月末（本月初之前），C 矩阵数值计算完成时间在本月月末。C 矩阵逐月逐列得到，整个矩阵在过程（上部主体结构施工）结束后才能得到。每月月末得到一个的实际值向量。

$$\boldsymbol{C}_i=\begin{pmatrix} c_{1i} \\ \vdots \\ c_{ji} \\ \vdots \\ c_{10i} \end{pmatrix}$$

月的实际值向量需要对每个变量逐个统计计算，计算的主要依据是月末检查结果。计算思路和方法与计划值向量基本相同。

① x_1 的实际值　x_1 的实际值按月末检查的实际形象进度计算。

$$c_{1i}=\frac{\alpha_i^a}{\alpha}\text{或}\, c_{1i}=\frac{\alpha_i^a}{C_0}$$

式中 α_i^a——第 i 月实际完成的工程造价（预算价格计算）；

α——上部主体结构的预算造价；

C_0——施工总承包合同价。

α_i^a 计算需要说明几点。

a. 按预算价格计算。

b. α_i^a 针对的计算内容与 α_i 针对的计算内容保持一致，过程结束时 $\sum\alpha_i^a=\sum\alpha_i$ 。

c. 不包含不可预见、不可抗力导致的工程施工范围变化，不包含设计变更和施工索赔等范围变化。

② x_2 的实际值　按月末检查实际值计入。

③ x_3 的实际值　x_3 的实际值不包含设计变更和施工索赔，但采用实际价格计算，当然有个前提——合同约定实际价格允许调整。

④ x_4 的实际值　x_4 实际值为 c_{4i}，$c_{4i}=c_{5i}+c_{6i}+c_{7i}+c_{8i}+c_{9i}$

⑤ x_5 的实际值　x_5 实际值 c_{5i} 按实际发生计入。

⑥ x_6 的实际值　x_6 实际值为 c_{6i}，c_{6i} 包含设计变更和施工索赔以及合同约定的其他一切允许（需要）调整的金额。

⑦ x_7 的实际值　x_7 的实际值 c_{7i} 为

$$c_{7i}=\sum_{j=1}^{m}\beta_{ij}^{a}\gamma_{ij}^{a}\ ,\ j=1,2\cdots m$$

式中　β_{ij}^{a}——第 i 月第 j 种材料的实际收货数量；

γ_{ij}^{a}——第 i 月第 j 种材料的实际价格；

m——第 i 月共收 m 种材料。

⑧ x_8 的实际值　x_7 的实际值 c_{8i} 按实际发生计入。

⑨ x_9 的实际值　x_9 的实际值 c_{9i} 按实际发生计入。

⑩ x_{10} 的实际值　x_{10} 的实际值为 c_{10i}，c_{10i} 不包含设计变更和施工索赔，但包含合同约定的其他允许（需要）调整的金额。允许（需要）调整主要指按实际价格计算。c_{10i} 的计算内容、范围与 α_i^a 保持一致，两者差别在于 c_{10i} 采用实际价格计算，而 α_i^a 采用预算价格计算。

（4）月控制偏差矩阵——D 矩阵

月控制偏差矩阵包括实际值与计划值偏差矩阵——D 矩阵和实际值与规划值偏差矩阵——D^0 矩阵。通常指 D 矩阵，D^0 矩阵主要用于阶段性完工评价。

$$D=C-B=\begin{pmatrix} d_{11} & \cdots & d_{1i} & \cdots & d_{1n} \\ \vdots & \cdots & \vdots & \cdots & \vdots \\ d_{j1} & \cdots & d_{ji} & \cdots & d_{jn} \\ \vdots & \cdots & \vdots & \cdots & \vdots \\ d_{101} & \cdots & d_{10i} & \cdots & d_{10n} \end{pmatrix}$$

$$D^0=C-A=\begin{pmatrix} d_{11}^0 & \cdots & d_{1i}^0 & \cdots & d_{1n}^0 \\ \vdots & \cdots & \vdots & \cdots & \vdots \\ d_{j1}^0 & \cdots & d_{ji}^0 & \cdots & d_{jn}^0 \\ \vdots & \cdots & \vdots & \cdots & \vdots \\ d_{j1}^0 & \cdots & d_{10i}^0 & \cdots & d_{10n}^0 \end{pmatrix}$$

D 矩阵逐月逐列得到，至阶段完工才能得到整体矩阵。D 矩阵中每月的列向量是本月控制评价及下月控制工作开展的依据。D^0 矩阵通常在阶段完工检查后一次性获得，也可以逐月逐列计算，但每月的 D^0 矩阵中的列向量仅作为下月控制工作开展的参考。

(5) 月控制偏差率矩阵——F 矩阵

月控制偏差率矩阵包括实际值相对于计划值偏差率矩阵——F 矩阵和实际值相对于规划值偏差率矩阵——F^0 矩阵。通常指 F 矩阵，F^0 矩阵主要用于阶段性完工评价。

$$F=(C-B)B^{-1}=\begin{pmatrix} f_{11} & \cdots & f_{1i} & \cdots & f_{1n} \\ \vdots & \cdots & \vdots & \cdots & \vdots \\ f_{j1} & \cdots & f_{ji} & \cdots & f_{jn} \\ \vdots & \cdots & \vdots & \cdots & \vdots \\ f_{101} & \cdots & f_{10i} & \cdots & f_{10n} \end{pmatrix}$$

$$F^0=(C-A)A^{-1}=\begin{pmatrix} f_{11}^0 & \cdots & f_{1i}^0 & \cdots & f_{1n}^0 \\ \vdots & \cdots & \vdots & \cdots & \vdots \\ f_{j1}^0 & \cdots & f_{ji}^0 & \cdots & f_{jn}^0 \\ \vdots & \cdots & \vdots & \cdots & \vdots \\ f_{j1}^0 & \cdots & f_{10i}^0 & \cdots & f_{10n}^0 \end{pmatrix}$$

5.2.3.3 施工过程月控制变量集矩阵

施工过程月控制的 5 个变量集矩阵是：(变量集) 月控制规划值矩阵、(变量集) 月控制计划值矩阵、(变量集) 月控制实际值矩阵、(变量集) 月控制值偏差矩阵、(变量集) 月控制偏差率矩阵。

(1) 月控制规划值矩阵——G 矩阵

引用第 2 章中关于变量矩阵的约定，月控制规划值矩阵为

$$G=\begin{pmatrix} y_{1i}^0 \\ \vdots \\ y_{ji}^0 \\ \vdots \\ y_{27i}^0 \end{pmatrix}=\begin{pmatrix} g_{11} & \cdots & g_{1i} & \cdots & g_{1n} \\ \vdots & \cdots & \vdots & \cdots & \vdots \\ g_{j1} & \cdots & g_{ji} & \cdots & g_{jn} \\ \vdots & \cdots & \vdots & \cdots & \vdots \\ g_{271} & \cdots & g_{27i} & \cdots & g_{27n} \end{pmatrix} \quad i=1,2\cdots n;\ j=1,2\cdots 27$$

式中 y_{ji}^0——第 i 月的第 j 个规划变量；

g_{ji}——第 i 月的第 j 个变量的规划值。

$i=1,2\cdots n$ 表示施工过程分 n 个月控制（最后一个月可能不为 30d，不足 30d 仍按一个控制期考虑）；$j=1,2\cdots 27$ 表示变量数目，即 $y_1 \sim y_{27}$。月控制规划值矩阵是整个过程（上部主体结构施工）在每个月的各个变量目标值（应实现值），整个矩阵在过程开始前一次性完成。在 27 个变量中，除少数变量各月规划值不等或不尽相等外，多数变量各月规划值为 0。各月规划值不等或不尽相等的变量包括 $y_1 \sim y_5$，各月规划值为 0 的变量包括 $y_7 \sim y_{27}$。因此变量值规划只需针对 $y_1 \sim y_5$ 进行分别计算或估算。

① y_1 规划值　y_1 指某控制期完成的过程产品数量。在上部主体结构工程中，指每月完成的钢筋混凝土构件数量。y_1 的规划值为 g_{1i}，g_{1i} 按照表 5-6 中的形象进度，

在计算 x_1 规划值时顺便同时完成。

对钢筋混凝土构件的各种情况不作细致区分，具体表现在如下。

a. 对构件所处位置不作区分，比如1层和4层（n 层）不作区分。

b. 对构件的类型不作区分，不区分柱、墙、梁、板、楼梯等所有构件类型。

c. 对构件的几何形状不作区分。

d. 不区分混凝土强度等级以及混凝土的配制及浇筑方式，现场拌制和商品混凝土乃至现浇和预制均不作区分。

e. 通常不再控制钢筋工程量，当然，如果需要也可增加钢筋工程量控制，即控制 y_1^1 和 y_1^2 两个变量。

以上b～d在计算造价时是明确区分的，但这里不需要区分。总之，不管何种情况，每月完成的混凝土数量均计入 y_1 一个变量中。

② y_2 规划值　y_2 为某控制期施工管理团队中管理人员的人数。y_2 的规划值为 g_{2i}，g_{2i} 按照施工单位施工组织设计中预计值计入。

③ y_3 规划值　y_3 为某控制期监理团队中的人数。y_3 的规划值为 g_{3i}，g_{2i} 按照监理规划及监理实施细则计入。

④ y_4 规划值　y_4 为某控制期（月）生产工人总数（该月平均数）。y_4 的规划值为 g_{4i}，g_{4i} 按照施工单位施工组织设计中预计（估计）值计入。

⑤ y_5 规划值　y_5 为某控制期期末累计工程进度。y_5 的规划值为 g_{5i}，g_{5i} 按照 x_1 的规划值逐月累计计算。

G 矩阵通常的规划结果为

$$G=\begin{pmatrix} y_{1i}^0 \\ y_{2i}^0 \\ y_{3i}^0 \\ y_{4i}^0 \\ y_{5i}^0 \\ y_{6i}^0 \\ \vdots \\ y_{27i}^0 \end{pmatrix}=\begin{pmatrix} g_{11} & \cdots & g_{1i} & \cdots & g_{1n} \\ g_{21} & \cdots & g_{2i} & \cdots & g_{2n} \\ g_{31} & \cdots & g_{3i} & \cdots & g_{3n} \\ g_{41} & \cdots & g_{4i} & \cdots & g_{4n} \\ g_{51} & \cdots & g_{5i} & \cdots & g_{5n} \\ 0 & \cdots & 0 & \cdots & 0 \\ \cdots & \cdots & \cdots & \cdots & \cdots \\ 0 & \cdots & 0 & \cdots & 0 \end{pmatrix}\quad i=1,2\cdots n$$

(2) 月控制计划值矩阵——H 矩阵

月控制计划值矩阵为

$$H=\begin{pmatrix} y_{1i} \\ \vdots \\ y_{ji} \\ \vdots \\ y_{27i} \end{pmatrix}=\begin{pmatrix} h_{11} & \cdots & h_{1i} & \cdots & h_{1n} \\ \vdots & \cdots & \vdots & \cdots & \vdots \\ h_{j1} & \cdots & h_{ji} & \cdots & h_{jn} \\ \vdots & \cdots & \vdots & \cdots & \vdots \\ h_{271} & \cdots & h_{27i} & \cdots & h_{27n} \end{pmatrix}\quad i=1,2\cdots n;\ j=1,2\cdots 27$$

式中　y_{ji}——第 i 月的第 j 个计划变量；

h_{ji}——第 i 月的第 j 个变量的计划值。

H 矩阵中，$y_1 \sim y_5$ 的计划值需根据过程实际情况逐月拟定，$y_6 \sim y_{27}$ 的计划值全部为 0。为便于工作的开展，可以对矩阵进行分块。

$$H=\begin{pmatrix} H_1 \\ \cdots \\ H_2 \end{pmatrix}$$

$$H_1=\begin{pmatrix} y_{1i} \\ \cdots \\ y_{5i} \end{pmatrix}=\begin{pmatrix} h_{11} & \cdots & h_{1i} & \cdots & h_{127} \\ h_{21} & \cdots & h_{2i} & \cdots & h_{227} \\ h_{31} & \cdots & h_{3i} & \cdots & h_{327} \\ h_{41} & \cdots & h_{4i} & \cdots & h_{427} \\ h_{51} & \cdots & h_{5i} & \cdots & h_{527} \end{pmatrix}$$

$$H_2=\begin{pmatrix} y_{6i} \\ \cdots \\ y_{27i} \end{pmatrix}=\begin{pmatrix} 0 & \cdots & 0 \\ \vdots & \vdots & \vdots \\ 0 & \cdots & 0 \end{pmatrix} \quad i=1,2\cdots n$$

若对 H 矩阵进行分块处理，相应地，G、Q、U、V 也做分块处理。

H_1 按列逐月得到，直至过程结束的前一个月才能得到完整矩阵。每月拟定月计划值向量为

$$\boldsymbol{H_1(i)}=\begin{pmatrix} h_{1i} \\ h_{2i} \\ h_{3i} \\ h_{4i} \\ h_{5i} \end{pmatrix}$$

在 H_1 的五个变量计划值中，h_{1i} 和 h_{5i} 需结合过程规划情况、实际偏差情况根据计划需要做适时动态变化，通常，按以下方式拟定。

第 i 月的计划值=第 i 月规划值±第 $i-1$ 月累计偏差值

h_{2i}、h_{3i}、h_{4i} 三个计划值根据监理计划和施工管理计划确定。

(3) 月控制实际值矩阵——Q 矩阵

月控制实际值矩阵为

$$Q=\begin{pmatrix} y_{1i}^a \\ \vdots \\ y_{ji}^a \\ \vdots \\ y_{27i}^a \end{pmatrix}=\begin{pmatrix} q_{11} & \cdots & q_{1i} & \cdots & q_{1n} \\ \vdots & \cdots & \vdots & \cdots & \vdots \\ q_{j1} & \cdots & q_{ji} & \cdots & q_{jn} \\ \vdots & \cdots & \vdots & \cdots & \vdots \\ q_{271} & \cdots & q_{27i} & \cdots & q_{27n} \end{pmatrix} \quad i=1,2\cdots n;\ j=1,2\cdots 27$$

式中　y_{ji}^a——第 i 月的第 j 个变量；

q_{ji}——第 i 月的第 j 个变量的实际值。

Q 矩阵的分块矩阵为

$$Q=\begin{pmatrix} Q_1 \\ \cdots \\ Q_2 \end{pmatrix}$$

Q 按列逐月得到，直至过程结束才能得到完整矩阵。每月月末得到实际值向量为

$$\boldsymbol{Q}(\boldsymbol{i})=\begin{pmatrix} h_{1i} \\ \cdots \\ h_{ji} \\ \cdots \\ h_{27i} \end{pmatrix}$$

(4) 月控制偏差值矩阵——U 矩阵

月控制偏差值矩阵为

$$U=\begin{pmatrix} \Delta y_{1i} \\ \vdots \\ \Delta y_{ji} \\ \vdots \\ \Delta y_{27i} \end{pmatrix}=\begin{pmatrix} u_{11} & \cdots & u_{1i} & \cdots & u_{1n} \\ \vdots & \cdots & \vdots & \cdots & \vdots \\ u_{j1} & \cdots & u_{ji} & \cdots & u_{jn} \\ \vdots & \cdots & \vdots & \cdots & \vdots \\ u_{271} & \cdots & u_{27i} & \cdots & u_{27n} \end{pmatrix} \quad i=1,2\cdots n;\ j=1,2\cdots 27$$

式中 Δy_{ji}——第 i 月的第 j 个变量偏差；

u_{ji}——第 i 月的第 j 个变量的偏差值。

通常，$U=Q-H$，若需要区分规划和计划，则 $U^p=Q-H$，$U^0=Q-G$。

U 矩阵的分块矩阵为

$$U=\begin{pmatrix} U_1 \\ \cdots \\ U_2 \end{pmatrix}$$

U 按列逐月得到，直至过程结束才能得到完整矩阵。每月月末得到偏差值向量为

$$\boldsymbol{U}(\boldsymbol{i})=\begin{pmatrix} u_{1i} \\ \cdots \\ u_{ji} \\ \cdots \\ u_{27i} \end{pmatrix}$$

(5) 月控制偏差率矩阵——V_1 矩阵

月控制偏差率矩阵只能计算 V_1 矩阵，这就是为什么要对各矩阵进行分块处理的

原因，V_1（V_1 矩阵也可用 V 表示）矩阵为

$$V_1=V=\begin{pmatrix}\Delta y_{1i}\%\\ \Delta y_{2i}\%\\ \Delta y_{3i}\%\\ \Delta y_{4i}\%\\ \Delta y_{5i}\%\end{pmatrix}=\begin{pmatrix}v_{11} & \cdots & v_{1i} & \cdots & v_{1n}\\ v_{21} & \cdots & v_{2i} & \cdots & v_{2n}\\ v_{31} & \cdots & v_{3i} & \cdots & v_{3n}\\ v_{41} & \cdots & v_{4i} & \cdots & v_{4n}\\ v_{51} & \cdots & v_{5i} & \cdots & v_{5n}\end{pmatrix}\quad i=1,2\cdots n$$

式中　$\Delta y_{3i}\%$——第 i 月的第 3 个变量偏差率；

v_{3i}——第 i 月的第 3 个变量的偏差率。

通常，$V_1=(Q_1-H_1)H_1^{-1}$，若需要区分规划和计划，则 $V_1^p=(Q_1-H_1)H_1^{-1}$，$V_1^0=(Q_1-G_1)G_1^{-1}$。

V_1 按列逐月得到，直至过程结束才能得到完整矩阵。每月月末得到偏差率向量为

$$\boldsymbol{V}(\boldsymbol{i})=\begin{pmatrix}v_{1i}\\ v_{2i}\\ v_{3i}\\ v_{4i}\\ v_{5i}\end{pmatrix}$$

5.2.4 工程项目施工过程评价

施工过程评价主要包括评价标准和评价方法，评价方法有多种，不同方法采用不同标准。通常可以采用百分得分制方法。评价标准由企业（建设单位）根据需要由企业统一制定，具体实施标准由项目部根据项目实际情况制定。原则上，项目部制定的标准不得低于企业标准，更不能与企业标准发生实质性抵触。以下介绍的方法和标准仅为一种参考方案，目的在于提供一个样例。

5.2.4.1 评价方法

评价方法采用百分得分制方法。得分与过程评价结论见表 5-7。

表 5-7 得分与过程评价结论

序号	得分/分	过程评价结论
1	95 以上	理想过程
2	85～95	良好过程
3	70～85	一般过程
4	60～70	轻度不良过程
5	50～60	重度不良过程
6	50 以下	极差过程

5.2.4.2 评分标准

评分标准主要包括分值权重设置和评分细则两部分。

(1) 评价内容及分值权重

评价内容主要包括进度（或工期）、质量、安全、成本四个方面，按工程项目目标主导类型的不同，分值权重各不相同。通常项目的评价指标和分值权重设定见表5-8。

表5-8 通常项目的评价指标和分值权重设定

序号	评价内容	评价指标	满分/分	备注
1	进度(或工期)	x_1、y_1 或 T	15	月控制评价用 x_1、y_1 表示；完工和竣工评价用 T 表示
2	质量	x_2、y_{17}或 $\frac{1}{n}\sum x_2$、$\sum y_{17}$	25	月控制评价用 x_2、y_{17} 表示；完工和竣工评价用 $\frac{1}{n}\sum x_2$ 和 $\sum y_{17}$ 表示
3	安全	y_{19}或 $\sum y_{19}$	25	月控制评价用 y_{17}、y_{18} 表示；完工和竣工评价用 $\sum y_{19}$ 表示
4	成本	x_3、x_5、x_7、x_9、y_{10}、y_{12}或 ΔC 和 $\Delta C\%$	35	月控制评价用 x_3、x_5、x_7、x_9、y_{10}、y_{12} 表示；完工和竣工评价用 ΔC 和 $\Delta C\%$表示

此外，为有利于质量、安全控制工作的开展以及更充分保障质量、安全数据的真实客观，特设置质量、安全附加分，对质量、安全进行反向评价。正向评价是如果过程存在质量问题和安全问题则应该扣减质量得分和安全得分，反向评价是如果在过程控制中发现并处理了质量问题和安全问题则给予一定附加分。反向评价的基本思想是支持鼓励及时及早发现并处理质量问题和安全问题，不要让质量问题和安全问题长期积累而最终导致事故。正向评价不利于于质量、安全控制工作的开展，也不利于保障质量、安全数据的真实客观性。原因是：得分是项目管理业绩的综合反映，如果控制越多、越严格，发现质量安全问题越多，得分会越低（质量、安全主要是扣分项），从而更多地否定项目管理业绩。正向评价导致质量、安全控制工作与项目管理力争得高分、创佳绩形成根本的对立。质量、安全附加分评价指标和分值设定见表5-9。表5-9适用于通常项目及各类目标主导型项目。由于附加分是反向评价，不得计入百分制得分，仅作为过程评价的参考。根据质量、安全附加分得分可以对施工过程质量安全状况做出推定，若附加分得分较高，则施工过程质量、安全状况较差；若附加分得分较低，则要么施工过程质量、安全状况较好，要么施工过程质量、安全控制过于松懈。

表5-9 质量、安全附加分评价指标和分值设定

序号	评价内容	评价指标	附加分满分/分	备注
1	质量	y_{18}或 $\sum y_{18}$	20	月控制评价用 y_{18}表示；完工和竣工评价用 $\sum y_{18}$ 表示
2	安全	$y_{20}\sim y_{23}$或 $\sum y_{20}\sim\sum y_{23}$	20	月控制评价用 $y_{20}\sim y_{23}$ 表示；完工和竣工评价用 $\sum y_{20}\sim\sum y_{23}$ 表示

① 工期主导型项目分值设定　工期主导型项目分值设定见表 5-10。

表 5-10　工期主导型项目分值设定

序号	评价内容	评价指标	满分/分	备注
1	进度(或工期)	x_1、y_1 或 T	40～65	同表 5-7
2	质量	x_2、y_{17} 或 $\frac{1}{n}\sum x_2$、$\sum y_{17}$	15～20	同表 5-7
3	安全	y_{19} 或 $\sum y_{19}$	15～20	同表 5-7
4	成本	x_3、x_5、x_7、x_9、y_{10}、y_{12} 或 ΔC 和 $\Delta C\%$	5～20	同表 5-7

② 质量主导型项目分值设定　质量主导型项目分值设定见表 5-11。

表 5-11　质量主导型项目分值设定

序号	评价内容	评价指标	满分/分	备注
1	进度(或工期)	x_1、y_1 或 T	0～10	同表 5-7
2	质量	x_2、y_{17} 或 $\frac{1}{n}\sum x_2$、$\sum y_{17}$	50～70	同表 5-7
3	安全	y_{19} 或 $\sum y_{19}$	15～20	同表 5-7
4	成本	x_3、x_5、x_7、x_9、y_{10}、y_{12} 或 ΔC 和 $\Delta C\%$	15～20	同表 5-7

③ 成本主导型项目分值设定　成本主导型项目分值设定见表 5-12。

表 5-12　成本主导型项目分值设定

序号	评价内容	评价指标	满分/分	备注
1	进度(或工期)	x_1、y_1 或 T	0～5	同表 5-7
2	质量	x_2、y_{17} 或 $\frac{1}{n}\sum x_2$、$\sum y_{17}$	15～20	同表 5-7
3	安全	y_{19} 或 $\sum y_{19}$	15～20	同表 5-7
4	成本	x_3、x_5、x_7、x_9、y_{10}、y_{12} 或 ΔC 和 $\Delta C\%$	55～70	同表 5-7

(2) 评分细则

评分细则以通常项目按四方面内容分别阐述。其他三类目标主导类型项目的评分细则省略叙述。

① 进度/工期评分细则　月进度评价评分细则见表 5-13，阶段完工和竣工工期评价评分细则见表 5-14。

表 5-13 月进度评价评分细则

评价内容	满分/分	评价指标	分值/分	评分细则
进度	15	x_1	10	正偏差得满分,即 $d_{1i}\geqslant 0$ 得 10 分;f_{1i} 每 1%负偏差扣 1 分,扣完为止
		y_1	5	正偏差得满分,即 $u_{1i}\geqslant 0$ 得 5 分;v_{1i} 每 5%负偏差扣 1 分,扣完为止

表 5-14 阶段完工和竣工工期评价评分细则

评价内容	满分/分	评价指标	评分细则
工期	15	ΔT 和 $\Delta T\%$	负偏差得满分,即 $\Delta T\leqslant 0$ 得 15 分;$\Delta T\%$ 每 2%正偏差扣 1 分,扣完为止

ΔT 为工期偏差，$\Delta T=$实际工期$-$计划工期；$\Delta T\%$ 为工期偏差率，$\Delta T\%=\dfrac{\text{实际工期}-\text{计划工期}}{\text{计划工期}}\times 100\%$，实际工期中应扣除不可抗力、异常地质水文、自然灾害等影响的工期。

② 质量评分细则　月质量评价评分细则见表 5-15，阶段完工质量评价评分细则见表 5-16，竣工质量评价评分细则见表 5-17。

表 5-15 月质量评价评分细则

评价内容	满分/分	评价指标	分值/分	评分细则
质量	25	x_2	25	正偏差得满分,即 $d_{2i}\geqslant 0$ 得 25 分;f_{2i} 每 1%负偏差扣 1 分,扣完为止
		y_{17}	—	发生质量事故扣 25 分,即 $u_{17i}>0$,扣 25 分

表 5-16 阶段完工质量评价评分细则

评价内容	满分/分	评价指标	分值/分	评分细则
质量	25	$\frac{1}{n}\sum x_2$	25	正偏差得满分,即 $\sum(x_{2i}^a-x_{2i})\geqslant 0$ 得 25 分;$\sum\frac{(x_{2i}^a-x_{2i})}{x_{2i}}$ 每 1%负偏差扣 1 分,扣完为止
		$\sum y_{17}$	—	发生质量事故扣 25 分

表 5-17 竣工质量评价评分细则

评价内容	满分/分	评价指标	评分细则
质量	25	$\frac{1}{n}\Sigma x_2$	正偏差得满分,即 $\sum(x_{2j}^a-x_{2j})\geqslant 0$ 得 25 分;$\sum\frac{(x_{2j}^a-x_{2j})}{x_{2j}}$ 每 1%负偏差扣 1 分,扣完为止
		$\sum y_{17}$	发生重大、较大质量事故扣 25 分;发生一般质量事故扣 15 分/次,扣完为止

此外，质量附加分评分细则见表 5-18～表 5-20。

表 5-18　月质量附加分评分细则

评价内容	附加分满分/分	评价指标	评分细则
质量	20	y_{18}	每发现并处理一次较大质量问题得 10 分,得满 20 分为止

表 5-19　阶段完工质量附加分评分细则

评价内容	附加分满分/分	评价指标	评分细则
质量	20	$\sum y_{18}$	每发现并处理一次较大质量问题得 5 分,得满 20 分为止

表 5-20　竣工质量附加分评分细则

评价内容	附加分满分/分	评价指标	评分细则
质量	20	$\sum y_{18}$	每发现并处理一次较大质量问题得 2 分,得满 20 分为止

③ 安全评分细则　月安全评价评分细则见表 5-21，阶段完工安全评价评分细则见表 5-22，竣工安全评价评分细则见表 5-23。

表 5-21　月安全评价评分细则

评价内容	满分/分	评价指标	评分细则
安全	25	y_{19}	发生安全事故扣 25 分

表 5-22　阶段完工安全评价评分细则

评价内容	满分/分	评价指标	评分细则
安全	25	y_{19}	发生安全事故扣 25 分

表 5-23　竣工安全评价评分细则

评价内容	满分/分	评价指标	评分细则
安全	25	y_{19}	发生较大、重大安全事故扣 25 分;发生一般安全事故扣 15 分/次,扣完为止

此外，安全附加分评分细则见表 5-24～表 5-26。

表 5-24　月安全附加分评分细则

评价内容	附加分满分/分	评价指标	评分细则
安全	20	y_{20}	每发现并处理一次人的不安全行为得 1 分,得满 5 分为止。
		y_{21}	每发现并处理一次物的不安状态得 1 分,得满 5 分为止
		y_{22}	每发现并处理一次危险源得 2 分,得满 5 分为止
		y_{23}	每发现并处理一次安全隐患得 0.5 分,得满 5 分为止

表 5-25 阶段完工安全附加分评分细则

评价内容	附加分满分/分	评价指标	评分细则
安全	20	$\sum y_{20}$	每发现并处理一次人的不安全行为得 0.5 分，得满 5 分为止
		$\sum y_{21}$	每发现并处理一次物的不安状态得 0.5 分，得满 5 分为止
		$\sum y_{22}$	每发现并处理一次危险源得 1 分，得满 5 分为止
		$\sum y_{23}$	每发现并处理一次安全隐患得 0.2 分，得满 5 分为止

表 5-26 竣工安全附加分评分细则

评价内容	附加分满分/分	评价指标	评分细则
安全	20	$\sum y_{20}$	每发现并处理一次人的不安全行为得 0.1 分，得满 5 分为止
		$\sum y_{21}$	每发现并处理一次物的不安状态得 0.1 分，得满 5 分为止
		$\sum y_{22}$	每发现并处理一次危险源得 0.5 分，得满 5 分为止
		$\sum y_{23}$	每发现并处理一次安全隐患得 0.05 分，得满 5 分为止

④ 成本评分细则　月成本评价评分细则见表 5-27，阶段完工和竣工成本评价评分细则见表 5-28。

5-27 月成本评价评分细则

评价内容	满分/分	评价指标	分值/分	评分细则
成本	35	x_3	15	负偏差得满分，即 $d_{3i} \leqslant 0$ 得 15 分；f_{3i} 每 1%正偏差扣 1 分，扣完为止
		x_5	5	负偏差得满分，即 $d_{5i} \leqslant 0$ 得 5 分；f_{5i} 每 1%正偏差扣 0.5 分，扣完为止
		x_7	10	负偏差得满分，即 $d_{7i} \leqslant 0$ 得 10 分；f_{7i} 每 1%正偏差扣 1 分，扣完为止
		x_9	5	负偏差得满分，即 $d_{9i} \leqslant 0$ 得 5 分；f_{9i} 每 1%正偏差扣 0.5 分，扣完为止
		y_{10}	—	发生 10 万元以上设计变更扣 1 分/次
		y_{12}	—	发生 10 万元以上施工索赔扣 1 分/次

对于表 5-27 需要说明几点，在实施中，x_3 和 x_7 的评分细则还需要进一步明确和细化。按工程成本构成，本应选用 x_6 而非 x_3 进行控制，但因 x_6 的规划值和计划值均无法考虑设计变更、施工索赔等内容，故选 x_3 为评价指标。鉴于设计变更和施工索赔对工程成本的影响，特设置 y_{10} 和 y_{12} 予以控制。设计变更和施工索赔扣分的

起扣金额根据项目情况确定。

表 5-28 阶段完工和竣工成本评价评分细则

评价内容	满分/分	评价指标	评分细则
造价	35	ΔC 和 $\Delta C\%$	负偏差得满分，即 $\Delta C \leqslant 0$ 得 35 分；$\Delta C\%$ 每 1%正偏差扣 1 分，扣完为止

ΔC 为造价偏差，ΔC = 结算造价 − 合同（预算）造价，$\Delta C\%$ 为造价偏差率，$\Delta C\% = \frac{\text{结算造价}-\text{合同造价}}{\text{合同造价}} \times 100\%$，结算造价中应扣除不可抗力、异常地质水文、自然灾害等影响的造价增加值。

5.2.5 施工过程控制图

施工过程控制图指变量值（累计变量值/偏差值/偏差率）与时间值的对应关系图。根据施工过程数据——系列矩阵，可绘制变量控制图、累计值控制图、偏差值控制图、偏差率控制图，以直观记录、分析过程的变化情况，为了解和掌握过程变化规律提供帮助，为往后的工作提供依据。

（1）变量控制图

变量控制图指变量值与时间值的对应关系图，即 x-t 图和 y-t 图，若 x 与 t 或 y 与 t 具有函数关系，则也可称为 $x=f(t)$ 函数图或 $y=g(t)$ 函数图。不考虑应用需要，有多少控制变量，就可绘制多少个变量控制图。通常，进度、质量、成本方面的变量控制图比较具有现实意义也较为重要，比如，x_1-t、x_2-t、x_3-t、x_4-t、y_1-t 等。

图 5-9 是一个变量控制图样例，规划值是一条水平线，表明各月规划值相同（就施工过程而言，很多变量的规划值并非水平线），实际值、计划值均为由若干线段组成的折线，折线表明变量值总是在不断变化的，这也充分说明过程不断变化的特性。

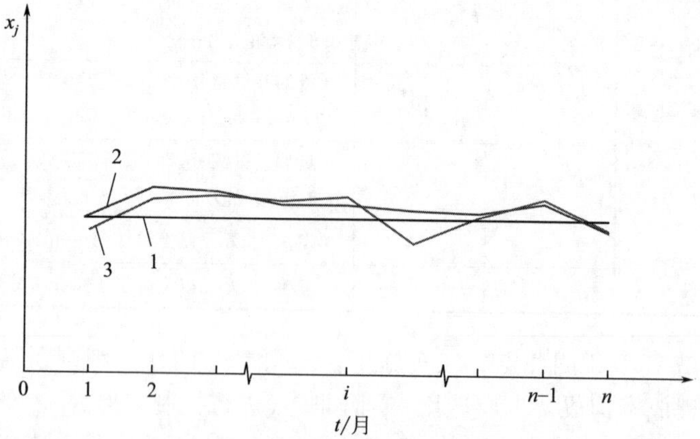

图 5-9 变量控制图样例

1—规划值；2—计划值；3—实际值

通过对折线的分析，可以总结出一段时间内过程的推进情况，为进一步查找偏差原因指明方向，为预测下一阶段过程变化提供参考依据。整个过程的变量控制图可以作为今后同类工程项目施工控制的参考依据。

（2）累计值控制图

累计值控制图指变量累计值与时间值的对应关系图。图5-10是一个累计值控制图样例。在累计值控制图中，规划值、计划值、实际值均为连续曲线。按照一般经验，变量之间的对应关系图为连续曲线是变量之间存在函数关系的前提，因此累计值控制图在分析变量之间的相互关系，了解和掌握过程变化规律方面有一定作用。

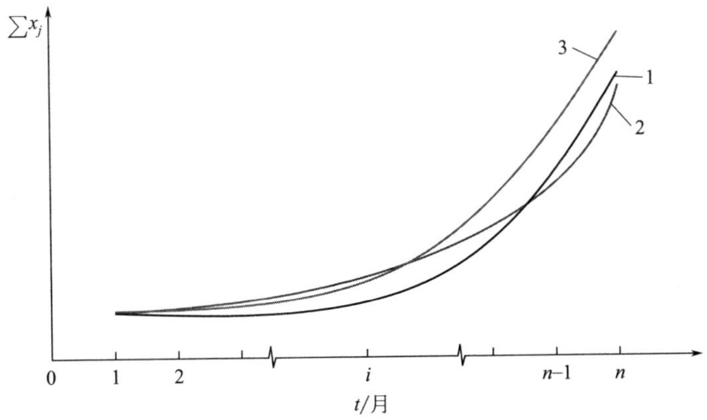

图5-10 累计值控制图样例

1—规划值；2—计划值；3—实际值

（3）偏差值控制图　偏差值控制图与变量控制图类似，实际与规划偏差、实际与计划偏差均为由若干线段组成的折线，折线反映过程实际与预期之间的绝对变化。

（4）偏差率控制图　偏差率控制图与偏差值控制图基本相同，实际与规划偏差率、实际与计划偏差率均为由若干线段组成的折线，折线反映过程实际与预期之间的相对变化。

此外，根据过程评价结论（得分情况）可以绘制系列柱状图（人们在看矩阵和数表时会觉得很累）以直观反映过程结果、阶段结果、全部控制期结果以及进度、成本、质量、安全等细部构成情况，这些柱状图不仅可以丰富项目及项目管理后评价内容，也可为今后类似项目的过程控制提供借鉴和帮助。

附录一
符号使用说明

序号	符号	约定含义
1	A、B、C···	事物 A、事物 B、事物 C······
2	R	集合
3	R_t	事物集
4	R_f	函数集
5	R_v	变量集
6	Γ_t(Γ_f 或 Γ_v)	最小事物集(函数集或变量集)
7	x_j	函数变量
8	y_k	非函数变量
9	x, y, z	数目不超过 3 个的函数变量
10	$[t_0, t_n]$	过程时间区间,t_0 为开始时间,t_n 为结束时间
11	A 矩阵	函数变量规划值矩阵,元素用 a 表示
12	B 矩阵	函数变量计划值矩阵,元素用 b 表示
13	C 矩阵	函数变量实际值矩阵,元素用 c 表示
14	D 矩阵	函数变量偏差值矩阵,元素用 d 表示
15	F 矩阵	函数变量偏差率矩阵,元素用 f 表示
16	G 矩阵	变量集变量规划值矩阵,元素用 g 表示
17	H 矩阵	变量集变量计划值矩阵,元素用 h 表示
18	Q 矩阵	变量集变量实际值矩阵,元素用 q 表示
19	U 矩阵	变量集变量偏差值矩阵,元素用 u 表示
20	V 矩阵	变量集变量偏差率矩阵,元素用 v 表示
21	x_j^0 或 x_j^*	函数变量规划值(非函数变量雷同)
22	x_j 或 x_j^p	函数变量计划值
23	x_j^a	函数变量实际值
24	Δx_j	函数变量偏差值
25	$\Delta x_j\%$	函数变量偏差率

附录二

生产制造过程控制案例 2018年生产过程数据

1. A(3) 矩阵——生产函数集变量规划值

产品	变量名称	变量代号	单位	规划值											
				1月	2月	3月	4月	5月	6月	7月	8月	9月	10月	11月	12月
A	月生产时间	x_{14}	d	30	30	30	30	30	15	30	30	30	30	30	15
	日产量	x_{15}	t	2245	2245	2245	2245	2245	2245	2245	2245	2245	2245	2245	2245
	月产量	x_{16}	t	67350	67350	67350	67350	67350	33675	67350	67350	67350	67350	67350	33675
B	月生产时间	x_{17}	d	30	30	30	30	30	15	30	30	30	30	30	15
	日产量	x_{18}	t	975	975	975	975	975	975	975	975	975	975	975	975
	月产量	x_{19}	t	29250	29250	29250	29250	29250	14625	29250	29250	29250	29250	29250	14625
C	月生产时间	x_{20}	d	30	30	30	30	30	15	30	30	30	30	30	15
	日产量	x_{21}	t	457	457	457	457	457	457	457	457	457	457	457	457
	月产量	x_{22}	t	13710	13710	13710	13710	13710	6855	13710	13710	13710	13710	13710	6855
D	月生产时间	x_{23}	d	30	30	30	30	30	15	30	30	30	30	30	15
	日产量	x_{24}	t	264	264	264	264	264	264	264	264	264	264	264	264
	月产量	x_{25}	t	7920	7920	7920	7920	7920	3960	7920	7920	7920	7920	7920	3960

2. $B(3)$ 矩阵——生产函数集变量计划值

产品	变量名称	变量代号	单位	计划值											
				1月	2月	3月	4月	5月	6月	7月	8月	9月	10月	11月	12月
A	月生产时间	x_{14}	d	30	30	30	30	30	15	30	30	30	30	30	15
	日产量	x_{15}	t	2245	2245	2124	2245	2245	2245	2245	2245	2245	2245	2245	2245
	月产量	x_{16}	t	67350	67350	63720	67350	67350	33675	67350	67350	67350	67350	67350	33675
B	月生产时间	x_{17}	d	30	30	30	30	30	15	30	30	30	30	30	15
	日产量	x_{18}	t	975	1005	975	975	975	979	986	1013	994	988	975	975
	月产量	x_{19}	t	29250	30150	29250	29250	29250	14742	29468	30275	29704	29520	29250	14625
C	月生产时间	x_{20}	d	30	30	30	30	30	15	30	30	30	30	30	15
	日产量	x_{21}	t	457	482	457	457	457	457	457	457	457	457	457	457
	月产量	x_{22}	t	13710	14460	13710	13710	13710	6855	13710	13710	13710	13710	13710	6855
D	月生产时间	x_{23}	d	30	30	30	30	30	15	30	30	30	30	30	15
	日产量	x_{24}	t	264	264	226	264	264	264	264	264	264	264	264	264
	月产量	x_{25}	t	7920	7920	6780	7920	7920	3960	7920	7920	7920	7920	7920	3960

3. $C(3)$ 矩阵——生产函数集变量实际值

产品	变量名称	变量代号	单位	实际值											
				1月	2月	3月	4月	5月	6月	7月	8月	9月	10月	11月	12月
A	月生产时间	x_{14}	d	30	30	30	30	30	15	30	30	30	30	30	15
	日产量	x_{15}	t	2448	2284	2307	2178	2259	2410	2249	2220	2197	2229	2249	2199
	月产量	x_{16}	t	73440	68520	69218	65341	67765	36155	67478	66593	65912	66875	67484	32984
B	月生产时间	x_{17}	d	30	30	30	30	30	15	30	30	30	30	30	15
	日产量	x_{18}	t	945	1012	968	992	954	968	948	994	981	1024	959	979
	月产量	x_{19}	t	28350	30360	29041	29762	28620	14524	28443	29821	29434	30713	28784	14678
C	月生产时间	x_{20}	d	30	30	30	30	30	15	30	30	30	30	30	15
	日产量	x_{21}	t	440	491	482	463	445	471	467	438	444	466	456	439
	月产量	x_{22}	t	13200	14730	14463	13892	13343	7065	14017	13146	13319	13989	13673	6588
D	月生产时间	x_{23}	d	30	30	30	30	30	15	30	30	30	30	30	15
	日产量	x_{24}	t	295	271	249	246	270	282	270	285	274	267	265	254
	月产量	x_{25}	t	8850	8130	7472	7376	8095	4231	8102	8552	8224	8008	7934	3811

4. $D(3)$ 矩阵——生产函数集变量偏差值

产品	变量名称	变量代号	单位	偏差值											
				1月	2月	3月	4月	5月	6月	7月	8月	9月	10月	11月	12月
A	月生产时间	x_{14}	d	0	0	0	0	0	0	0	0	0	0	0	0
	日产量	x_{15}	t	203	39	183	−67	14	165	4	−25	−48	−16	4	−46
	月产量	x_{16}	t	6090	1170	5498	−2009	415	2480	128	−757	−1438	−475	134	−691
B	月生产时间	x_{17}	d	0	0	0	0	0	0	0	0	0	0	0	0
	日产量	x_{18}	t	−30	7	−7	17	−21	−11	−38	−19	−13	36	−16	4
	月产量	x_{19}	t	−900	210	−209	512	−630	−218	−1025	−454	−270	1193	−466	53
C	月生产时间	x_{20}	d	0	0	0	0	0	0	0	0	0	0	0	0
	日产量	x_{21}	t	−17	9	25	6	−12	14	10	−19	−13	9	−1	−18
	月产量	x_{22}	t	−510	270	753	182	−367	210	307	−564	−391	279	−37	−267
D	月生产时间	x_{23}	d	0	0	0	0	0	0	0	0	0	0	0	0
	日产量	x_{24}	t	31	7	23	−18	6	18	6	21	10	3	1	−10
	月产量	x_{25}	t	930	210	692	−544	175	271	182	632	304	88	14	−149

5. $F(3)$ 矩阵——生产函数集变量偏差率

产品	变量名称	变量代号	偏差率/%											
			1月	2月	3月	4月	5月	6月	7月	8月	9月	10月	11月	12月
A	月生产时间	x_{14}	0	0	0	0	0	0	0	0	0	0	0	0
	日产量	x_{15}	9.04	1.74	8.62	−2.98	0.62	6.85	0.18	−1.11	−2.14	−0.71	0.18	−2.05
	月产量	x_{16}	9.04	1.74	8.63	−2.98	0.62	6.86	0.19	−1.12	−2.14	−0.71	0.20	−2.05
B	月生产时间	x_{17}	0	0	0	0	0	0	0	0	0	0	0	0
	日产量	x_{18}	−3.08	0.70	−0.72	1.74	−2.15	−1.14	−3.85	−1.88	−1.31	3.64	−1.64	0.41
	月产量	x_{19}	−3.08	0.70	−0.71	1.75	−2.15	−1.50	−3.48	−1.50	−0.91	4.04	−1.59	0.36
C	月生产时间	x_{20}	0	0	0	0	0	0	0	0	0	0	0	0
	日产量	x_{21}	−3.72	1.87	5.47	1.31	−2.63	2.97	2.19	−4.16	−2.84	1.97	−0.22	−3.94
	月产量	x_{22}	−3.72	1.87	5.49	1.33	−2.68	2.97	2.24	−4.11	−2.85	2.04	−0.27	−3.89
D	月生产时间	x_{23}	0	0	0	0	0	0	0	0	0	0	0	0
	日产量	x_{24}	11.74	2.65	10.18	−6.82	2.27	6.38	2.27	7.95	3.79	1.14	0.38	−3.79
	月产量	x_{25}	11.74	2.65	10.21	−6.87	2.21	6.41	2.30	7.98	3.84	1.11	0.18	−3.76

6. *G*(3) 矩阵——生产变量集变量规划值

产品	变量名称	变量代号	计量单位	规划值											
				1月	2月	3月	4月	5月	6月	7月	8月	9月	10月	11月	12月
A	生产工人人数	y_{34}	人	360	360	360	360	360	360	360	360	360	360	360	360
	合格品率	y_{35}	%	99.50	99.94	99.50	99.50	99.50	99.50	99.50	99.50	99.50	99.50	99.50	99.50
	优级品率	y_{36}	%	70	70	70	70	70	70	70	70	70	70	70	70
B	生产工人人数	y_{37}	人	150	150	150	150	150	150	150	150	150	150	150	150
	合格品率	y_{38}	%	99.50	99.50	99.50	99.50	99.50	99.50	99.50	99.50	99.50	99.50	99.50	99.50
	优级品率	y_{39}	%	70	70	70	70	70	70	70	70	70	70	70	70
C	生产工人人数	y_{40}	人	78	78	78	78	78	78	78	78	78	78	78	78
	合格品率	y_{41}	%	99.50	99.94	99.50	99.50	99.50	99.50	99.50	99.50	99.50	99.50	99.50	99.50
	优级品率	y_{42}	%	75	75	75	75	75	75	75	75	75	75	75	75
D	生产工人人数	y_{43}	人	54	54	54	54	54	54	54	54	54	54	54	54
	合格品率	y_{44}	%	99.50	99.94	99.50	99.50	99.50	99.50	99.50	99.50	99.50	99.50	99.50	99.50
	优级品率	y_{45}	%	80	80	80	80	80	80	80	80	80	80	80	80

7. *H*(3) 矩阵——生产变量集变量计划值

产品	变量名称	变量代号	计量单位	计划值											
				1月	2月	3月	4月	5月	6月	7月	8月	9月	10月	11月	12月
A	生产工人人数	y_{34}	人	360	360	360	360	360	360	360	360	360	360	360	360
	合格品率	y_{35}	%	99.50	99.94	99.50	99.50	99.50	99.50	99.50	99.50	99.50	99.50	99.50	99.50
	优级品率	y_{36}	%	70	70	70	70	70	70	70	70	70	70	70	70

续表

产品	变量名称	变量代号	计量单位	计划值											
				1月	2月	3月	4月	5月	6月	7月	8月	9月	10月	11月	12月
B	生产工人人数	y_{37}	人	150	150	150	150	150	150	150	150	150	150	150	150
	合格品率	y_{38}	%	99.50	99.50	99.50	99.50	99.50	99.50	99.50	99.50	99.50	99.50	99.50	99.50
	优级品率	y_{39}	%	70	70	70	70	70	70	70	70	70	70	70	70
C	生产工人人数	y_{40}	人	78	78	78	78	78	78	78	78	78	78	78	78
	合格品率	y_{41}	%	99.50	99.94	99.50	99.50	99.50	99.50	99.50	99.50	99.50	99.50	99.50	99.50
	优级品率	y_{42}	%	75	75	75	75	75	75	75	75	75	75	75	75
D	生产工人人数	y_{43}	人	54	54	54	54	54	54	54	54	54	54	54	54
	合格品率	y_{44}	%	99.50	99.94	99.50	99.50	99.50	99.50	99.50	99.50	99.50	99.50	99.50	99.50
	优级品率	y_{45}	%	80	80	80	80	80	80	80	80	80	80	80	80

8. $Q(3)$ 矩阵——生产变量集变量实际值

产品	变量名称	变量代号	计量单位	实际值											
				1月	2月	3月	4月	5月	6月	7月	8月	9月	10月	11月	12月
A	生产工人人数	y_{34}	人	357	357	357	357	357	360	360	360	360	360	360	360
	合格品率	y_{35}	%	99.95	99.94	99.81	99.62	99.49	98.43	99.99	98.41	99.65	99.55	99.94	99.54
	优级品率	y_{36}	%	71	72	73	70	64	64	89	63	73	71	76	72
B	生产工人人数	y_{37}	人	150	153	153	150	150	150	150	150	150	150	150	150
	合格品率	y_{38}	%	97.33	99.98	99.91	99.32	99.88	99.14	99.78	99.02	99.87	99.39	99.91	99.86
	优级品率	y_{39}	%	69	76	74	64	75	63	76	66	78	68	79	78
C	生产工人人数	y_{40}	人	78	78	78	78	78	78	78	78	78	78	78	78

续表

产品	变量名称	变量代号	计量单位	实际值											
				1月	2月	3月	4月	5月	6月	7月	8月	9月	10月	11月	12月
C	合格品率	y_{41}	%	97.28	99.99	99.94	99.08	99.78	99.51	99.68	99.27	99.76	99.61	99.86	99.79
	优级品率	y_{42}	%	68	77	79	68	77	74	80	71	79	74	80	83
D	生产工人人数	y_{43}	人	54	54	54	54	54	54	54	54	54	54	54	54
	合格品率	y_{44}	%	99.58	99.99	99.91	99.24	99.33	99.16	99.93	99.04	99.63	99.37	99.74	99.81
	优级品率	y_{45}	%	73	84	82	69	73	68	88	70	82	73	81	85

9. $U(3)$ 矩阵——生产变量集变量偏差值

产品	变量名称	变量代号	计量单位	偏差值											
				1月	2月	3月	4月	5月	6月	7月	8月	9月	10月	11月	12月
A	生产工人人数	y_{34}	人	−3	−3	−3	−3	−3	0	0	0	0	0	0	0
	合格品率	y_{35}	%	0.45	0	0.31	0.12	−0.01	−1.07	0.49	−1.09	0.15	0.05	0.44	0.04
	优级品率	y_{36}	%	1	2	3	0	−6	−6	19	−7	3	1	6	2
B	生产工人人数	y_{37}	人	0	3	3	0	0	0	0	0	0	0	0	0
	合格品率	y_{38}	%	−2.17	0.48	0.41	−0.18	0.38	−0.36	0.28	−0.48	0.37	−0.11	0.41	0.36
	优级品率	y_{39}	%	−1	6	4	−6	5	−7	6	−4	8	−2	9	8
C	生产工人人数	y_{40}	人	0	0	0	0	0	0	0	0	0	0	0	0
	合格品率	y_{41}	%	−2.22	0.05	0.44	−0.42	0.28	0.01	0.18	−0.23	0.26	0.11	0.36	0.29
	优级品率	y_{42}	%	−7	2	4	−7	2	−1	5	−4	4	−1	5	8
D	生产工人人数	y_{43}	人	0	0	0	0	0	0	0	0	0	0	0	0
	合格品率	y_{44}	%	0.08	0.05	0.41	−0.26	−0.17	−0.34	0.43	−0.46	0.13	−0.13	0.24	0.31
	优级品率	y_{45}	%	−7	4	2	−11	−7	−12	8	−10	2	−7	1	5

10. V(3) 矩阵——生产变量集变量偏差率

产品	变量名称	变量代号	偏差率/%											
			1月	2月	3月	4月	5月	6月	7月	8月	9月	10月	11月	12月
A	生产工人人数	y_{34}	−0.83	−0.83	−0.83	−0.83	−0.83	0	0	0	0	0	0	0
	合格品率	y_{35}	0.45	0.00	0.31	0.12	−0.01	−1.08	0.49	−1.10	0.15	0.05	0.44	0.04
	优级品率	y_{36}	1.43	2.86	4.29	0.00	−8.57	−8.57	27.14	−10.00	4.29	1.43	8.57	2.86
B	生产工人人数	y_{37}	0	2.00	2.00	0	0	0	0	0	0	0	0	0
	合格品率	y_{38}	−2.18	0.48	0.41	−0.18	0.38	−0.36	0.28	−0.48	0.37	−0.11	0.41	0.36
	优级品率	y_{39}	−1.43	8.57	5.71	−8.57	7.14	−10.00	8.57	−5.71	11.43	−2.86	12.86	11.43
C	生产工人人数	y_{40}	0	0	0	0	0	0	0	0	0	0	0	0
	合格品率	y_{41}	−2.23	0.05	0.44	−0.42	0.28	0.01	0.18	−0.23	0.26	0.11	0.36	0.29
	优级品率	y_{42}	−9.33	2.67	5.33	−9.33	2.67	−1.33	6.67	−5.33	5.33	−1.33	6.67	10.67
D	生产工人人数	y_{43}	0	0	0	0	0	0	0	0	0	0	0	0
	合格品率	y_{44}	0.08	0.05	0.41	−0.26	−0.17	−0.34	0.43	−0.46	0.13	−0.13	0.24	0.31
	优级品率	y_{45}	−8.75	5.00	2.50	−13.75	−8.75	−15.00	10.00	−12.50	2.50	−8.75	1.25	6.25

部分参考文献

[1] 汪小金．理想的实现：项目管理方法与理念［M］．北京：人民出版社，2003.

[2] 汪小金．项目管理方法论［M］．第2版．北京：中国电力出版社，2015.

[3] ［美］詹姆斯·刘易斯．项目计划、进度与控制［M］．赤向东，译．北京：清华大学出版社，2002.

[4] 王祖和，等．现代工程项目管理［M］．北京：电子工业出版社，2007.

[5] 梁世连．工程项目管理［M］．北京：清华大学出版社，2006.

[6] 中华人民共和国国家标准．建设工程项目管理规范［S］．北京：中国建筑工业出版社，2006.

[7] 建设工程项目管理规范编写委员会．建设工程项目管理规范实施手册［S］．北京：中国建筑工业出版社，2006.

[8] ［美］项目管理协会．工作分解结构（WBS）实施标准［S］．第2版．强茂山，译．北京：电子工业出版社，2008.

[9] 尤孩明，等．工期控制［M］．北京：煤炭工业出版社，1994.

[10] 李金海．项目质量管理［M］．天津：南开大学出版社，2006.

[11] 徐国华，等．管理学［M］．北京：清华大学出版社，1998.

[12] 李宏林．管理学简明教程［M］．北京：经济科学出版社，2006.

[13] 运筹学教材编写组．运筹学［M］．第3版．北京：清华大学出版社，2005.

[14] 郭耀煌．运筹学与工程系统分析［M］．北京：中国建筑工业出版社，1996.

[15] ［美］哈姆迪·塔哈．运筹学基础［M］．第10版．刘德刚等译．北京：中国人民大学出版社，2018.

[16] ［美］史蒂夫·纽恩多夫．项目计量管理［M］．北京广联达慧中软件技术有限公司，译．北京：机械工业出版社，2005.

[17] 卢有杰．建设系统工程［M］．北京：清华大学出版社，1997.

[18] 洪军．工程经济学［M］．北京：高等教育出版社，2004.

[19] 曹旭东，等．数学建模原理与方法［M］．北京：高等教育出版社，2014.

[20] 孙文瑜，等．最优化方法［M］．第2版．北京：高等教育出版社，2013.

[21] 李庆华．建筑施工项目三要素成本分析［D］．天津：南开大学，2007.

[22] 布青雄．工程施工定量计划与控制方法：工程施工生产能力及资源价格约束的平衡［M］．北京：中国化学工业出版社，2018.